DS **SOLID**WORKS

SOLIDWORKS® 公司官方指定培训教程
CSWP 全球专业认证考试培训教程

官方指定

TRAINING

SOLIDWORKS®
高级教程简编
（2023版）

[美] DS SOLIDWORKS®公司 著

(DASSAULT SYSTEMES SOLIDWORKS CORPORATION)

戴瑞华 主编

上海新迪数字技术有限公司 编译

机械工业出版社
CHINA MACHINE PRESS

《SOLIDWORKS®高级教程简编（2023版）》是根据 DS SOLIDWORK-
S®公司发布的《SOLIDWORKS® 2023：SOLIDWORKS Advanced Topics》编译
而成的，汇集了 2023 版高级系列教程的精华内容，着重介绍了使用
SOLIDWORKS 软件进行高级设计的技巧和相关技术。本教程提供练习文
件下载，详见"本书使用说明"。本教程提供 3D 模型和高清语音教学视
频，扫描书中二维码即可免费观看。

　　本教程在保留英文原版教程精华和风格的基础上，按照中国读者的阅
读习惯进行编译，配套教学资料齐全，适于企业工程设计人员和大专院
校、职业技术院校相关专业的师生使用。

　　北京市版权局著作权合同登记　图字：01 - 2023 - 3538 号。

图书在版编目（CIP）数据

SOLIDWORKS®高级教程简编：2023 版／美国 DS
SOLIDWORKS®公司
（DASSAULT SYSTEMES SOLIDWORKS CORPORATION）著；戴
瑞华主编. —2 版. —北京：机械工业出版社，2023. 11
SOLIDWORKS®公司官方指定培训教程　CSWP 全球专业认
证考试培训教程
ISBN 978 - 7 - 111 - 74067 - 4

Ⅰ. ①S… 　Ⅱ. ①美… ②戴… 　Ⅲ. ①计算机辅助设计 –
应用软件 – 教材 　Ⅳ. ①TP391. 72

中国国家版本馆 CIP 数据核字（2023）第 198611 号

机械工业出版社（北京市百万庄大街 22 号　邮政编码 100037）
策划编辑：张雁茹　　　　　　　　　责任编辑：张雁茹
责任校对：郑　婕　李　杉　闫　焱　责任印制：李　昂
河北鹏盛贤印刷有限公司印刷
2023 年 12 月第 2 版第 1 次印刷
184mm×260mm · 22. 5 印张 · 615 千字
标准书号：ISBN 978 - 7 - 111 - 74067 - 4
定价：69. 80 元

电话服务　　　　　　　　　　　网络服务
客服电话：010-88361066　　　　机 工 官 网：www. cmpbook. com
　　　　　010-88379833　　　　机 工 官 博：weibo. com/cmp1952
　　　　　010-68326294　　　　金 书 网：www. golden-book. com
封底无防伪标均为盗版　　　机工教育服务网：www. cmpedu. com

序

尊敬的中国 SOLIDWORKS 用户：

DS SOLIDWORKS®公司很高兴为您提供这套最新的 SOLIDWORKS®中文官方指定培训教程。我们对中国市场有着长期的承诺，自从 1996 年以来，我们就一直保持与北美地区同步发布 SOLIDWORKS 3D 设计软件的每一个中文版本。

我们感觉到 DS SOLIDWORKS®公司与中国用户之间有着一种特殊的关系，因此也有着一份特殊的责任。这种关系是基于我们共同的价值观——创造性、创新性、卓越的技术，以及世界级的竞争能力。这些价值观一部分是由公司的共同创始人之一李向荣（Tommy Li）所建立的。李向荣是一位华裔工程师，他在定义并实施我们公司的关键性突破技术以及在指导我们的组织开发方面起到了很大的作用。

作为一家软件公司，DS SOLIDWORKS®致力于带给用户世界一流水平的 3D 解决方案（包括设计、分析、产品数据管理、文档出版与发布），以帮助设计师和工程师开发出更好的产品。我们很荣幸地看到中国用户的数量在不断增长，大量杰出的工程师每天使用我们的软件来开发高质量、有竞争力的产品。

目前，中国正在经历一个迅猛发展的时期，从制造服务型经济转向创新驱动型经济。为了继续取得成功，中国需要相配套的软件工具。

SOLIDWORKS® 2023 是我们最新版本的软件，它在产品设计过程自动化及改进产品质量方面又提高了一步。该版本提供了许多新的功能和更多提高生产率的工具，可帮助机械设计师和工程师开发出更好的产品。

现在，我们提供了这套中文官方指定教程，体现出我们对中国用户长期持续的承诺。这套教程可以有效地帮助您把 SOLIDWORKS® 2023 软件在驱动设计创新和工程技术应用方面的强大威力全部释放出来。

我们为 SOLIDWORKS 能够帮助提升中国的产品设计和开发水平而感到自豪。现在您拥有了最好的软件工具以及配套教程，我们期待看到您用这些工具开发出创新的产品。

Manish Kumar
DS SOLIDWORKS®公司首席执行官
2023 年 7 月

戴瑞华　现任达索系统大中华区技术咨询部 SOLIDWORKS 技术总监

戴瑞华先生拥有 25 年以上机械行业从业经验，曾服务于多家企业，主要负责设备、产品、模具以及工装夹具的开发和设计。其本人酷爱 3D CAD 技术，从 2001 年开始接触三维设计软件，并成为主流 3D CAD SOLIDWORKS 的软件应用工程师，先后为企业和 SOLIDWORKS 社群培训了成百上千的工程师。同时，他利用自己多年的企业研发设计经验，总结出了在中国的制造业企业应用 3D CAD 技术的最佳实践方法，为企业的信息化与数字化建设奠定了扎实的基础。

戴瑞华先生于 2005 年 3 月加入 DS SOLIDWORKS® 公司，现负责 SOLIDWORKS 解决方案在大中华地区的技术培训、支持、实施、服务及推广等，实践经验丰富。其本人一直倡导企业构建以三维模型为中心的面向创新的研发设计管理平台，实现并普及数字化设计与数字化制造，为中国企业最终走向智能设计与智能制造进行着不懈的努力与奋斗。

前　言

DS SOLIDWORKS® 公司是一家专业从事三维机械设计、工程分析、产品数据管理软件研发和销售的国际性公司。SOLIDWORKS 软件以其优异的性能、易用性和创新性，极大地提高了机械设计工程师的设计效率和设计质量，目前已成为主流 3D CAD 软件市场的标准，在全球拥有超过 600 万的用户。DS SOLIDWORKS® 公司的宗旨是：to help customers design better products and be more successful——让您的设计更精彩。

"SOLIDWORKS® 公司官方指定培训教程" 是根据 DS SOLIDWORKS® 公司最新发布的 SOLIDWORKS® 2023 软件的配套英文版培训教程编译而成的，也是 CSWP 全球专业认证考试培训教程。本套教程是 DS SOLIDWORKS® 公司唯一正式授权在中国大陆地区（不包括香港、澳门特别行政区及台湾地区）出版的官方指定培训教程，也是迄今为止出版的最为完整的 SOLIDWORKS® 公司官方指定培训教程。

本套教程详细介绍了 SOLIDWORKS® 2023 软件和 Simulation 软件的功能，以及使用该软件进行三维产品设计、工程分析的方法、思路、技巧和步骤。值得一提的是，SOLIDWORKS® 2023 不仅在功能上进行了 300 多项改进，更加突出的是它在技术上的巨大进步与创新，从而可以更好地满足工程师的设计需求，带给新老用户更大的实惠！

《SOLIDWORKS® 高级教程简编（2023 版）》是根据 DS SOLIDWORKS® 公司发布的《SOLIDWORKS® 2023：SOLIDWORKS Advanced Topics》编译而成的，着重介绍了使用 SOLIDWORKS 软件进行高级设计的技巧和相关技术。

本套教程在保留英文原版教程精华和风格的基础上，按照中国读者的阅读习惯进行了编译，使其变得直观、通俗，让初学者易上手，让高手的设计效率和质量更上一层楼！

本套教程由达索系统大中华区技术咨询部 SOLIDWORKS 技术总监戴瑞华先生担任主编，由上海新迪数字技术有限公司副总经理陈志杨负责审校。承担编译、校对和录入工作的有刘绍毅、张润祖、俞钱隆、李想、康海、李鹏等上海新迪数字技术有限公司的技术人员。上海新迪数字技术有限公司是 DS SOLIDWORKS® 公司的密切合作伙伴，拥有一支完整的软件研发队伍和技术支持队伍，长期承担着 SOLIDWORKS 核心软件研发、客户技术支持、培训教程编译等方面的工作。本教程的操作视频由 SOLIDWORKS 技术专家李伟和达索教育行业高级顾问严海军制作。在此，对参与本教程编译和视频制作的工作人员表示诚挚的感谢。

由于时间仓促，书中难免存在疏漏和不足之处，恳请广大读者批评指正。

戴瑞华

2023 年 7 月

本书使用说明

关于本书

本书的目的是让读者学习如何使用 SOLIDWORKS 软件的多种高级功能，着重介绍了使用 SOLIDWORKS 软件进行高级设计的技巧和相关技术。

SOLIDWORKS® 2023 是一款功能强大的机械设计软件，而书中篇幅有限，不可能覆盖软件的每一个细节和各个方面，所以，本书将重点给读者讲解应用 SOLIDWORKS® 2023 进行工作所必需的基本技能和主要概念。本书作为在线帮助系统的一个有益补充，不可能完全替代软件自带的在线帮助系统。读者在对 SOLIDWORKS® 2023 软件的基本使用技能有了较好的了解之后，就能够参考在线帮助系统获得其他常用命令的信息，进而提高应用水平。

前提条件

读者在学习本书前，应该具备如下经验：

- 机械设计经验。
- 使用 Windows 操作系统的经验。
- 已经学习了《SOLIDWORKS®零件与装配体教程（2022 版）》。

编写原则

本书是基于过程或任务的方法而设计的培训教程，并不专注于介绍单项特征和软件功能。本书强调的是完成一项特定任务所应遵循的过程和步骤。通过对每一个应用实例的学习来演示这些过程和步骤，读者将学会为了完成一项特定的设计任务应采取的方法，以及所需要的命令、选项和菜单。

知识卡片

除了每章的研究实例和练习外，书中还提供了可供读者参考的"知识卡片"。这些"知识卡片"提供了软件使用工具的简单介绍和操作方法，可供读者随时查阅。

使用方法

本书的目的是希望读者在有 SOLIDWORKS 使用经验的教师指导下，在培训课中进行学习；希望读者通过"教师现场演示本书所提供的实例，学生跟着练习"的交互式学习方法，掌握软件的功能。

读者可以使用练习题来应用和练习书中讲解的或教师演示的内容。本书设计的练习题代表了典型的设计和建模情况，读者完全能够在课堂上完成。应该注意到，学生的学习速度是不同的，因此，书中所列出的练习题比一般读者能在课堂上完成的要多，这确保了学习能力强的读者也有练习可做。

标准、名词术语及单位

SOLIDWORKS 软件支持多种标准，如中国国家标准（GB）、美国国家标准（ANSI）、国际标准（ISO）、德国国家标准（DIN）和日本国家标准（JIS）。本书中的例子和练习基本上采用了中国国家标准（除个别为体现软件多样性的选项外）。为与软件保持一致，本书中一些名词术语和计量单位未与中国国家标准保持一致，请读者使用时注意。

Ⅵ

练习文件下载方式

读者可以从网络平台下载本教程的练习文件，具体方法是：微信扫描右侧或封底的"大国技能"微信公众号，关注后输入"2023JB"即可获取下载地址。

大国技能

视频观看方式

扫描书中二维码可在线观看视频，二维码位于章节之中的"操作步骤"处。可使用手机或平板计算机扫码观看，也可复制手机或平板计算机扫码后的链接到台式计算机的浏览器中，用浏览器观看。

Windows 操作系统

本书所用的截屏图片是 SOLIDWORKS® 2023 运行在 Windows® 10 时制作的。

格式约定

本书使用下表所列的格式约定：

约　定	含　义	约　定	含　义
【插入】/【凸台】	表示 SOLIDWORKS 软件命令和选项。例如，【插入】/【凸台】表示从菜单【插入】中选择【凸台】命令	⚠ 注意	软件使用时应注意的问题
提示 👆	要点提示	操作步骤 步骤1 步骤2 步骤3	表示课程中实例设计过程的各个步骤
技巧 🔑	软件使用技巧		

色彩问题

SOLIDWORKS® 2023 英文原版教程是采用彩色印刷的，而我们出版的中文版教程则采用黑白印刷，所以本书对英文原版教程中出现的颜色信息做了一定的调整，尽可能地方便读者理解书中的内容。

更多 SOLIDWORKS 培训资源

my. solidworks. com 提供了更多的 SOLIDWORKS 内容和服务，用户可以在任何时间、任何地点，使用任何设备查看。用户也可以访问 my. solidworks. com/training，按照自己的计划和节奏来学习，以提高使用 SOLIDWORKS 的技能。

用户组网络

SOLIDWORKS 用户组网络（SWUGN）有很多功能。通过访问 swugn. org，用户可以参加当地的会议，了解 SOLIDWORKS 相关工程技术主题的演讲以及更多的 SOLIDWORKS 产品，或者与其他用户通过网络进行交流。

目　　录

第1章　自顶向下的装配体建模

学习目标
- 在装配体环境下编辑零件
- 使用自顶向下的装配体建模技术在装配体的关联环境中建立虚拟零部件
- 通过参考配合零件的几何体在装配体关联环境中建立特征
- 在复制的关联零件中删除外部参考

1.1　概述

SOLIDWORKS 可以使用自底向上和自顶向下两种方式建立装配体。在《SOLIDWORKS®零件与装配体教程(2022 版)》中，装配体使用了自底向上的技术，这也表明零件之间的配合关系是分别创建的、独立的部分。其中，独立是指所有实体之间的相互关系和尺寸都属于同一个零件，换句话说，它们都是内部关系。

而在自顶向下的技术中，某些关系和尺寸是与同在一个装配体中的其他零部件实体相关联的。可以通过装配体中的"建模"功能，选择非当前零件的外部实体来完成这些关系。这些外部关系是由装配体中被称为"更新夹"的特征来控制的，这一部分也被称为"关联"。由于可以在装配体内建立外部关系，因此一个自顶向下建立的装配体可以同时更新多个零件和特征。

1.2　处理流程

在自顶向下的建模过程中，设计任务从装配体开始。本书将在装配体中通过引用现有零部件的几何形状来创建新零件文档。自顶向下的装配体建模主要包括以下处理流程。

1. 在装配体中添加新零件　使用【新零件】命令将会在装配体中产生一个新的零件模型。默认情况下，新插入的零件在装配体中作为一个虚拟的零部件存在，直到它被保存到外部。

2. 定位新零件　在装配体中定位新零件有两种方法：

1）单击图形区域的空白区域将新零件固定在装配体原点，正如 ⊾ 的光标反馈，这与插入现有零部件时，选择绿色的 ✔ 效果相同。

2）在装配体中选择一个现有的平面或表面，以生成【在位】配合。这将使新零件的前视基准面与所选面相关联。这个操作也将自动激活编辑零件模式，并在新零件的前视基准面上打开活动草图。

3. 创建关联特征　如果创建的特征需要参考其他零件中的几何体，这个特征就是所谓的关联特征。关联特征只有在打开装配体时才能正常更新，但允许通过修改一个零部件以更新其他零部件。

2

 提示 用户可以通过设置来避免创建外部参考。可以在【工具】/【选项】/【外部参考】中设置【不生成模型的外部参考】，或在编辑零部件时在 CommandManager 中勾选【无外部参考】复选框，这样新的特征或零件中就不会存在任何外部参考了。在这种情况下，转换的几何体只是简单地复制，而没有任何约束条件，不会增加与其他零部件或者装配体之间的尺寸或者关联关系。

在装配体关联环境中对零件进行建模前，应该仔细考虑好零件将用在什么地方以及零件如何使用。关联特征和零件最好是"一对一"的，也就是说，在装配体中建模的零件最好仅用在该装配体中。应用在多个装配体中的零件不适合使用关联特征来建模，因为关联特征引用装配体中的几何体，而这个装配体的更改会将这个零件更新，并可能在该零件被用到的其他文件中导致一些不可接受或无法预料的问题。

如果一个关联零件要被用到其他装配体中，最好预先做一些工作，将此零件复制并删除所有的外部参考。本书将在随后的章节中介绍删除外部参考的方法。如同上面所提到的，也可以通过引用几何体但不创建外部参考的方式创建零件。

1.3　重建模型尺寸

在不编辑或打开零件时就可以更改任何零件中的尺寸值。通过双击模型，或者在 FeatureManager 设计树下双击模型特征显示尺寸，修改尺寸后需要重建装配体模型。

提示 最好在更改所有的尺寸后再重建装配体。

1.4　实例：编辑和创建关联的零件

在这个实例中，将在装配体环境中编辑零件，为零件添加新的模型特征。接下来，将在一个名为"Machine_Vise"的装配体(见图 1-1)中创建一个新的名为"Jaw_Plate"的关联零件。这个新零件将在装配体环境中创建。

图 1-2 所示零件的设计意图如下：
1）该零件的尺寸与"Base1"的装配架法兰面一致。
2）该零件固定不能移动。

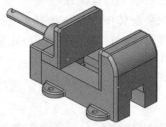 
扫码看 3D

图 1-1　"Machine _Vise" 装配体　　　图 1-2　"Jaw_Plate" 零件

操作步骤
步骤1　打开装配体　打开"Lesson01 \ Case Study"文件夹下的装配体"Machine_Vise"，该文件包含了"Base1"和"Base2"两个部件，这两个部件组成了"Machine_Vise"的基座，如图 1-3 所示。

扫码看视频

3

步骤2　更改尺寸　双击每一个圆角特征，将每个值改为"2mm"，如图 1-4 所示，单击【重建模型】和【确定】。

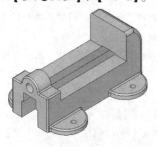

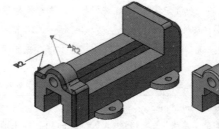

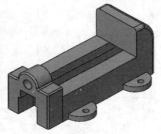

图 1-3　"Machine _Vise"的基座　　　　　　图 1-4　更改尺寸

1.5　添加关联特征

在装配体中，用户可以在编辑装配体和编辑零部件两种模式下进行切换。在编辑装配体模式下，用户可以进行添加配合关系、插入零部件等操作；在装配体关联环境下编辑零部件时，用户可以利用其他零部件的几何体和尺寸信息来创建配合关系或关联特征，使用外部零件的几何体将生成【外部参考】和【关联特征】。

1.5.1　编辑零部件

使用【编辑零部件】和【编辑装配体】两个命令可以在编辑装配体中的某个零部件和编辑装配体本身之间进行切换。当处于编辑零部件模式时，用户可以使用 SOLIDWORKS 零件建模部分的所有命令及功能，也可以访问装配体中的其他几何体。

知识卡片	编辑零部件/编辑装配体	当进入编辑零部件模式时会看到： • CommandManager 中【编辑零部件】按钮为按下状态。 • CommandManager 选项卡将更新为零部件建模工具栏，而工具栏左侧区域将一直显示在装配体中关联工作的命令。 • FeatureManager 设计树将根据【选项】中的定义，将正在编辑的零部件以不同的颜色显示。 • 右上角显示【退出编辑零部件】图标。 • 状态栏显示"在编辑零件"。 • 窗口标题显示"零件名←装配体名"。
	操作方法	• CommandManager：选中要编辑的零部件，单击【装配体】/【编辑零部件】。 • 快捷菜单：右键单击要编辑的零部件，选择【编辑零件】或【编辑装配体】。

提示　在装配体中，零件和子装配体都被认为是零部件。当选择某个子装配体时，在快捷菜单中显示的将是【编辑装配体】而不是【编辑零件】，在这里两者将被交替使用。

1.5.2　编辑零部件时的装配体显示

当在装配体中编辑零部件时，可以利用颜色设置来方便地区分正在被编辑的零部件。用户可以在【工具】/【选项】/【系统选项】/【颜色】中定制自己的颜色。如果选择了【当在装配体中编辑零件时使用指定的颜色】，正处于编辑状态的零部件颜色可以在【颜色方案设置】的【装配体，编辑零件】中进行设置（默认颜色为品蓝），而未在编辑状态的零部件的颜色则在【装配体，非编辑零件】中设置（默认颜色为灰色）。

| | 装配体透明度 | 装配体中未被编辑的零部件的透明度有 3 种设置：
●【不透明装配体】：未在编辑状态的零部件是不透明的，使用【选项】中设置的颜色或零部件的外观颜色。
●【保持装配体透明度】：除了正在编辑的零部件以外，所有零部件保持它们现有的透明度。
●【保持装配体透明度】：除了正在编辑的零部件以外，所有零部件变成透明。 |
| | 操作方法 | ● CommandManager：编辑零部件时，单击【装配体透明度】▥。
● 菜单：单击【选项】✿，在【系统选项】选项卡的【显示】中选择【关联中编辑的装配体透明度】。 |

> 提示 👆 装配体透明度的默认值可以在【选项】中设置，但在编辑零部件时也可以在 CommandManager 中更改。使用滑杆可以调整【强制装配体透明度】的透明度等级，将滑杆向右移动时，零部件越来越透明。

一般来说，光标会选择任何位于前面的几何体。然而，如果装配体中有透明的零部件，那么光标将穿过透明的面，选择不透明零部件上的几何体。

> 提示 👆 对于光标选取而言，透明是指透明度超过 10%。透明度小于 10% 的零部件被认为是不透明的。

可以应用如下技术来控制几何体的选择：

● 单击【装配体透明度】，设定装配体为【不透明】。这样所有的几何体将被同等对待，光标选择的总是前面的面。

● 如果一个透明零部件的后面有不透明的零部件，按〈Shift〉键可以选择透明零部件上的几何体。

● 如果当前编辑的零部件前有一个不透明的零部件，按〈Tab〉键可以隐藏这个不透明的零部件（按〈Shift + Tab〉组合键可以让其再次显示）以选择被编辑零部件的几何体。

● 使用【选择其他】命令选择被其他面遮挡住的面。

步骤 3   更改设置   单击【选项】✿/【系统选项】/【颜色】，并勾选【当在装配体中编辑零件时使用指定的颜色】复选框。

在左边窗格中单击【显示】，将【关联中编辑的装配体透明度】改为【不透明装配体】。单击【确定】。

步骤 4   编辑零部件   单击"Base1"部件，然后单击【编辑零部件】，如图 1-5 所示。

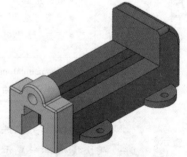

图 1-5   编辑零部件

步骤 5   倒圆角   单击【圆角】，设置半径为"2mm"。勾选【显示选择工具栏】复选框，选择 4 个相似特征的圆环边线和【左循环】选项，如图 1-6 所示，单击【确定】✔。

> 提示 👆 新特征列在 FeatureManager 设计树中"Base1"的底部，如图 1-7所示。

5

步骤6　退出　单击右上角的【退出编辑零部件】图标，模型如图1-8所示。

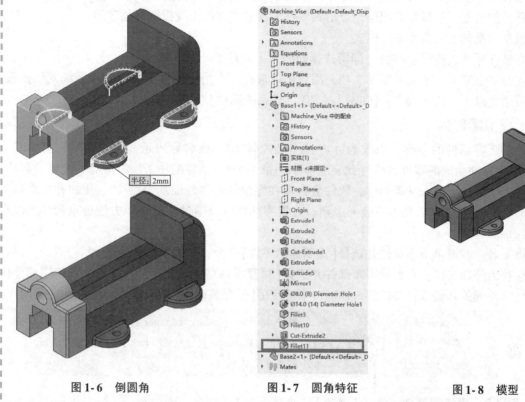

图1-6　倒圆角　　　　　　　图1-7　圆角特征　　　　　　　图1-8　模型

1.6　在装配体中插入新零件

用户可以基于现有零件的几何体和位置，在装配体关联环境中创建新零件，新建的零件将作为装配体的一个零件显示在 FeatureManager 设计树中，并包含其完整的特征列表。在默认情况下，这些零件将作为虚拟零部件保存在装配体文件内，直到它们被保存到外部。

单击【工具】/【选项】/【系统选项】/【装配体】，并勾选【将新零部件保存到外部文件】复选框，可以更改保存方式。

知识卡片	插入零部件	通过【插入】/【零部件】/【新零件】命令在配体中插入新零件。如本章1.2 节所述，定位这个新零件的方法有两种，但是对于编辑这个新零件来说，这两种方法产生的结果是不同的。
	操作方法	● CommandManager:【装配体】/【插入零部件】/【新零件】。 ● 菜单:【插入】/【零部件】/【新零件】。

1.6.1　定位新零件

当一个新零件被放置在装配体的坐标原点后，它将作为一个组件加入到装配体中，但不会自动进入编辑状态。

在装配体中指定一个平面或基准面并插入新零件后，会产生如下变化：

● 创建了一个新零件，并作为装配体的一个组件显示在 FeatureManager 设计树中。默认情况

下，这个零件是装配体的内部文件。

- 新零件的前视基准面与所选择的面（或基准面）重合。
- 添加了一个名为"在位 1"的配合，来完全定义该组件的位置。
- 新零件的原点是根据装配体原点沿新零件前视基准面的法线投影而创建的。
- 系统切换到了编辑零部件模式。
- 在该新零件的前视基准面（即所选择的面）上新建了一幅草图。

上述命令创建了一个新的零件文档，用户可以选择一个指定的模板或者使用系统默认模板。默认模板通过以下方式来选择：【工具】/【选项】/【系统选项】/【默认模板】。

1.6.2　虚拟零部件

插入的新零部件的名称的格式为 [零件 1 装配体 1]。该名称表示其为虚拟零部件，其中"零件 1"为自动生成的零件名称（此装配体中的第 1 个）；"装配体 1"为当前装配体的名称。在装配体关联环境下插入新零部件，软件会自动在零部件名称外面加上"[ ]"。用户在操作过程中很容易将"[ ]"遗忘或者根本不会考虑到。虚拟零部件可以通过快捷菜单方便地重命名或保存为外部文件。

- 重命名：右键单击零部件并选择【重新命名零件】命令，修改零部件的名字。
- 保存为外部文件：右键单击零部件并选择【保存零件(在外部文件中)】命令，将零部件保存到装配体外部的真实零件文件(*. sldprt)中。使用【保存装配体】命令也会产生相同的选项。

> 提示　不仅是虚拟零部件，任何零部件都能在 FeatureManager 设计树中重命名。单击【选项】/【系统选项】/【FeatureManager】，然后勾选【允许通过 Fea-tureManager 设计树重命名零部件文件】复选框。

步骤 7　虚拟零部件　单击【选项】/【系统选项】/【装配体】，根据需要取消勾选【将新零部件保存到外部文件】复选框，以创建虚拟零部件。

步骤 8　插入新零件　单击【新零件】，当光标在一个平面或基准面上时，将会出现一个形状的光标。

步骤 9　选择面　选择"Base1"的平面，如图 1-9 所示。

步骤 10　查看零件　新零件是空的，唯一的特征在 FeatureManager 设计树中，如图 1-10 所示。

通过选择一个平面来放置零件时，系统自动地在新零件上创建了一个新的草图，并进入编辑模式，草图平面就是所选的面。同时，在 FeatureManager 设计树中，该零件的文本颜色的变化显示了该零件正在编辑中。

图 1-9　选择"Base1"的平面

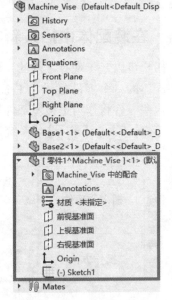

图 1-10　查看零件

步骤 11　重命名虚拟零部件　右键单击零件并选择【重新命名零件】，修改名称为"Jaw_Plate"。

1.7　编辑关联特征

在装配体环境中创建零件时，草绘方法与在零件模式时相似，额外的优点是可以看到和参考周围零件的几何体。用户可以利用其他零件的几何体进行复制、等距实体、添加草图几何关系或者测量操作。在下面的示例中，将利用"Base1"的几何体来创建零件"Jaw_Plate"。

1.7.1　常用工具

可以通过常用工具来利用装配体中已有的几何体。例如，使用【转换实体引用】 和【等距实体】 来创建几何体，以使新零件与原几何体的尺寸一样。

> 技巧 软件对新建的几何体添加了关联参考并保存在装配体中。本教程将在随后的章节中介绍关联参考的更多内容。

步骤12　转换实体引用　选择将要被转换的面，然后单击【转换实体引用】 ，软件将会转换所选面的所有外部边线到正在编辑的草图中，并添加【在边线上】几何关系，如图1-11所示。

步骤13　拉伸凸台　拉伸凸台，厚度为5mm，如图1-12所示。

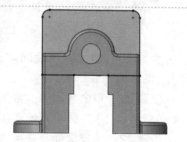

图1-11　转换实体引用

步骤14　退出编辑零部件模式　在 CommandManager 上单击【编辑零部件】，或单击右键并从菜单中选择【编辑装配体:Machine_Vise】，关闭编辑零部件模式，切换到编辑装配体模式。

步骤15　保存　单击【保存】 ，在【保存修改的文档】中单击【保存所有】，随即弹出【另存为】窗口。该装配体包含了未保存的虚拟零部件，这些零部件需要保存。选中【内部保存(在装配体内)】选项进行保存，然后单击【确定】。

步骤16　新建零件　插入另一个新零件到"Base2"的端面上，如图1-13所示。

步骤17　转换边线　在草图平面上使用【转换实体引用】 ，并移除多余的几何体，拖动未闭合边线，如图1-14所示。

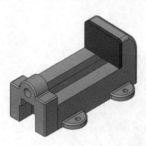

图1-12　拉伸凸台

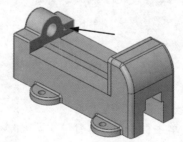

图1-13　新建零件

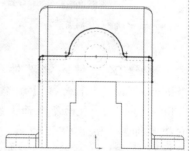

图1-14　转换边线

步骤18　完成草图　通过绘制直线、镜像、标注尺寸和添加几何关系来完成草图，如图1-15所示。

步骤19　拉伸凸台　拉伸凸台，厚度为25mm，如图1-16所示。

8

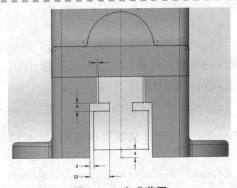

图 1-15　完成草图

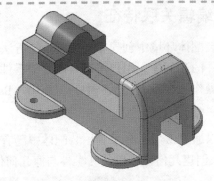

图 1-16　拉伸凸台

> **提示**　当将草图创建在装配体上时，可能会出现警告提醒信息，如图 1-17 所示。如果没有看到此信息，单击【工具】/【选项】/【系统选项】/【信息/错误/警告】，然后勾选【在装配体关联中开始草图警告】复选框。

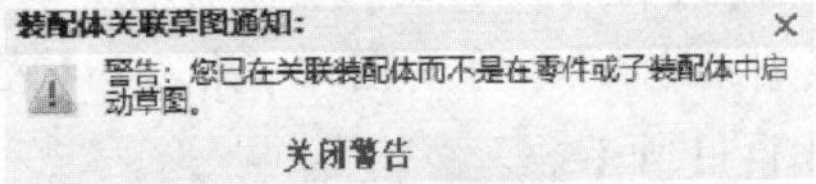

步骤 20　退出编辑装配体模式　单击【编辑装配体】，退出编辑装配体状态。

步骤 21　重命名零件　右键单击零件并选择【重新命名零件】，重命名新零件为 "Sliding_Jaw"。

图 1-17　警告提醒信息

步骤 22　保存零件　保存零件为"内部保存"。

步骤 23　隐藏零件 "Jaw_Plate"　为了查看清楚，隐藏 "Jaw_Plate"。这样做的原因是要使用 "Base1" 的几何体在 "Sliding_Jaw" 中创建一个新的特征。

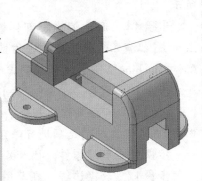

> **提示**　可利用 "Jaw_Plate" 的几何体在 "Sliding_Jaw" 中创建特征的原因在于几何体的形状是正确的，但这不是一个好的方案。更好的方案是关联原始的零部件 "Base1"。关联原始的零部件比关联其他使用了原始零部件的几何体的零部件更好。

图 1-18　编辑零部件

步骤 24　编辑零部件　右键单击零件 "Sliding_Jaw" 并选择【编辑零部件】。在 "Sliding_Jaw" 外表面所在面上绘制草图。选中与它相对的在 "Base1" 上的面，单击【转换实体引用】，如图 1-18 所示。设置拉伸厚度为 10mm。

步骤 25　创建孔　在 "Sliding_Jaw" 的前表面上绘制草图（通过孔选择表面）。基于 "Base2" 的孔，使用【等距实体】并设置等距为 2mm，创建一个完全贯穿切除，如图 1-19 所示。

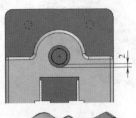

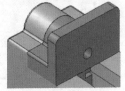

图 1-19　创建孔

> **步骤 26　退出编辑零部件模式**　单击【编辑零部件】，退出编辑零部件状态，返回等轴测视图。

1.7.2　在装配体外部建模

很多零件中的特征并不是只有在装配体环境下才能被创建，在零件环境下也能被创建，而且不需要添加任何关联参考。

操作步骤

步骤 1　打开零件　右键单击零件 "Sliding_Jaw"，在关联工具栏中选择【在当前位置打开零件】。在图 1-20 所示的边线上添加 2mm 的圆角。

扫码看视频

步骤 2　新建草图并设置等距　在图 1-21 所示的平面上新建草图，用圆孔的外部边线创建等距为 3mm 的等距实体，切除拉伸深度为 5mm。

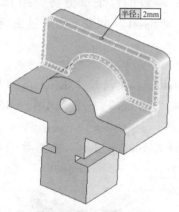

图 1-20　添加圆角

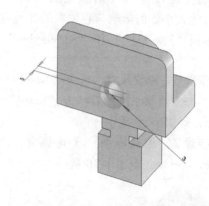

图 1-21　新建草图并设置等距

步骤 3　返回到装配体　保存并关闭零件，返回到装配体。单击【是】重建装配体，并显示零件 "Jaw_Plate"，如图 1-22 所示。

步骤 4　插入零部件　单击【插入零部件】，选择 "Lesson01 \ Case Study" 文件夹下的 "Vise_Screw" 插入装配体。在图 1-23 所示的两个面之间添加【重合】配合，在 "Vise_Screw" 的圆柱面和 "Base2" 的孔之间添加【同轴心】配合。

图 1-22　查看装配体

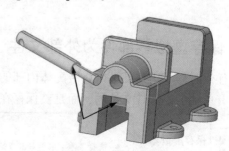

图 1-23　插入零部件

步骤5　添加实例　在装配体中添加实例"Jaw_Plate"，并与"Sliding_Jaw"添加配合，如图 1-24 所示。

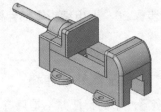

> **技巧** 使用〈Ctrl〉键 + 拖放或【复制/粘贴】命令来创建该零件的另一个实例。

图 1-24　添加实例"Jaw_Plate"

> **提示** 用户可以用这种方式组合"自顶向下"和"自底向上"的装配体建模。一旦开始以这种方式创建一个零部件，用户就不需要在关联中创建每一个零部件了。

1.8　传递设计修改信息

自动传递设计修改信息是关联特征的一大特点。本章的以下部分将介绍修改零部件"Base1"的大小如何影响与它关联的其他零部件的大小。"Base1"的变更会通过更新夹和外部关系传递到"Jaw_Plate"和"Sliding_Jaw"上。

步骤6　修改尺寸　双击"Base1"的特征"Extrude1"，更改尺寸值70mm 为90mm。注意不要重建模型。然后双击"Base1"的另一个特征"Extrude2"，更改尺寸值45mm 为65mm，如图 1-25 所示。

步骤7　重建模型　重建模型，"Jaw_Plate"和"Sliding_Jaw"更新后的尺寸与"Base1"一致，如图 1-26 所示。

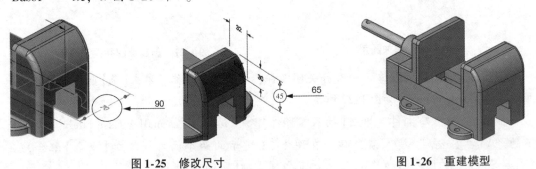

图 1-25　修改尺寸　　　　　　　　　　　　图 1-26　重建模型

1.9　保存虚拟零部件为外部文件

在任何时候，用户都可以将装配体内部的虚拟零部件保存为外部文件。虚拟零部件保存在内部是没有单独的零部件文件的，而是被保存在装配体文件中。

> **知识卡片** | 保存虚拟零部件为外部文件 | ● 快捷菜单：右键单击虚拟零部件并选择【保存零件（在外部文件中）】。

步骤 8　保存为外部文件　在 FeatureManager 设计树中选择所有的虚拟零部件，然后单击右键并选择【保存零件(在外部文件中)】。在窗口中单击【与装配体相同】，为所选的虚拟零部件设置存储路径，如图 1-27 所示，单击【确定】。

步骤 9　标记符号　现在每个零件都保存在装配体外部的零件文件(*. sldprt) 中。注意零件名外面的 "[ ]" 没有了，但是 "->" 还存在，如图 1-28 所示。"->" 表示该零件存在外部参考，参考此零件外部的几何体。

图 1-27　保存为外部文件

图 1-28　标记符号

1.9.1　关联特征

关联特征是在装配体环境中创建的并从中建立引用关系的特征。也就是说，实体之间的路径更新是需要通过装配体的，不能从一个零件直接到另外一个零件。

1.9.2　更新夹

当一个关联特征被创建后，一个相应的更新夹会在 FeatureManager 设计树中创建。它是一个把两个零件的几何和位置的参考连接在一起的特征。

在默认情况下，为了节省空间，更新夹是不会出现在 FeatureManager 设计树中的。如果需要显示更新夹，用户可以右键单击 FeatureManager 设计树的顶层图标，再选择【显示更新夹】，如图 1-29 所示。

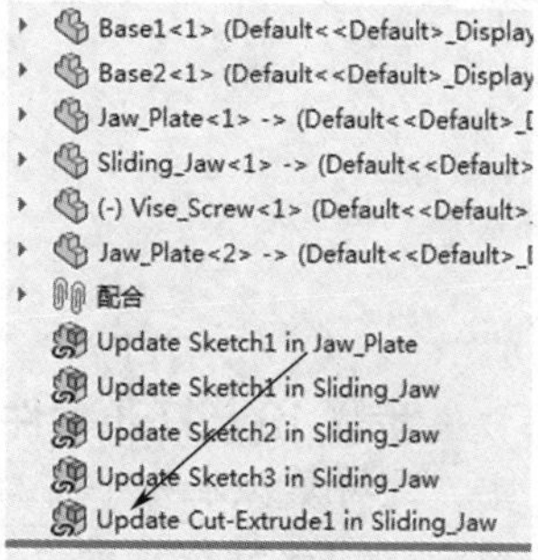

图 1-29　更新夹

由于更新夹是装配体文件的一部分，因此只有当装配体处于打开状态时，关联特征才能更新。如果更新路径不可用(如装配体文档被关闭)，更新过程将在用户下一次打开包含更新路径的装配体时发生。

1.10　外部参考

外部参考标记表明一个特征需要从模型外获得信息才能正确更新。在装配体中创建零件时，特征引用该装配体或其他装配部件的几何体来创建外部引用。装配体更新夹提供外部引用更新的链接。外部引用一般都是草图关系，但它们也可以通过特征结束条件、草图平面或其他几何特征创建。

1.10.1　部件层级符号

部件层级符号的状态及其含义见表 1-1。

表1-1　部件层级符号的状态及其含义

符号	状态	含　义
- >	正常关联	被引用文件为打开状态,特征能正常更新
- >?	未关联	被引用文件没有打开,不确定特征是否更新
- > *	引用被锁定	外部引用关系被锁定,被引用的文件将不能改变以更新该特征,直到引用被解锁
- >x	引用断开	外部引用已断开,外部文件的变化将不会对该特征有影响,引用不能被恢复

1.10.2　特征层级符号

特征层级符号的状态及其含义见表1-2。

表1-2　特征层级符号的状态及其含义

符号	状态	含　义
{ - >}	正常关联	该特征所包含的草图有外部参考
- >{ - >}	正常关联	该特征和所包含的草图都有外部参考
- >	正常关联	该草图有外部参考
{ - > * x}	引用断开	这里包含了多种状态,所有的符号都放置在特征名称的右侧

如图 1-30 所示,"Jaw_Plate_& < 2 > - >"零件有一个正常关联的外部参考,展开后,可以在所包含的特征"Boss - Extrude1{ - >}"下的草图"Sketch1 - >"中找到。

1.10.3　非关联参考

"Jaw_Plate"是一个关联装配体环境下的零件。当装配体文件处于打开状态时,它会随参考零部件几何特征的改变而改变。下面将介绍这一内容。

图 1-30　正常关联的参考特征符号

步骤 10　打开零件"Jaw_Plate"　选择"Jaw_Plate"的一个实例并单击【打开】，这将单独在一个窗口中打开这个文件。由于装配体仍处于打开状态,外部引用能正常更新,因此特征显示为正常关联状态{ - >}。

步骤 11　关闭装配体　关闭装配体"Machine_Vise"。

提示　用户可以从【窗口】菜单或 Windows 的任务栏关闭一个文档,而不需要激活这个文档窗口。

由于装配体没有被打开,"Jaw_Plate"现在为未关联状态 { - >?},如图 1-31 所示。因此,部件"Base1"的任何改动都不会影响"Jaw_Plate"。只有当装配体为打开状态时,"Base1"的改动才会通过装配体影响到"Jaw_Plate"。

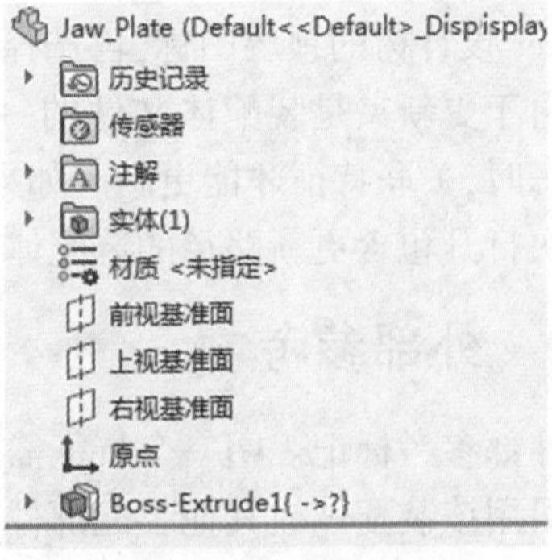

图 1-31　非关联参考
特征符号

1.10.4　恢复关联

将一个非关联的零件恢复关联，只需将它所参考的文档打开就可以了。这个操作非常简单。【关联中编辑】命令会自动打开零件所参考的其他文件。这个命令可以节省操作时间，因为用户不必查找此特征的外部参考文件，也无须浏览它的位置并手动打开。

知识卡片	关联中编辑	• 快捷菜单：右键单击具有外部参考的特征，从快捷菜单中选择【关联中编辑】。

> 步骤12　**关联中编辑**　右键单击"Boss_Extrude"特征并选择【关联中编辑】。相关联的装配体文件将会被自动打开。参考关联在 FeatureManager 设计树中用"->"符号表示。

1.11　断开外部参考

由于在关联过程中创建零件和特征而产生的外部参考会存留在零件中，所以对零件的更改会影响所有用到这个零件的地方，如装配体及工程图。同样，当修改了零件所参考的装配体零部件时，该零件也同样会被修改。

上述变化流程可以通过【锁定/解除】和【断开】选项临时性地或者永久性地停止。

> 如果用户想在另一个装配体中再次使用关联零部件，或想利用关联零部件作为起点进行相似的设计，或应用与关联几何体不同路径的零件移动，则需要移除外部参考。可以通过复制并编辑关联零件来创建一个不再和装配体相关联的复制零件。

1.11.1　【外部参考】对话框

【外部参考】对话框中的【全部锁定】和【全部断开】命令可以让用户修改关联零件和外部参考文件之间的关系。

1. 全部锁定　【全部锁定】命令用于锁定或者冻结外部参考，直到用户使用【全部解除锁定】为止。全部锁定操作是可逆的，在用户解除锁定外部参考以前，所有的更改都不会传递到被关联的零件中。

选择该命令后，SOLIDWORKS 系统会弹出一个信息框："模型'Jaw_Plate'的所有外部参考将会被锁定。在您解除锁定现存的参考之前，您将无法再添加新的外部参考。"

在 FeatureManager 设计树中，被锁定的符号变成"-> *"，使用【全部解除锁定】命令后符号将变回"->"。当零件被锁定参考后，用户无法再添加新的外部参考。

2. 全部断开　【全部断开】命令用于永久性地切断与外部参考文件的联系。

选择该命令后，SOLIDWORKS 系统会弹出一个信息框："模型'Jaw_Plate'的所有外部参考将会断开。您将无法再激活这些参考。"警告用户该操作是不可逆转的。

在 FeatureManager 设计树中，被断开参考的符号变成"-> ×"。参考的改变将不再传递到该零件。

整个装配体层次结构的所有外部参考，可以通过右键单击装配体顶层图标并选择【外部参考】来断开。从对话框中选择【全部断开】将会影响整个装配体。

14

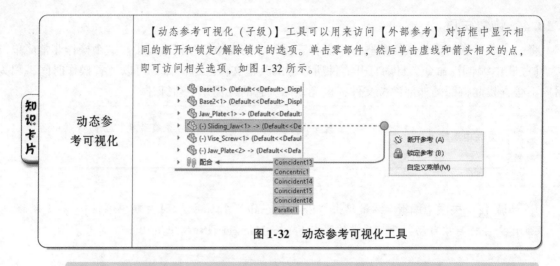

> 知识卡片

动态参考可视化

图 1-32　动态参考可视化工具

【动态参考可视化（子级）】工具可以用来访问【外部参考】对话框中显示相同的断开和锁定/解除锁定的选项。单击零部件，然后单击虚线和箭头相交的点，即可访问相关选项，如图 1-32 所示。

> 技巧

如果需要，可以在特征树中将"-> ×"符号隐藏起来。方法是单击【工具】/【选项】/【系统选项】/【外部参考】，取消勾选【为断开的外部参考在特征树中显示"×"】复选框。

一旦断开参考，用户只可以在【外部参考】对话框中勾选【列举断开的参考引用】复选框来列出参考。

> 注意

【全部断开】不会删除外部参考，只是简单地断开外部参考，并且这种断开永远都无法恢复。因此，用户最好在所有情况下都使用【全部锁定】。

要查看如何移除外部参考，请参阅本章 1.14 节"删除外部参考"。

步骤 13　外部参考　通过列出外部参考的方法可以查看某个特征或者草图是否有外部参考。在 FeatureManager 设计树中右键单击零件"Sliding_Jaw"，选择【外部参考】，弹出图 1-33 所示的对话框。

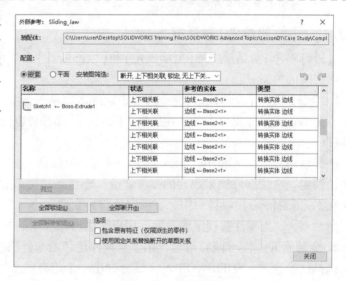

图 1-33　外部参考

1.11.2　外部参考报告

图 1-33 所示的对话框中包含下列信息：
- 装配体：显示了创建外部参考时用到的装配体。
- 配置：零部件当前的配置名称。

- "名称"列：所选零件中含有外部参考的所有特征或草图。
- "状态"列：显示特征是否在关联中。
- "参考的实体"列：用于生成外部参考的选中的边、表面、基准面或者环的名称。实体名称显示了实体所在的零件，如"侧影轮廓边线 < − motor < 1 > >"表示这是零件"motor"的第一个实例中的一条边线。
- "类型"列：定义了外部参考的创建方式，如转换实体边线或等距边线。

在本例中，会列出很多外部参考。

> 步骤14　全部锁定　单击【全部锁定】，在弹出的消息对话框中单击【确定】。单击【关闭】。

1.12　装配体设计意图

装配体的设计意图是让零件"Sliding_Jaw"在装配体中移动。由于预期的移动是垂直于装配体中引用的几何形状，因此用户可以保持外部引用并暂时锁定它们，以防止在使用配合重新定位零件时进行更新。

> 提示　【外部参考】与【查找相关文件】命令有所不同。在零件窗口中，选择【文件】/【查找相关文件】可以显示所参考的文件。【查找相关文件】仅列出外部参考文件的名称，而不提供特征、数据、状态或零部件信息。例如，【查找相关文件】命令会告诉用户以下信息：
> - 使用【基体零件】或者【镜像零件】方法建立零件的参考零件文件。
> - 带有关联引用的任何零件的装配体文件，其中包括使用【派生零部件】创建的零件、有型腔或连接特征的零件，或是一个在装配体中关联编辑的、参考其他部件的零件。

为了阻止零件移动，在创建关联零部件时将自动添加在位配合。因为关联零件的特征是附加到装配体中零件的几何体上，零部件位置的变化将会导致不希望的几何体变化。

1）替换在位配合。删除在位配合后，可以使用标准的配合技术重新添加配合关系，也可以使零件有一定的平移自由度。一般情况下，最好先确定要添加在位配合的面，这个面的垂直方向将被作为零件能够移动的方向，请参考实例"Sliding_Jaw"。

2）删除在位配合。当删除在位配合时，在出现确认对话框后将会出现一条警告信息："在装配体中用在位配合所放置的零件基本草图包含对其他实体的参考，此配合方式删除后，因为此零件将不再相对于装配体被放置，因此这些参考可能会以非预期的方式做更新，请问是否现在消除这些参考？（不会删除任何几何体）。"

如果单击【否】，只会删除在位配合，不会删除参考（包括外部参考），如图1-34所示。

如果单击【是】，在位配合和所有的外部参考都将被删除，如图1-35所示。

这些选项对删除外部参考很有帮助。

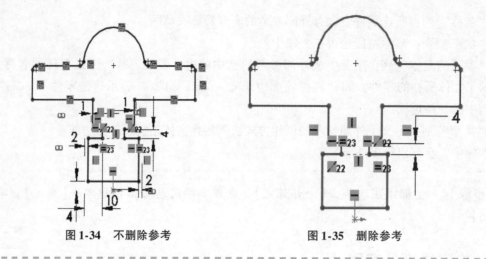

图 1-34 不删除参考   图 1-35 删除参考

步骤 15 删除在位配合 选择"Sliding_Jaw"零件，单击右键，在关联工具栏中选择【查看配合】 。删除在位配合。由于仍然想保留外部引用，因此在弹出的消息框中单击【否】。关闭零件的【查看配合】对话框。

步骤 16 添加配合 现在，可以安全地移动"Sliding_Jaw"并重新应用配合了。由于引用当前被锁定，特征不会因其引用的几何体发生变化而产生更新。

添加配合来定位零件"Sliding_Jaw"，同时仍允许其适当自由地移动。一种解决方法是添加同轴心配合和平行配合，如图 1-36 所示。

步骤 17 全部解除锁定 在 FeatureManager 设计树上右键单击"Sliding_Jaw"，然后选择【外部参考】。在【外部参考】对话框中单击【全部解除锁定】并单击【关闭】。现在零件便可以对引用的几何体做任何更新了。

步骤 18 螺旋配合 为了完成装配体预期的运动，此处将模拟"Vise_Screw"零部件的螺旋运动。单击【配合】 并展开【机械配合】组框，然后单击【螺旋】 ，圈数设置为 0.5 圈数/mm，选择"Vise_Screw"的圆柱面和"Base2"的内圆柱面，然后单击【确定】 ，如图 1-37 所示。

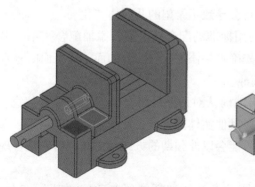

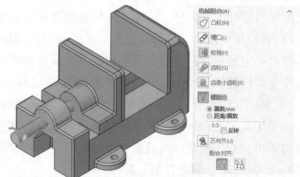

图 1-36 添加同轴心配合和平行配合   图 1-37 添加螺旋配合

 提示 使用〈Alt〉键隐藏一个面可以更加容易地选择"Base2"的内圆柱面。

步骤 19 打开和关闭台虎钳 拖动"Sliding_Jaw"或旋转"Vise_Screw"来开关台虎钳。

步骤 20 退出 SOLIDWORKS

1.13　SOLIDWORKS 文件实用程序

SOLIDWORKS 文件实用程序（以下简称"实用程序"）可用于打开、重新命名、替换或移动 SOLIDWORKS 文件。用户可以从 Windows 资源管理器中的 SOLIDWORKS 文件的快捷菜单中直接访问此实用程序，如图 1-38 所示。

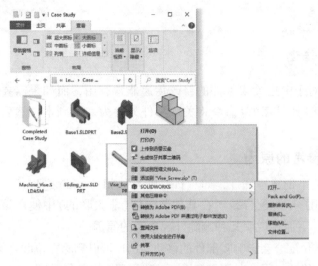

图 1-38　实用程序

实用程序在处理具有外部参考的文件时非常有效。例如，在 Windows 资源管理器中重命名文件会断开外部参考的引用，但使用实用程序对其重命名则将保持这些参考引用关系。

实用程序包括以下命令：

- 【打开】：在 SOLIDWORKS 中打开文件。
- 【Pack and Go】：在 SOLIDWORKS 的【文件】菜单中也可以找到【Pack and Go】选项。
- 【重新命名】：更改文件名称并保留参考引用关系。
- 【替换】：使用另一个文件替换当前的文件，这可能会导致配合错误。
- 【移动】：将文件移动到新文件夹并保留参考引用关系。
- 【文件位置】：为【重新命名】、【替换】和【移动】命令设置文件夹位置，在这些命令的对话框中也可以使用该命令。

> 知识卡片
>
> **SOLIDWORKS 文件实用程序**
>
> - 快捷菜单：在 Windows 资源管理器中右键单击一个或多个文件，然后单击【SOLIDWORKS】，再选择【打开】、【Pack and Go】、【重新命名】、【替换】、【移动】或【文件位置】。

操作步骤

步骤 1　重新命名　右键单击"Sliding_Jaw"文件，然后选择【SOLIDWORKS】/【重新命名】。在【重命名为】栏中输入"Moving Jaw"并单击【确定】，如图 1-39 所示。文件名称已经更改，并且保留着外部参考。

图 1-39　重新命名

18

步骤2　打开文件　右键单击"Machine_Vise"并选择【SOLIDWORKS】/【打开】，查看已经更改名称的零部件，如图1-40所示。

步骤3　保存并关闭所有文件

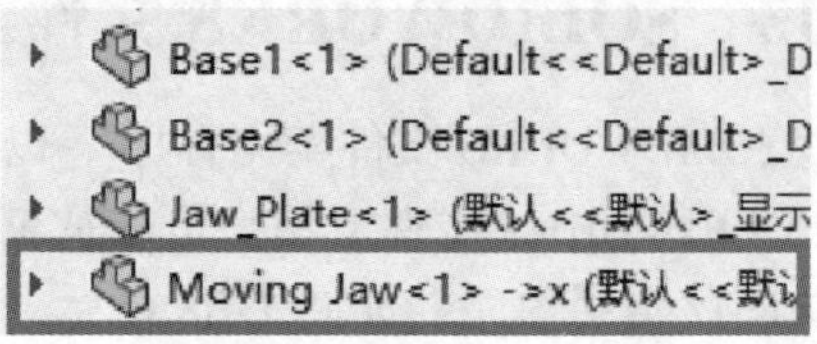

▸ 🏵 Base1<1> (Default<<Default>_D
▸ 🏵 Base2<1> (Default<<Default>_D
　 🏵 Jaw_Plate<1> (默认<<默认>_显示
▸ 🏵 Moving Jaw<1> ->x (默认<<默

图1-40　打开文件

1.14　删除外部参考

【全部锁定】命令对于中止关联零件的修改传递非常有用，而如果需要永久性地停止修改传递，最好的方法是先使用【另存为】命令将关联零件另存为一个副本，然后在复制的零件中删除外部参考关系。

1.14.1　删除外部参考的原因

在装配体关联环境下创建零部件，如"Jaw_Plate"和"Sliding_Jaw"，将与装配体中的几何体创建参考关系。当用户删除配合或者在其他装配体(非关联的)中使用该零部件时，将会对原来的装配体产生影响。下面将说明几种删除外部参考的原因。

● 零部件移动：在位配合会影响零部件的移动。用户可以删除在位配合关系，但仍保持特征是关联的。如果零部件的移动与所参考的几何体不一致，那么零部件重新定位时关联特征将会失败。

● 重复利用数据：一个零部件可以在多个装配体中使用，但是如果一个零部件含有关联引用，那么在使用之前零部件必须处于非关联状态，以避免无意的更改。

若基于现有设计来制作标准的"Jaw_Plate"零部件，便可以在多个装配体中重复使用它。要做到这一点，零部件副本中的外部引用会被删除，使其完全独立于装配体。

 移除参考的另一种方法是将文件保存为其他格式，如Parasolid、IGES或者STEP格式。在SOLIDWORKS中通过中间文件引入的是一个没有特征的实体，所以不易更改。

提示　如果有多个关联特征，最好从靠近FeatureManager设计树底部的特征开始整理，不同于零部件特征错误需要从顶端向下修复。

操作步骤

步骤1　将"Jaw_Plate"另存为备份　打开"Jaw_Plate"，选择【文件】/【另存为】。此时会弹出对话框让用户选择将文件以一个新的名称另存或另存为一个文件副本。对话框中还有每个选项的结果描述。【另存为】选项是在装配体中用新文件替换原始文件，而【另存为副本】选项则不会替换。

扫码看视频

 提示　仅当打开参考文档（装配体）时，此对话框才会出现。

步骤2　另存为副本并打开　单击【另存为副本并打开】，并将副本命名为"Free_Jaw
_Plate"，单击【保存】并关闭原始文档。

步骤3　评估特征　当前的零件为上一步另存为副本的文件"Free_Jaw_Plate"，装配体仍没有变化。在 FeatureManager 设计树中检查零件的外部参考，会看到在某些特征和草图后面有个"->?"符号，这表示存在外部参考，且这些参考是非关联的，如图1-41所示。

图1-41　评估特征

虽然另存的副本零件也引用了装配体，但它并不属于这个装配体，因此这些参考是非关联的。

为了使零件可以独立地进行修改，用户还应该编辑每个标有"->?"符号的特征和草图，删除它们的外部参考。注意，在某些情况下只有草图是派生的，而特征本身不是派生的，但草图和特征都会标记"->?"符号。

1.14.2　编辑特征并移除引用

通过另存为副本，现在零件中的所有外部参考都没有被激活。然而，如果修改了零件"Free_Jaw_Plate"中的特征尺寸，将会发生什么样的情况呢？例如，由于几何体是直接由装配体中的零部件转换而成的，因而没有定义基体特征轮廓的大小和尺寸，该如何更改零件"Free_Jaw_Plate"呢？

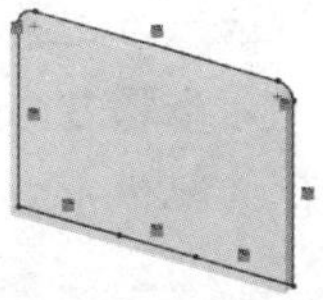

图1-42　编辑特征

为了让一个装配体所创建的关联零件独立于该装配体，且使特征可修改，所有带有"->"符号的特征都可以进行编辑并修改几何体的约束方式，如图1-42所示。虽然所有的外部参考都已经断开，但几何体依旧是使用零件参考建立的。可以通过编辑零件中的草图和特征来删除外部参考，这会改变特征的设计意图。

> **提示**　零件"Free_Jaw_Plate"是一个只有一个特征的简单示例，但如果多个特征存在外部参考，最好的做法是从特征树的底部开始工作直到基体特征。通常的做法是从最后一个特征开始，以防止重建错误，因为在修复父特征之前已经修复了子特征。

1. 编辑特征的策略　不同的特征有不同的编辑方法，下面将介绍几种常见的类型。

● 草图几何关系：在草图中先通过【显示/删除几何关系】命令，删除相关联的几何关系和尺寸，然后手动或者通过【完全定义草图】命令完全定义草图。

● 派生草图：使用【解除派生】命令解除派生草图与其父草图的链接。

● 草图平面：通过【编辑草图平面】命令替换存在外部参考的草图平面。

● 拉伸：编辑拉伸特征，将终止条件【给定深度】改为【成形到一面】或【到离指定面指定的距离】，并使用相同的尺寸。

● 装配体特征：装配体特征的性质是它们只存在于装配体中。一种方法是将必要的几何体复制到零件中，然后再删除装配体特征；另一种方法是编辑装配体特征，选择【将特征传播到零件】以将作用于零部件的特征加载到零部件中。

2. 由等距实体和转换实体引用生成的几何体　由【等距实体】和【转换实体引用】创建的几何体，它们的位置和方向都严格地位于被参考的边上。当【等距】或【在边线上】等几何关系被删除后，几何体不再含有任何其他的关联，如相切、水平、竖直或共线。为了重新定义这类草图几何关系，比较好的方式是使用【完全定义草图】来添加必要的关系和尺寸。

步骤4　编辑草图　草图是外部参考的主要来源。如果一个特征中的任何一个草图存在外部参考，那么这个特征的名称就会有"->"后缀。编辑特征凸台拉伸的草图，如图1-43所示。

步骤5　显示/删除几何关系　单击【显示/删除几何关系】，在下拉框中选择【在关联中定义】来过滤。单击【删除所有】，单击【确定】。

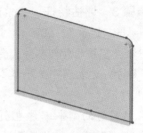

图1-43　编辑草图

 注意　当删除草图中的这些约束后，它仍保持原来的位置和大小。

步骤6　完全定义草图　单击【完全定义草图】，确保【几何关系】和【尺寸】复选框均已被勾选，如图1-44所示。更改尺寸的原点为轮廓的左下角。

在【要完全定义的实体】中选择【所选实体】，并选择轮廓中除了底部的3条直线段外的所有几何线段。单击【计算】来预览生成的约束。单击【确定】✔接受这些定义。

步骤7　清理轮廓图　删除轮廓底部的3条线段，并画一条新的【水平】直线，如图1-45所示。为这条直线和原点添加【重合】的几何关系，以完全定义草图。

步骤8　查看结果　退出草图。该零件现在已经独立于外部引用，并能安全地用于其他装配体中。

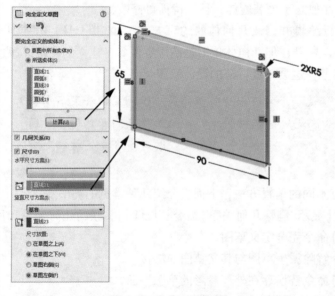

图1-44　完全定义草图

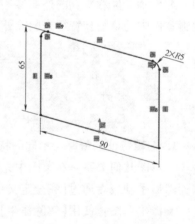

图1-45　清理轮廓图

除了可以在特征树上看到不再存在外部引用的符号（见图1-46）外，还可以通过其他方式来验证外部引用是否被移除。例如，通过【文件】/【查找相关文件】，或右键单击FeatureManager设计树的顶端，单击【外部参考】并确认是否有参考列出。

步骤9　保存并关闭所有文件

图 1-46　外部引用已被移除

练习 1-1　创建关联特征

装配体"Oil Pan"中已经正确安装了油管零件"Pipe",但是收油盘并没有创建相应的凸缘。本练习的任务是用关联特征设计这个凸缘,如图 1-47 所示。

本练习将应用以下技术:
- 编辑零件。
- 关联特征。

图 1-47　创建关联特征

操作步骤

步骤 1　打开装配体　从"Lesson01 \ Exercises \ InContextFeatures"文件夹内打开装配体"Oil Pan Assy"。

步骤 2　编辑装配体　编辑零件"Oil Pan"并新建凸缘特征,如图 1-48 所示。

装配体及其零件的设计意图如下:

1) 收油盘的凸缘与油管的凸缘应拥有相同的轮廓形状。

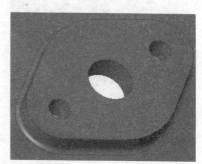

图 1-48　编辑装配体

2) 收油盘的凸缘要有 3°的拔模角度。

3) 收油盘的螺纹孔和油孔的直径、位置应与油管相应的特征相同以满足配合要求。

4) 圆角半径为 2mm。

步骤 3　保存并关闭所有文件

练习 1-2　自顶向下的装配体建模

本练习的任务是在装配体中创建零件"Cover Plate"，利用现有的周围零部件的几何体创建特征，如图 1-49 所示。

本练习将应用以下技术：

- 自顶向下的装配体建模。
- 定位零部件。
- 常用工具。
- 保存虚拟零部件为外部文件。

图 1-49　自顶向下的装配体建模

操作步骤

步骤 1　打开装配体　从"Lesson01 \ Exercises \ Top Down Assy"下打开装配体"TOP DOWN ASSY"。

步骤 2　插入新的零部件　插入一个新的零部件，将其前视基准面定位在图 1-50 所示的高亮面上。

步骤 3　关联特征　零件"Cover Plate"的设计意图如下：

1) 必须随主体零件"Main Body"的内径更新。

2) 必须与零件"Ratchet"的外径相关联。

3) 必须与零件"Wheel"的外径相关联。

图 1-50　插入零部件

使用图 1-51 所示图例，结合设计意图确定零件的形状和关系。间隙尺寸为：

- "Cover Plate"到"Main Body"的距离：0.20mm。
- "Cover Plate"到"Ratchet"的距离：0.10mm。
- "Cover Plate"到"Wheel"的距离：0.10mm。

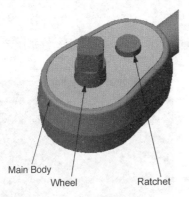

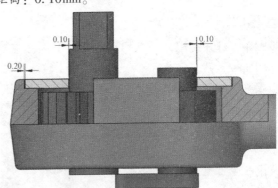

图 1-51　配合间隙尺寸

步骤 4　保存为外部文件　将零件"Cover Plate"保存为外部文件到装配体文件所在的文件夹。

步骤 5　检查间隙　使用【间隙验证】检查"Ratchet"和"Wheel"之间的间隙。

步骤 6　更改零部件（可选步骤）　通过修改装配体中关联特征所参考的零部件，来测试"Cover Plate"的关联特征。重建装配体并查看更新。

步骤 7　保存并关闭文件

第 2 章 装配体特征和智能零部件

2.1 概述

装配体特征是在零部件组装后需要完成的一些操作。大部分装配体的去除材料操作是在零部件组装完毕后进行。智能扣件用于通过预定义扣件来一次填充多个孔特征，智能扣件示例如图2-1所示。

2.2 实例：装配体特征

本章从一个与第 1 章创建的装配体相似的模型（见图2-2）开始，对这个装配体增加新的特征和扣件，将"Jaw_Plate"固定在装配体的其他零部件上。

创建装配体特征主要包括以下处理流程：

1）创建标准的装配体特征。创建一个切除多个零部件的标准装配体特征。

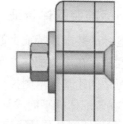

图 2-1 智能扣件示例

2）创建孔系列装配体特征。创建一个孔，其锥孔始于零件"Jaw_Plate"，底部螺纹孔止于零件"Base1"。

3）使用已有的孔系列特征创建新孔。使用零件"Jaw_Plate"的孔尺寸和位置在零件"Sliding_Jaw"上创建通孔。

4）在孔内插入扣件。使用智能扣件在装配体中插入螺钉、垫圈和螺母。智能扣件能基于孔的类型和尺寸自动选取最佳的扣件。

2.3 装配体特征

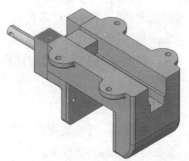

图 2-2 "Machine _Vise"装配体

装配体特征是只存在于装配体中的特征，装配体特征可以被阵列。零部件在装配体中配合好以后，可以通过使用装配体切除特征来切除装配体中所选择的零部件。装配体特征常用来代表装配后的加工操作，通过切除选中的部分或全部零部件，来创建装配体的剖视图。

装配体特征的类型包括：异型孔向导、简单直孔、拉伸切除、旋转切除、扫描切除、圆角、倒角、焊缝、皮带/链和孔系列。

关于标准装配体特征的几点说明如下：

1）标准装配体特征只存在于装配体中。

2）它们可以是基于孔的特征（【异型孔向导】和【简单切除】）、拉伸、旋转、扫描、圆角或倒角，但是它们始终是去除材料的。

3）可以通过配置来控制装配体特征的可见性。

4）可以利用装配体中的任何基准面或模型表面作为装配体特征的草图平面。

5）草图可以包含多个封闭的轮廓。

6）【特征范围】中的设置项决定了哪些零部件将会被装配体特征影响。

7）装配体特征可以被阵列，且装配体特征的阵列也可以用来阵列零部件。

2.3.1　特殊情况

装配体特征的特殊情况包括几种不同于标准装配特征规则的类型：

1）【孔系列】特征始终会作用到零件层级。

2）装配特征可以通过勾选【将特征传播到零件】复选框而传播到零件文件中。

3）【焊缝】特征会添加材料。

知识卡片	装配体特征	● CommandManager：【装配体】/【装配体特征】 🗄。 ● 菜单：【插入】/【装配体特征】。

2.3.2　标准装配体特征

创建标准装配体特征类似于模型特征，它们要么基于草图，要么应用于边线，但始终都是切除，并且只存在于装配体层级。

下面是创建基于草图拉伸的装配体特征的步骤：

1）在装配体的平面或基准面上创建一个新的草图。

2）创建草图几何体。可以通过草图关系和尺寸来完全定义草图上的几何体。

3）创建拉伸切除特征，并从结束条件中进行选择，包括【给定深度】、【完全贯穿】、【完全贯穿，两者】、【成形到下一面】、【成形到顶点】、【成形到面】、【到离指定面制定的距离】、【成形到实体】、【两侧对称】。

4）使用【特征范围】控制哪些零部件被切除。

5）该切除只存在于装配体层级，不会存在于零部件层级。

操作步骤

　　步骤 1　打开装配体文件　打开 "Lesson02 \ Case Study" 文件夹下的 "Machine_Vise" 装配体，如图 2-2 所示。

> **提示** 👆　该装配体具有外部引用。由于在【工具】/【选项】/【系统选项】/【外部参考】/【加载参考文档】选项被设置为【提示】，所以弹出图 2-3 所示对话框。

扫码看视频

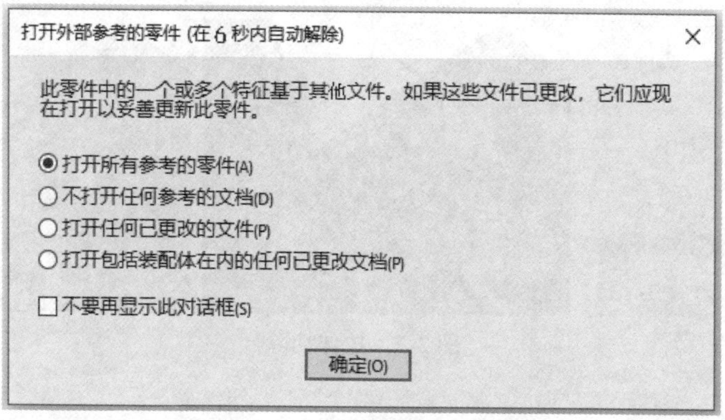
打开外部参考的零件 (在 6 秒内自动解除)
此零件中的一个或多个特征基于其他文件。如果这些文件已更改，它们应现在打开以妥善更新此零件。
打开所有参考的零件(A)
不打开任何参考的文档(D)
打开任何已更改的文件(P)
打开包括装配体在内的任何已更改文档(P)
不要再显示此对话框(S)
确定(O)

图 2-3　【打开外部参考的零件】

- 打开任何已更改的文件：仅打开自上次打开以来已更改的引用文件。
- 打开所有参考的零件。
- 不打开任何参考的文档。

步骤 2　打开任何已更改的文件　选择【打开任何已更改的文件】并单击【确定】。

步骤 3　选择面　翻转装配体，在“Base2”零件上选中一个面，如图 2-4 所示。

步骤 4　创建草图　新建草图，“草图 1”会显示在 FeatureManager 设计树的底部，如图 2-5所示。由此草图创建的特征将被放置在设计树中相同的位置。

> **提示**
>
> 此时【装配体关联草图通知】对话框会显示在界面上。此警告说明用户已经在这个装配体的关联中开始绘制草图，而不是在一个零部件或子装配体中。这不是错误提示，它只是提醒用户当前正在创建一个基于装配体的草图。
>
> 该提示会自动关闭。

步骤 5　绘制矩形　绘制一个跨过两个零部件表面的中心矩形，并与边线附加上关系。添加的尺寸约束如图 2-6 所示。

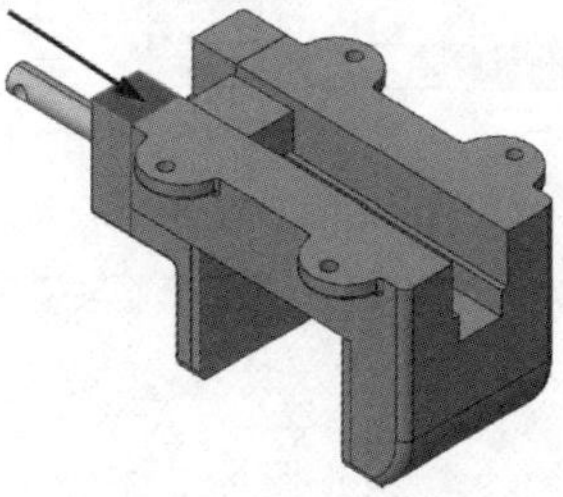

图 2-4　选择面

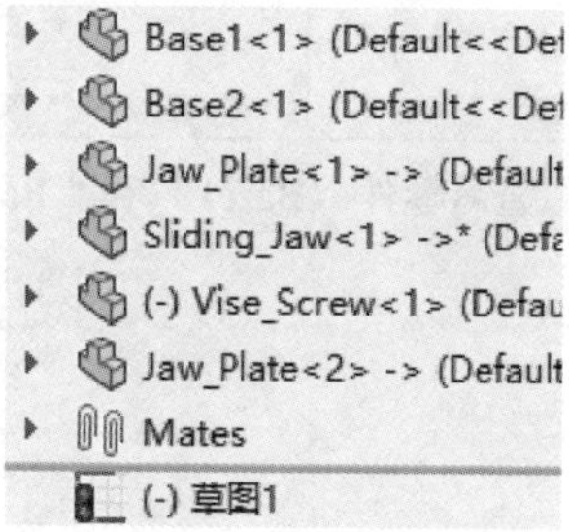
Base1<1> (Default<<Def
Base2<1> (Default<<Def
Jaw_Plate<1> -> (Default
Sliding_Jaw<1> ->* (Defa
(-) Vise_Screw<1> (Defau
Jaw_Plate<2> -> (Default
Mates
(-) 草图1

图 2-5　新建草图

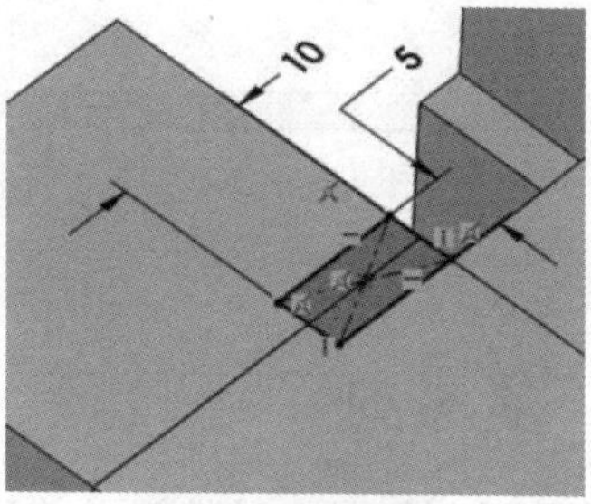
10
5

图 2-6　绘制矩形

步骤 6　拉伸切除　单击【插入】/【装配体特征】/【切除】/【拉伸】，并设置深度为 10mm。

展开【特征范围】选项组，取消勾选【自动选择】复选框并选择零件“Base1”和“Base2”，如图 2-7 所示。

单击【确定】。将切除特征重命名为“Sliding_Jaw travel lock”。

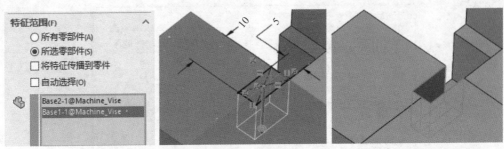

图2-7　拉伸切除

> 提示 　【自动选择】选项将根据拉伸的位置和方向自动选择零部件。

步骤7　打开零件　打开零件"Base1"和"Base2"，确认在零件层级上没有装配体特征的切除，如图2-8所示。关闭零件并保存装配体。

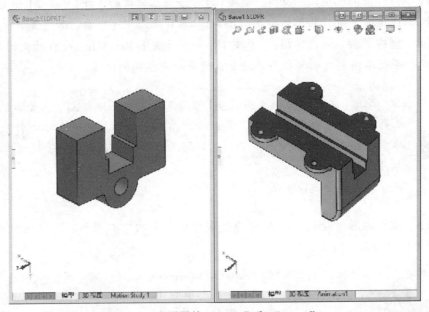

图2-8　查看零件"Base1"和"Base2"

2.4　孔系列

【孔系列】是一种特殊的装配体特征，利用它可以在装配体的各个零件上创建孔特征，所创建的孔特征贯穿孔轴线相交的所有未被压缩的零件(这些零件可以不接触)。与其他装配体特征不同的是，孔系列可以在各个零件中作为外部参考特征而存在。如果在装配体中编辑孔系列，那么孔系列所作用的零件同样会进行相应的修改。关于孔系列的几点说明如下：

1) 【孔系列】生成的孔可以存在于装配体层级和零件层级中(这点与其他装配体特征不同)。
2) 可以利用装配体中的任何基准面或模型表面作为"孔系列"的草图平面。
3) 【孔系列】可使用【完全贯穿】、【到下一面】、【成形到一面】和【到离指定面指定的距离】

终止限定条件。

4）【孔系列】不能通过标准的【异形孔向导】来创建。

5）可以使用【编辑特征】命令编辑成形的孔，但只能在装配体中进行编辑。这会将更改传递到孔系列中的所有零件。

6）由【异形孔向导】命令生成的孔特征可作为【孔系列】特征中的开孔源特征。

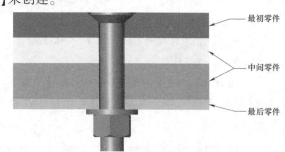

7）【孔系列】作用中的最初零件、最后零件和中间零件可以使用不同的孔径尺寸。可以通过一个复选框自动执行这种不同尺寸的设置，如图 2-9 所示。

图 2-9　【孔系列】选项

知识卡片	孔系列向导	孔系列向导由 5 个选项卡组成，用来定义孔的位置和规格。 • 【孔位置】：确定草图点作为孔中心的位置。 • 【最初零件】：定义开始孔的参数。 • 【中间零件】：定义最初零件与最后零件之间的孔参数。 • 【最后零件】：定义结尾孔的参数。 • 【智能扣件】：在孔系列中插入智能扣件。只有安装并激活 SOLID-WORKS Toolbox 后，该选项卡才能使用。
	操作方法	• CommandManager:【装配体】/【装配体特征】/【孔系列】。 • 菜单:【插入】/【装配体特征】/【孔】/【孔系列】。

提示　　孔系列特征可通过二维或三维草图来定位。三维草图在多个面或非平面定位孔时最为有效。使用二维草图点时，必须要预先选择一个平面来放置草图。

步骤8　选择孔系列　选择 "Jaw_Plate < 1 >" 的表面，如图 2-10 所示，预先选择该面以创建二维而非三维的草图。单击【孔系列】。

步骤9　选择孔位置　在【孔位置】选项卡内，选择【生成新的孔】，为两个孔创建草图点。添加尺寸标注和对称约束以完全定义草图，如图 2-11 所示。

步骤10　定义最初零件　单击【最初零件】选项卡并进行如下设置（见图 2-12）：

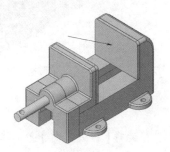

图 2-10　选择 "Jaw_Plate < 1 >" 表面　　图 2-11　创建草图点　　图 2-12　定义最初零件

- 开始孔规格：锥形沉头孔 ▥。
- 标准：ANSI Metric。
- 类型：平头螺钉-ANSI B18.6.7M。
- 大小：M5。

步骤11 设置中间零件 单击【中间零件】▥选项卡，勾选【根据开始孔自动调整大小】复选框。在本例中，只有最初零件和最后零件。

步骤12 设置最后零件 单击【最后零件】▥选项卡（见图2-13）并进行如下设置：

- 结尾孔规格：直螺纹孔▥。
- 类型：底部螺纹孔。
- 大小：M5×0.8。
- 给定深度：10.000mm。

然后单击【确定】✔以添加孔。

步骤13 查看剖面视图（即"剖视图"） 使用【剖面视图】▥工具，查看生成的孔系列，如图2-14所示。注意到孔切割了"Jaw_Plate＜1＞"和"Base1"零件。关闭剖面视图。

图2-13 零件选项

步骤14 查看FeatureManager设计树 完成孔系列后，在装配体中生成特征，这个特征用来控制每一个零部件中的孔，如图2-15所示。

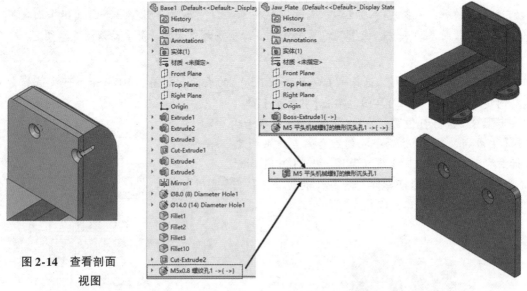

图2-14 查看剖面视图

图2-15 孔特征

步骤15 检查零部件 右键单击零件"Jaw_Plate＜1＞"，选择【打开零件】▥。注意到孔在零件中出现，如图2-16所示，并且"M5平头机械螺钉的锥形沉头孔1"特征显示在FeatureManager设计树中。保存并关闭零件"Jaw_Plate"，返回到装配体环境。

步骤 16　检查另一个零部件　旋转装配体查看另一个零件"Jaw_Plate〈2〉"。孔特征已被添加到这个零件上，这是因为孔被添加到零件中，如图 2-17 所示。

图 2-16　检查零部件

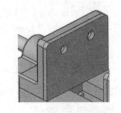

图 2-17　查看零件实例

2.4.1　时间相关特征

装配体特征是 SOLIDWORKS 中很多时间相关特征中的一种。它是在装配体中零部件更新后再按照先后顺序进行更新。

1. 时间相关特征的类型　下面列出了一些时间相关特征：

- 装配体特征。
- 关联特征和关联零部件。
- 装配体中的参考几何体(参考平面或基准轴)。
- 装配体中的草图几何体。
- 零部件阵列。

2. 时间相关特征的配合　当零部件与时间相关特征建立配合关系时，只有在时间相关特征更新后才能定位零部件。

3. 最佳做法　尽量不要与时间相关特征建立配合关系，除非这是实现设计意图的唯一方法。在不使用时间相关特征时，用户可以利用其他更加灵活的方法定义零部件的位置，这时零部件的顺序不会影响配合关系。

4. 父/子关系　与零件中的特征类似，零部件同样有父/子关系。最简单的自底向上的零部件只将配合组作为"子"，装配体特征所作用的其他零部件则和"子"一样具有这些特征。

5. 查找参考　【查找参考】用于查找零部件及装配体文件的精确位置。列表为每个特征使用的参考提供了全路径名称。使用【复制文件】可以通过 Pack and Go 实用程序复制文件到另一个目录。

6. 调整顺序和退回　与零部件特征一样，用户可以在装配体 FeatureManager 设计树中为许多特征调整顺序。例如，装配体基准面、基准轴、草图和配合组中的配合等项目都可以调整顺序，而默认的基准面、装配体原点和默认的配合组不能调整顺序。用户还可以调整零部件在 Feature-Manager 设计树中的顺序，从而控制工程图材料明细表中的零部件顺序。

【退回】命令可以在时间相关特征(如装配体特征和基于装配体的特征)之间移动。注意，如果退回到配合组前，将压缩由这个配合组控制的所有配合和零部件。

2.4.2　使用现有孔的孔系列

【孔系列】是一种很实用的工具，它可用于创建与现有孔相一致的孔。当最初零件中已经存在孔时，选中【使用现有孔】选项，即可创建与已有孔一样的孔。

在第一个实例中，零件"Jaw_Plate"上已经创建了一组孔。下面将在不向"Jaw_Plate"上添加更多孔的情况下，将匹配的孔添加到"Sliding_Jaw"中。

步骤17　创建孔系列　选择"Sliding_Jaw"上的平面，单击【孔系列】，可使用【选择其他】或穿过"Jaw_Plate〈2〉"选择该平面，如图 2-18 所示。

步骤18　设置孔位置　在【孔位置】选项卡里，选择【使用现有孔】，选择"Jaw_Plate〈2〉"上的一个锥孔面，如图 2-19 所示。

步骤19　设置最初零件和中间零件　【最初零件】和【中间零件】选项卡中的设置与现有孔一致。

步骤20　设置最后零件　单击【最后零件】选项卡，进行如下设置：

- 结尾孔规格：孔。
- 勾选【根据开始孔自动调整大小】复选框。
- 终止条件：完全贯穿。

单击【确定】，如图 2-20 所示。

步骤21　检查零部件　右键单击零件"Sliding_Jaw"，选择【打开零件】，孔在零件中出现，并且"M5 间隙孔1"特征显示在 FeatureManager 设计树中，如图 2-21 所示。

保存和关闭零件"Sliding_Jaw"，返回到装配体环境。

步骤22　保存文件　保存但不关闭装配体文件。

Sliding_Jaw 的表面
（为了便于描述，Jaw_Plate<2> 被隐藏）

图 2-18　选择平面

图 2-19　【孔位置】选项卡

图 2-20　设置最后零件

图 2-21　查看零件模型

2.5　智能扣件

如果装配体中包含了特定规格的孔、孔系列或孔阵列，利用智能扣件可以自动添加紧固件（如螺栓和螺钉）。智能扣件使用 SOLIDWORKS Toolbox 标准件库，此库中包含了大量 GB、ANSI Metric 等多种标准件。用户还可以向 Toolbox 数据库中添加自定义的设计，并作为智能扣件来使用。

提示　　SOLIDWORKS Toolbox 是 SOLIDWORKS Professional 和 SOLIDWORKS Premium 中的一个可用插件。SOLIDWORKS 的标准版不包括此功能，因而无法使用智能扣件。

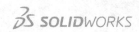

2.5.1　扣件默认设置

向装配体中添加新扣件时，扣件的默认长度根据装配体中的孔而定：如果孔是不通孔，扣件的长度采用标准长度系列中相邻的比孔深度小的长度；如果孔是通孔，扣件的长度采用标准长度系列中相邻的比孔深度大的长度。如果孔的深度比最长扣件的长度还要长，则采用最长的扣件。

使用【异形孔向导】或【孔系列】命令创建的孔特征，可以最大限度地利用智能扣件的优势。向导中给定的标准尺寸能够与螺钉或螺栓匹配。对于其他类型的孔，用户可以自定义【智能扣件】，添加任何类型的螺钉或螺栓并作为默认扣件使用。在装配体中添加扣件时，扣件可以自动与孔建立重合和同轴心配合关系。

知识卡片

智能扣件	智能扣件自动地给装配体中所有可用的孔特征添加紧固件，这些孔特征既可以是装配体特征，也可以是零件中的特征。用户可以给指定的孔或阵列，指定的面或零部件（所选面或零部件中的所有孔）及所有合适的孔添加紧固件。
操作方法	● CommandManager：【装配体】/【智能扣件】。 ● 菜单：【插入】/【智能扣件】。

步骤 23　激活 Toolbox 插件　【智能扣件】需要 SOLIDWORKS Toolbox 插件。用户可以从菜单【工具】/【插件】打开插件列表，勾选【SOLIDWORKS Toolbox Library】复选框，单击【确定】，即可激活 SOLIDWORKS Toolbox。

步骤 24　添加智能扣件　单击【智能扣件】，在弹出的消息框中单击【确定】。

步骤 25　添加孔　选择“Jaw_Plate〈1〉”的面，单击【添加】。智能扣件识别出两个孔为“M5 平头机械螺钉的锥形沉头孔”，并将同时填充它们，如图 2-22 所示。

步骤 26　定义大小　在 PropertyManager 中，扣件的【结果】列表组中列出了所要添加的扣件，紧固件的“预览”出现在孔中，在标签中会显示当前扣件的大小，并可以修改，如图2-23所示。

步骤 27　设置系列零部件　勾选【自动调整到孔直径大小】复选框，其他设置都为默认设置，如图 2-24 所示，单击【确定】。

图 2-22　添加孔

大小 M5

图 2-23　定义大小

系列零部件
扣件(F):
平头螺钉 - ANSI B18.6.7M
自动调整到孔直径大小(A)
自动更新长度
属性(P)
大小:
M5
长度:
13
驱动类型:
十字型
螺纹线长度:
13
螺纹线显示:
简化
备注:
配置名称:
B18.6.7M - M5 x 0.8 x 13 Type I Cross R

图 2-24　设置系列零部件

步骤 28　查看结果　两个螺钉被插入孔中，在 FeatureManager 设计树中出现一个“智能扣件 1”文件夹及两个螺钉，如图 2-25 所示。

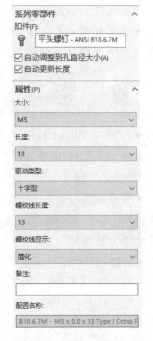

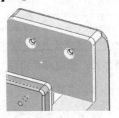

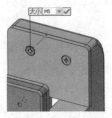

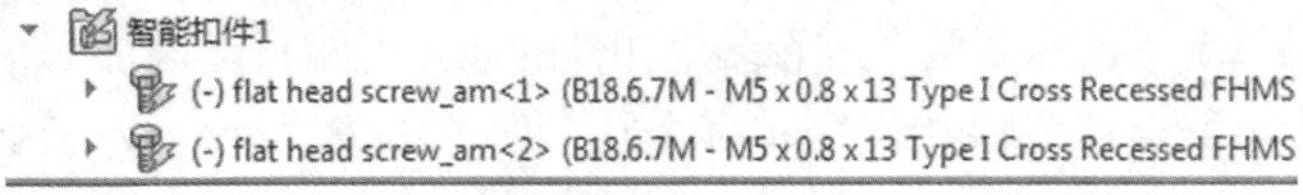

智能扣件1
(-) flat head screw_am<1> (B18.6.7M - M5 x 0.8 x 13 Type I Cross Recessed FHMS
(-) flat head screw_am<2> (B18.6.7M - M5 x 0.8 x 13 Type I Cross Recessed FHMS

图 2-25　设计树

2.5.2 智能扣件配置

【异形孔向导/Toolbox】用来设置智能扣件，包括【默认扣件】和【自动扣件更改】，如图 2-26 所示。如果孔是由异形孔向导或者孔系列创建的，扣件的类型可以通过相关对话框中的孔标准、类型和扣件来确定；如果孔是由其他方法创建的，如凸台的内部轮廓、拉伸切除或者旋转切除，智能扣件将根据孔的物理尺寸选择一个合理的扣件直径。

32

知识卡片	智能扣件设置	• 菜单:单击【工具】/【选项】✿/【系统选项】/【异形孔向导/Toolbox】，然后再单击【配置】/【配置智能扣件】。 • 任务窗格:【设计库】📦/【配制 Toolbox】🔩。

2.5.3 孔系列零部件

孔系列零部件允许用户更改扣件的类型。在创建扣件时，用户可以添加顶部或底部层叠零部件。右键单击扣件列表，允许用户更改扣件的类型或恢复为默认的扣件类型。

• 扣件：右键单击【扣件】并选择【更改扣件类型】来更改紧固件，或选择【使用默认紧固件】以返回到默认。

• 顶部层叠：单击【添加到顶层叠】允许用户在扣件头下添加垫圈。

• 底部层叠：【添加到底层叠】允许用

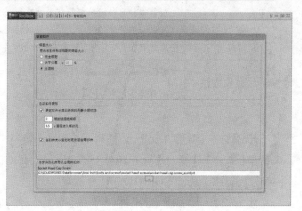

图 2-26 配置智能扣件

户在扣件尾部和孔系列尾部的下面添加螺母和垫圈。

 提示   在前面所用到的智能扣件中不包括层叠，因为孔的类型是锥孔；也不包含底部层叠，因为孔的类型是螺纹孔。

2.5.4 修改现有扣件

在添加了扣件以后，可以通过多种方法来修改扣件，如图 2-27 所示。

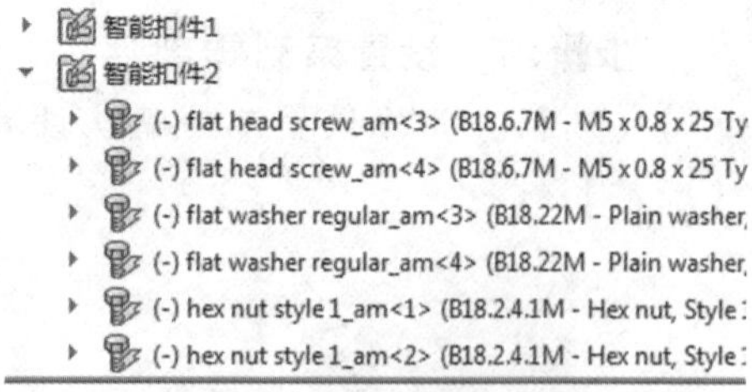

• 孔系列特征：右键单击孔系列特征并选择【编辑特征】。由这个特征创建的所有孔以及由这些孔生成的扣件都将会被编辑。

• 智能扣件特征：右键单击智能扣件特征并选择【编辑智能扣件】，所有由这个特征创建的扣件将会被编辑。

▸ 🔲 智能扣件1
▾ 🔲 智能扣件2
   ▸ 🔩 (-) flat head screw_am<3> (B18.6.7M - M5 x 0.8 x 25 Ty
   ▸ 🔩 (-) flat head screw_am<4> (B18.6.7M - M5 x 0.8 x 25 Ty
   ▸ 🔩 (-) flat washer regular_am<3> (B18.22M - Plain washer.
   ▸ 🔩 (-) flat washer regular_am<4> (B18.22M - Plain washer.
   ▸ 🔩 (-) hex nut style 1_am<1> (B18.2.4.1M - Hex nut, Style
   ▸ 🔩 (-) hex nut style 1_am<2> (B18.2.4.1M - Hex nut, Style

图 2-27 修改现有扣件

• 单一的扣件特征：右键单击扣件并选择【编辑 Toolbox 零部件】，将只对此扣件进行编辑。

 注意   不要使用【编辑草图】或者【编辑特征】来编辑 Toolbox 零件的参数，这种修改不会更新 Toolbox 数据库。

1. 分割孔系列 只有当对齐孔使用智能扣件时才需要用到分割孔系列。在这种情况下，需要两个或者多个扣件的地方可能只能添加一个扣件，而扣件的长度可能会造成该扣件穿越多个孔，如图 2-28 所示。为了解决这种情况，用户可以采用分割孔系列，将单一的扣件分为多个扣件。在【智能扣件】对话框中单击【编辑分组】，根据界面上的提示消息拖放分割系列，可以

图 2-28 分割孔系列

分割智能扣件组。用户需要在分割孔系列后翻转扣件。右键单击"系列"并选择【反转】。

2. 智能扣件和配置　在实际应用中，使用配置或显示状态来压缩或隐藏所有扣件的情况是比较常见的。在装配体中的智能扣件可以简化此操作，因为它们全部显示在 FeatureManager 设计树的底部。用户也可以使用【选择 Toolbox】来选择。

步骤29　**添加智能扣件**　单击【智能扣件】📐。

步骤30　**添加扣件**　选择"Jaw_Plate <2>"的面，如图 2-29 所示，单击【添加】。智能扣件识别出两个孔为"M5 平头机械螺钉的锥形沉头孔"，并把它们组装上去。

图 2-29　添加扣件

图 2-30　添加底部层叠

步骤31　**添加底部层叠**　单击【添加到底层叠】，并选择型号及尺寸为 "Regular Flat Washer-ANSI B18.22M" 的垫圈。

再次展开【添加到底层叠】，并选择型号及尺寸为 "Hex Nut Style1-ANSI B18.2.4.1M" 的螺母，如图 2-30 所示。单击【确定】。

提示💡　锥形沉头孔只有【添加到底层叠】选项，但有些孔类型还有【添加到顶层叠】选项。

步骤32　**查看结果**　如图 2-31 所示，两根螺栓被插入孔中，一个垫圈和螺母被添加到零件 "Sliding_Jaw" 的另一侧。"智能扣件2" 文件夹显示在 FeatureManager 设计树中。

步骤33　**保存并关闭所有文件**

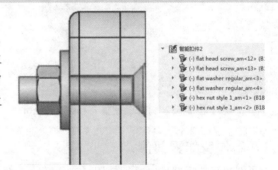

图 2-31　查看结果

2.6　智能零部件

智能零部件，即含有通用关联零件和特征信息的零部件。智能零部件在插入到装配体时，可以方便地一步添加相关的零部件和特征。智能零部件可以用在任意数量的不同零部件中，并且不需要额外的步骤就可以很容易地插入与之关联的零部件和特征，如图 2-32 所示。

智能零部件的使用需要两个条件。首先，被制作出的智能零部件必须被装配到一个带有合适零部件和任何关联特征的定义装配体中。其次，这个智能零部件可以从装配体中"分离"，并附带有所有关于智能特征（或零部件）参考的信息，对定义装配体或其他零部件没有残余的外部参考。

图 2-32　智能零部件

技巧 定义装配体与创建用于库特征的基本特征相类似。

扫码看 3D

2.7 实例：创建和使用智能零部件

本实例将通过一个插芯锁体组件来展示如何创建和使用智能零部件。使用一个现有的装配体来捕获关联门闩及锁的通用特征和零件。使用关联特征来创建与智能零部件相关联的特征。

操作步骤

步骤1 打开装配体文件 打开 "Lesson02 \ Case Study \ Smart Components" 文件夹下的装配体 "Box Assembly"，如图 2-33 所示。该装配体将作为智能零部件的定义装配体。

步骤2 添加智能扣件 将两个智能扣件 "Flat Head Screw_AM" 添加到门闩上已有的孔中，如图 2-34 所示。

扫码看视频

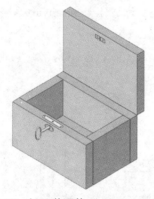

图 2-33 打开装配体 "Box Assembly"

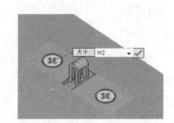

图 2-34 添加智能扣件

2.7.1 制作智能零部件

为了创建智能零部件，必须使用【制作智能零部件】命令在装配体中选择相关的零部件和特征。

知识卡片 | 制作智能零部件 | • 菜单：选择【工具】/【制作智能零部件】。

步骤3 选择零部件 单击【制作智能零部件】并选择 "Latch-1" 和两个 "flat head screw_am" 作为相关联的零部件,如图 2-35 所示。

步骤4 创建智能特征 在【特征】中，为 "Latch" 在 "Cover" 中选择相关联的切除特征，同时之前选择的零部件会自动隐藏。它们可以通过单击【显示零部件】来显示，如图 2-36 所示。

单击【确定】✔，系统就会创建智能特征。

步骤5 查看智能零部件 通过一个闪电符号表明 "Latch" 是一个智能零部件，如图2-37所示。

图 2-35 选择零部件

步骤6　捕捉配合参考　为了帮助自动完成"Latch"所需的配合，将捕捉【配合参考】，如图 2-38 所示。选择零件"Latch"，然后单击【编辑零件】　，单击【配合参考】　。捕捉对"Latch"前表面的参考，单击【确定】　，退出【编辑零部件】。

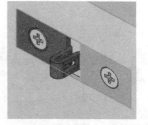

图 2-36　显示零部件　　　图 2-37　查看智能零部件　　　图 2-38　捕捉配合参考

步骤7　保存文件　保存但不要关闭装配体文件。

2.7.2　插入智能零部件

智能零部件可以像其他零部件一样插入到装配体中。

步骤8　打开装配体文件　从文件夹"Lesson02 \ Case Study \ Smart Components"中打开装配体"Test"，如图 2-39 所示。这里将配合闩锁和打开面板的内侧，使用名为"2"的视图来定向模型，使该面易于操作。

步骤9　插入智能零部件　插入智能零部件"Latch"。【配合参考】选择打开门的内表面，如果有必要，在配合弹出的工具栏上单击【反转配合对齐】。如图 2-40 所示，添加【距离】配合，并使用【宽度】配合从另一个方向上居中放置锁。

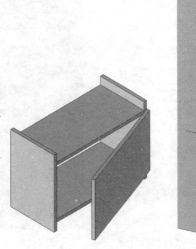

图 2-39　装配体 "Test"　　　图 2-40　插入智能零部件

2.7.3　插入智能特征

在插入智能零部件并完成装配配合后，就可以添加智能特征和相关联的零部件了，这可以通过使用原始装配体中的参考和选择项来完成。

知识卡片	智能特征	● 菜单:选择智能零部件并单击【插入】/【智能特征】。 ● 快捷菜单:右键单击智能零部件并单击【插入智能特征】。 ● 图形区域:选择零部件并单击【插入智能特征】图标。

步骤10 插入智能特征 在图形区域单击【插入智能特征】 ⚡，并在【参考】列表中选择门的内部面作为要求的参考面，如图2-41和图2-42所示。单击【确定】✔。

> **提示** 在【特征】和【零部件】列表中被选中的所有选项都是基于在创建智能零部件时所做的选择并被自动选中。用户可以通过取消勾选防止添加相应的特征或零部件。

图2-41 选择平面

步骤11 查看结果 相关特征和零部件已经被添加到了装配体中。如果爆炸显示该零部件，用户可以看到零部件和切除特征已经被应用到了该零部件中，如图2-43所示。

步骤12 查看FeatureManager设计树 FeatureManager设计树中列出了文件夹"Latch-1"，其中包含"Latch""Features"文件夹和Toolbox零部件，如图2-44所示。

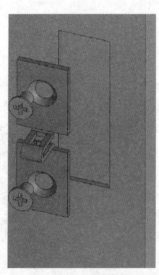

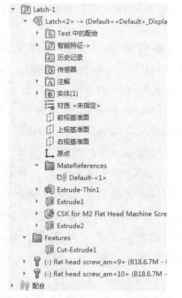

图2-42 插入智能特征   图2-43 查看结果   图2-44 FeatureManager设计树

> **提示** 智能零部件在模型中储存了来自定义装配体的所有信息。智能零部件的FeatureManager设计树显示【智能特征】文件夹，用户可以看到所有的关联特征、零部件和必要的参考列表。

2.7.4 使用多重特征

前面的示例包含了一个典型智能零部件的所有元素。在接下来的示例中将用到多重特征和多重零部件。

| 提示 | 本示例中所用到的关联特征都已经创建。 |

步骤13 **添加智能扣件** 返回到"Box Assembly"并放大
"Lock",然后添加智能扣件,如图2-45所示。

步骤14 **制作智能零部件** 单击【制作智能零部件】 并
选择零件"Lock"作为智能零部件,选择钥匙、钥匙面板及螺钉
作为相关联的零部件,如图2-46和图2-47所示。在"0.75×
18×6"零部件中选择所有三个切除特征作为需要包含的特征,
单击【确定】 。

图2-45 添加智能扣件

步骤15 **添加配合参考**(可选步骤) 可以捕捉配合参考特征来使配合自动匹配到锁的上
表面,如图2-48所示。

图2-46 制作智能零部件

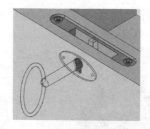

图2-47 选择相关零部件和特征

图2-48 添加配合参考

步骤16 **插入配合** 返
回到装配体"Test"并插入智
能零部件,添加配合关系使
其在两个方向上都位于
"Test.12×18"面的中间并与
该表面平齐,如图2-49所示。

步骤17 **添加智能特征**
使用"Test.12×18"零部
件中的选项添加智能特征
"Lock",如图2-50所示。

步骤18 **保存并关闭所有文件**

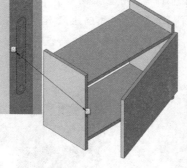

图2-49 插入配合

图2-50 添加智能特征

练习2-1 编辑装配体特征

通过创建和编辑装配体特征来修改装配体。
本练习将应用以下技术:
- 装配体特征。

操作步骤

步骤 1 **打开已有装配体文件** 打开文件夹"Assy Features"中的装配体"Assy Features"，如图 2-51 所示。隐藏"Gear, Oil Pump Driven"。

步骤 2 **创建装配体特征** 单击【异型孔向导】 。使用以下所列的设置项为零件"Cover"添加孔：【柱形沉头孔】，【ANSI Metric】，【平盘十字头】，【M3】和【完全贯穿】。结果如图 2-52 所示。

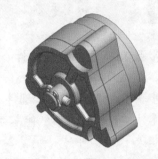

图 2-51 "Assy Features"装配体

在【特征范围】内，请确保勾选【自动选择】复选框。

步骤 3 **查看单独的零部件** 创建装配体特征后的"Assy Features"装配体如图 2-53 所示。打开或孤立零部件"Cover"和"Housing"。和预期的一样，它们并没有孔特征，如图 2-54 和图 2-55 所示。

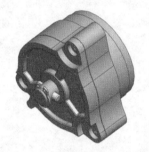

图 2-52 创建装配体特征　　图 2-53 创建装配体特征后的　　图 2-54 "Cover"零部件
　　　　　　　　　　　　　　　"Assy Features"装配体

这种技术适合在零部件组装后钻孔。

步骤 4 **编辑特征范围** 编辑【异型孔向导】特征"M3 平盘头机械螺钉的柱形沉头孔 1"。勾选【将特征传播到零件】复选框，并确认只有零部件"Cover"和"Housing"被选中。单击【确定】。该孔现在同时存在于装配体和零件层级，如图 2-56 所示。

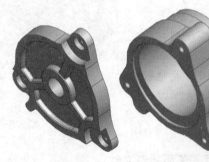

图 2-55 "Housing"零部件　　　　图 2-56 有孔特征的零件

该技术是孔系列命令的一种替代方法，如果通过多个零部件的孔是一致的，而不是间隙孔或螺纹孔，则可以使用该技术。

知识卡片	拉伸切除装配体特征	【拉伸切除】特征可以被添加到装配体中，以表达装配后去除材料的加工操作。切除特征还可以用于创建在工程图中使用的剖面视图。如有需要，可以使用配置来控制特征的压缩状态。
	操作方法	• CommandManager：【装配体】/【装配体特征】/【拉伸切除】🔲。 • 菜单：【插入】/【装配体特征】/【切除】/【拉伸】。

提示 👆　　在【剖面视图】🔲工具中可以使用【按实体的截面】选项创建类似的装配体视图。

步骤5　创建草图并切除　在"Shaft"的平面上创建草图，从圆角边缘的中心点开始绘制一个边角矩形，并超出几何体。

单击【装配体特征】🔲/【拉伸切除】🔲，将切除拉伸贯穿整个装配体，并在【特征范围】中只选择"Cover"，如图 2-57 所示。

（可选步骤）创建工程图并放置一个带有装配体特征切除的等轴测视图，如图 2-58 所示。在本示例中添加了【区域剖面线/填充】。

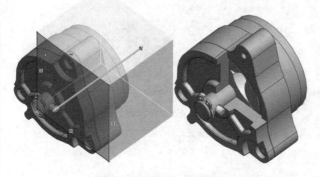

图 2-57　创建草图并切除

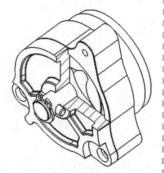

图 2-58　等轴测视图

步骤6　保存并关闭所有文件

练习 2-2　孔系列和智能扣件

本练习的任务是使用【孔系列】在装配体组件上创建孔，如图 2-59 所示，并使用【智能扣件】在装配体中添加配合零件。

本练习将应用以下技术：
• 装配体特征。
• 孔系列。
• 智能扣件。

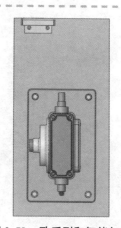

图 2-59　孔系列和智能扣件

40

操作步骤

步骤 1 打开已有装配体文件 打开 "Lesson02 \ Exercises \ SmFastenerLab" 文件夹下的装配体 "TBassy"。

步骤 2 使用智能扣件 使用【智能扣件】命令在扣件 "TBroundcover" 和 "TBrearcover" 的现有孔中添加扣件，如图 2-60 所示。

步骤 3 使用【孔系列】添加孔 使用【孔系列】添加如图 2-61 所示的孔。

步骤 4 再次添加智能扣件 使用【智能扣件】添加如图 2-62 所示的扣件。

步骤 5 保存并关闭所有文件

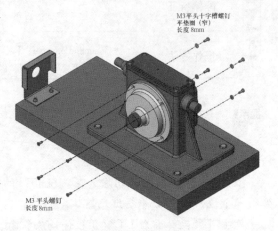

图 2-60 添加扣件

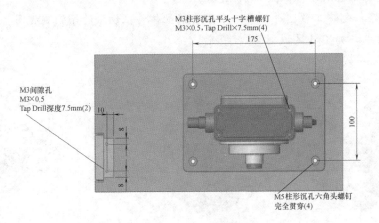

图 2-61 添加孔

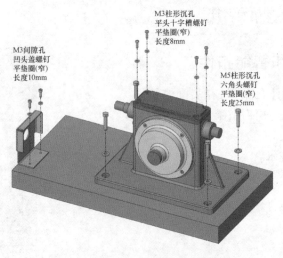

图 2-62 再次添加智能扣件

练习2-3　水平尺装配体

使用提供的信息和尺寸创建装配体。采用自底向上和自顶向下的方式添加零部件，如图 2-63 所示。本练习将应用以下技术：

- 自顶向下的装配体建模。
- 孔系列。
- 智能扣件。

本装配体及其零件的设计意图如下：

1）顶部覆盖零件"TOP COVER"的短边与零件"LEVEL"有 0.10mm 的间隙，两个零件的顶平面平齐。

2）在零件"LEVEL"和零件"TOP COVER"对应的位置创建两个沉头孔，用于安装紧固螺钉。

3）玻璃圆柱体零件"GLASS CYLINDER"放在零件"LEVEL"切口的内部，与切口的底面相切并在纵向和横向居中。

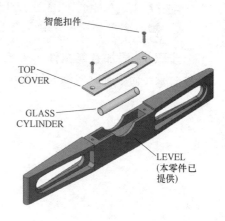

图 2-63　水平尺装配体

操作步骤

步骤 1　新建装配体　从文件夹"Lesson02 \ Exercises \ Level Assy"下打开零件"LEVEL"。使用零件"LEVEL"作为新装配体的基础零件，并使用"Assembly_MM"作为模板。

保存装配体到相同文件夹下并命名为"Level Assy"。

步骤 2　设计零件"TOP COVER"　在装配体环境下设计零件"TOP COVER"，如图 2-64 所示。

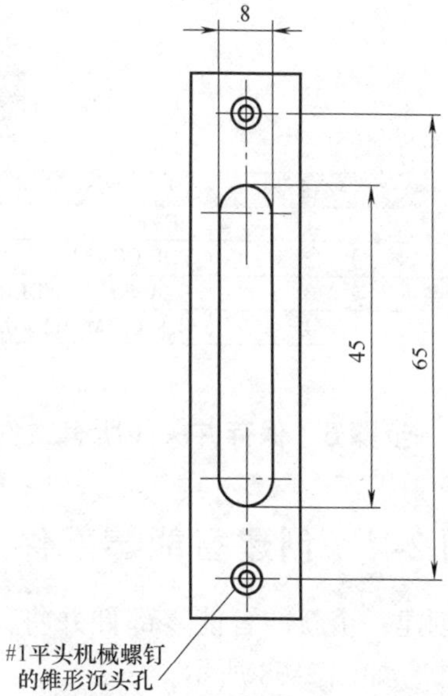

步骤 3　创建孔　使用【孔系列】特征创建孔，如图 2-65 所示。

开始孔按以下要求设置：

- 【开始孔的规格】：锥形沉头孔。
- 【标准】：ANSI Metric。
- 【类型】：平头螺钉 – ANSI B16. 67。
- 【大小】：M2。

结尾孔按以下要求设置：

- 【结尾孔规格】：直螺纹孔。
- 【类型】：底部螺纹孔。
- 【大小】：M2 × 0. 4。
- 【终止条件】：给定深度，10mm。

步骤 4　创建零件"GLASS CYLINDER"　玻璃圆柱体零件"GLASS CYLINDER"是一个简单的圆柱体零件（见图 2-66），可以先在装配体外创建，然后拖放到装配体中。

图 2-64　零件"TOP COVER"

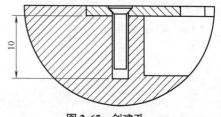

图 2-65　创建孔

42

提示 对于"GLASS CYLINDER"零部件，使用平面到平面或对称配合。

步骤5 添加智能扣件 为装配体中的孔添加智能扣件，最终的零部件明细如图2-67所示。

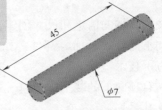

图 2-66 零件 "GLASS CYLINDER"

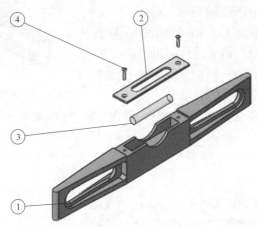

项目号	零 件 号	数量
①	LEVEL	1
②	TOP COVER	1
③	GLASS CYLINDER	1
④	B18. 6. 7M- M2 ×0. 4 ×10 Type 1 Cross Recessed FHMS-10N	2

图 2-67 零部件明细

步骤6 保存并关闭所有文件

练习 2-4 创建智能零部件

创建一个新的智能零部件并将其插入到装配体中，如图2-68所示。

本练习将应用以下技术：
- 智能零部件。
- 插入智能零部件。

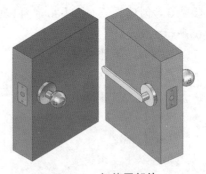

图 2-68 智能零部件

操作步骤

步骤1 打开装配体 打开 "Lesson02 \ Exercises \ Smart_Component_lab" 文件夹下的装配体 "Source"，如图2-69所示。此装配体中包含的特征和零部件将被用来创建智能零部件。相关联的切除特征已经在 "Mount" 中完成。

步骤 2　添加智能扣件　添加智能扣件到零部件"Smart_Knob"和"Strike"中，结果如图 2-70 所示。

提示🖐　　在创建过程中将"Smart_Knob"上的扣件更改为"Pan Cross Head"（机械螺钉）。

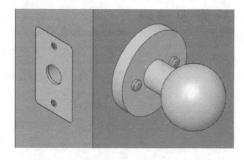

图 2-69　装配体"Source"　　　　　　　　　　　　图 2-70　添加智能扣件

　　步骤 3　制作智能零部件　选择"Smart_Knob"作为【智能零部件】，所有的扣件、"Strike"和"Long Handle"作为包含的【零部件】，"Mount"中所有的切除作为包含的【特征】，完成智能零部件的制作。

　　步骤 4　插入智能零部件　打开装配体"Place_Smart_Component"，并使用配合参考插入"Smart_Knob"。使用与平面的距离配合来定位零部件，结果如图 2-71 所示。

　　步骤 5　插入智能特征　使用【插入智能特征】命令添加相关零部件和特征到装配体中，结果如图 2-72 所示。

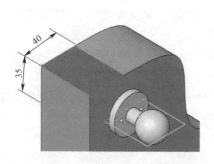
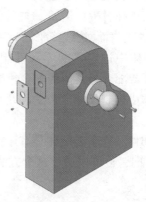

图 2-71　插入智能零部件　　　　　　　　　图 2-72　插入智能特征

步骤 6　保存并关闭所有文件

第3章 编辑装配体

- 查找并修复装配体中存在的错误
- 在装配体中替换和修改零部件
- 在装配体中创建镜像零部件
- 零部件阵列

3.1 概述

与编辑零件的操作一样，编辑装配体时也有特定的工具来帮助用户修改错误并解决问题。其中一些工具对零件和装配体都是通用的，在《SOLIDWORKS®零件与装配体教程(2022 版)》中已经对这些通用工具进行了介绍。本章将着重介绍与装配体相关的独有编辑技术。

本章讲述的内容如下：

1. 修改和替换零部件　打开装配体后，用户可以使用多种方法替换和修改零部件，包括【文件】/【另存为】、【替换零部件】和【重装】。

2. 修复装配体错误　在装配体中，可以认为 FeatureManager 设计树中的配合关系是一种特征，并通过【编辑特征】进行编辑。与其他特征一样，配合可能存在多种错误，但主要的配合错误是丢失参考(如丢失面、边线或平面) 和过定义。

可以把装配体中过定义的零部件想象成一个三维的过定义草图。使用同样的符号，加号(+)表示零部件或配合与其他的配合相冲突。

3. 在装配体中控制尺寸　为了满足设计意图的需要，可以通过关联特征、全局变量或方程式来控制尺寸。

4. 镜像零部件　许多装配体具有不同程度的左右对称性，可以通过镜像的方法翻转零部件或子装配体的方向，也可以通过这个方法生成"相反方位"零部件。

3.2 编辑任务

装配体的编辑包括从修复错误到提取信息和设计更改等多个方面的内容。本章将探讨如何在 SOLIDWORKS 软件中实现这些操作。

3.2.1 设计更改

装配体的设计更改包括修改一个距离配合的数值，以及利用其他零部件替换原有零部件等。用户可以方便地修改某个零部件的尺寸，为相关联的特征建模，或者创建代表装配后加工工序的装配体特征。

3.2.2 查找和修复问题

在装配体中查找和修改错误是使用 SOLIDWORKS 软件的一个关键技能。在装配体中，错误可能出现在配合、装配体特征或装配体参考引用的零部件和子装配体中。一些常见的错误，如一个零部件的过定义会引发更多其他的错误信息，并导致装配体停止解析配合关系。本章将介绍几种常见的错误及其解决方法。

3.2.3 装配体中的信息

装配体评估工具可以生成关于装配体及组成该装配体零部件的重要信息，评估装配体设计来发现一些潜在的错误（如干涉）以及决定哪些地方需要修改设计也非常重要。

3.3 实例：编辑装配体

本例将从分析和修复配合错误开始，然后替换零部件和镜像零部件。

打开装配体时有很多警告和错误。下面将使用一些工具来解决这些问题，并使装配体返回到可用的状态。这个装配体的 FeautureManager 设计树中包含了许多警告和错误标记。这些都指向了配合警告和错误。

扫码看视频

操作步骤

步骤 1 **打开装配体** 打开 "Lesson03 \ Case Study \ Assembly Editing" 文件夹下的 "Assembly Editing" 装配体，如图 3-1 所示。

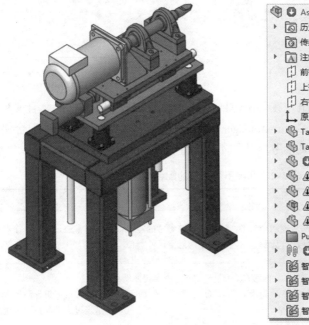
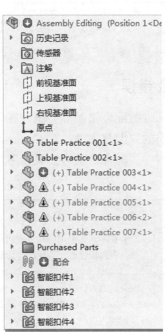

图 3-1 "Assembly Editing" 装配体

● **零部件和配合层级的错误** FeatureManager 设计树顶层显示的警告和错误标记，表示在草图、零部件特征以及相关的配合中会出现的问题类型。零部件和配合层级的错误如图 3-2 所示。

几种不同类型的标记见表 3-1。

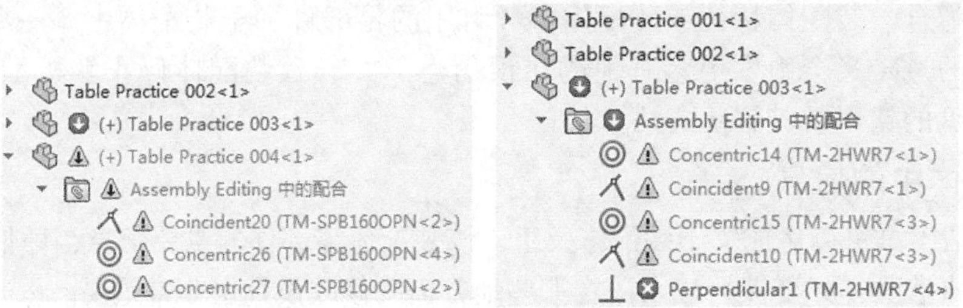

图 3-2　零部件和配合层级的错误

表 3-1　几种不同类型的标记

条　件	说　明	解决方法
以下配合中的警告	在此零部件中存在警告。这些可能在草图、特征或关联的配合中	在零部件层级编辑草图或特征问题 在装配体层级编辑相关联的问题 编辑或删除过定义的配合
以下配合中的错误	在此零部件中存在错误。这些可能在草图、特征或关联的配合中	
配合文件夹中的警告和错误	一个或多个配合存在警告或错误	编辑或删除过定义的配合

> 提示　错误还可能导致装配体中的零部件被过定义。这种错误都具有前缀符号（＋）。

3.4　配合错误

所有零部件的配合错误都会出现在装配体的配合文件夹和每个零部件的配合文件夹中。

出现错误的原因有多种，在 FeatureManager 设计树中展开配合组，可发现配合错误的显示是不同的。本例中，配合错误为丢失参考。几种不同类型的配合错误见表 3-2。

表 3-2　几种不同类型的配合错误

条　件	说　明	解决方法
丢失参考	配合找不到其引用的一个或两个参考。这可能是被参考的零件被压缩、删除或修改，致使配合无解。这与草图中的悬空尺寸类似	通常通过选择一个替代的参考来解决
过定义	配合同时有错误标志和（＋）前缀（表示过定义），错误提示为："Coincident74：零部件不能移动到满足该配合的位置。平面不平行。角度为 90°" 与过定义配合直接相关的零部件也有错误标志（＋）	删除或编辑导致问题的配合。最好是当过定义配合刚出现时就解决掉
警告	对于那些满足装配体但是过定义的配合，系统将给出警告。错误提示为："Distance1：警告：此配合过定义装配体"	删除或编辑过定义配合
压缩	压缩配合并不是错误，但是当它们被忽略时可引起错误。当配合被压缩后，它在 FeatureManager 设计树中呈现灰色，软件并不解析压缩的配合	将压缩的配合解除压缩

步骤2　什么错　【什么错】对话框列出了配合警告和错误的详细信息，如图 3-3 所示。单击【关闭】。

图 3-3　【什么错】对话框

3.4.1　过定义配合和零部件

要找到造成装配体过定义的原因并不容易，因为常常会出现两个或多个过定义的配合。所有过定义的配合都显示错误的标志和前缀（ + ），这可以帮助用户缩小查找的范围。当配合出现过定义时，一种方法是每次压缩一个过定义的配合，直到装配体不再有过定义为止，这样做可以帮助用户找到过定义的原因。一旦找到原因，就可以删除多余的配合，或者用不同的参考重新定义这个配合。

> 提示　过定义一个配合通常会引起其他配合警告和错误的连锁反应。

1. 最佳做法　最佳的做法是当错误出现时，尽快地识别并修复这些错误。

2. 几何精度非常重要　在几何模型中，精确性方面的错误也是造成过定义配合的原因。例如，假设在一个装配体中，将一个简单盒子的侧面与 3 个默认的基准面进行配合，利用 3 个重合配合就可以完全定义这个盒子。然而，如果盒子的侧面之间的夹角不是 90°，即使它们之间只偏离零点几度，装配体都将过定义。除非彻底检查模型的几何精确性，否则很难找到解决问题的方案。

3.4.2　查找过定义的配合

在具有很多配合的大型装配体中查找造成过定义配合的原因是非常困难的，其中一种方法是查看配合中列出的零部件，另一种方法是利用【查看配合和从属关系】以在FeatureManager 设计树中按配合而不是特征的角度来反映零部件之间的从属关系。

1. 顶层装配体　在有⬇错误的装配体中，单击顶层装配体部件可生成仅包含警告和错误配合的列表，如图 3-4 所示。

2. 动态参考可视化　【动态参考可视化】（父级）工具可查看零部件之间的从属关系，单击配合可以生成指向零部件、平面或存储零部件的文件夹的箭头，如图 3-5 所示。

图 3-4　警告和错误配合的列表

3. 压缩配合　如果不清楚导致错误的一个或多个配合，可以【压缩】🔧有疑问的配合并测试装配体，如果该配合没有问题，可以使用【解除压缩】🔧功能。被压缩的配合是可以被删除的。

4. 过定义配合选项　当添加会导致装配体过定义的配合时，对话框会提供多个选项，潜在地避免过定义的情况。选择【添加此配合并断开其他配合以满足该配合】，其他配合将断开并显示为错误；选择【添加此配合并过定义装配体】，此配合将被添加并显示为错误；选择【取消】，将取消添加配合。

5. 查看配合错误 使用【查看配合】🔗命令可显示一个包含选定零部件配合的弹出对话框，该对话框会整理出错误配合并显示每个错误配合的图形标签。图形标签包括修复配合的交互式菜单按钮。

6. 配合错误标签 配合错误标签用来直观地显示配合信息和提供一些常用的配合功能。

未完全定义的配合被标记为绿色，如图 3-6 所示。警告配合被标记为黄色，如图 3-7 所示。错误配合被标记为红色，如图 3-8 所示。

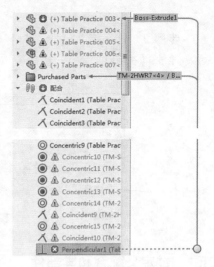

图 3-5 【动态参考可视化】（父级）工具

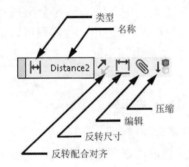

图 3-6 未完全定义配合标签的功能

图 3-7 警告配合标签的功能

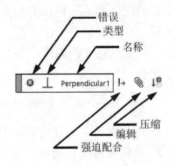

图 3-8 错误配合标签的功能

知识卡片	查看配合	● 快捷菜单:在状态栏中单击错误信息。 ● 快捷菜单:单击一个零部件,并选择【查看配合】🔗。

步骤3 错误标记 展开"配合"文件夹,可以看到配合警告和错误的详细信息。如图 3-9 所示。未满足的配合高亮显示,并有一个红色的错误标记❌。已满足但是过定义装配体的配合高亮显示,并有一个黄色的感叹号警告标记⚠。

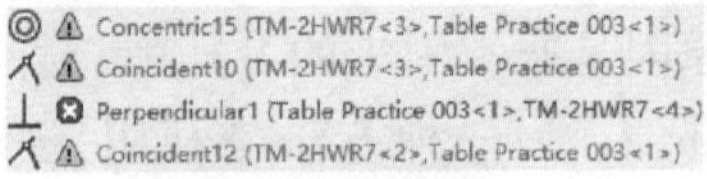

图 3-9 错误标记

步骤4 查看配合错误 在状态栏单击【过定义】。窗口中会只列出带有警告或错误的配合。此方式通过隐藏与列出的配合无关的零部件,简化了模型。单击错误配合 "Perpendicular 1" 并查看显示的标签,如图 3-10 所示。

关闭对话框。下面将使用另一个工具进一步查看所有的配合。

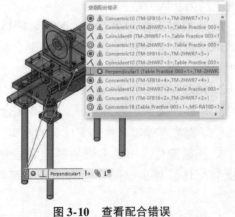

图 3-10 查看配合错误

3.4.3　MateXpert

知识卡片	MateXpert	当装配体中出现配合错误时，用户可以使用【MateXpert】工具来识别装配体的配合错误。用户可以检查没有满足的配合的详细情况，并找出过定义装配体的配合组。
	操作方法	• 菜单：【工具】/【MateXpert】。 • 快捷菜单：右键单击装配体、配合组或配合组中的配合，再单击【MateXpert】。

> 技巧▣　　当诊断配合问题时，最好是从配合文件夹的底部并且是最少的标记开始操作，并根据需要逐步进行诊断。

步骤5　分析"配合"文件夹　右键单击"配合"文件夹，并选择【MateXpert】命令，出现 MateXpert Property-Manager（见图 3-11）。在【分析问题】选项框中单击【诊断】。

【没满足的配合】列表包括了一个单独的配合"Perpendicular1"，这是有问题的配合。单击垂直配合，该消息表示无法将这些面移动到正确的位置："零部件不能移动到满足该配合的位置。平面不垂直。角度为 0 度"，如图 3-11 所示。单击【确定】✔，关闭 MateXpert。

图 3-11　分析"配合"文件夹

3.4.4　组配合

配合文件夹中可能有成百上千个配合，而且它们都在同一个层级。用户可以使用【组配合】将它们分组到逻辑子文件夹中。用户可以根据需要打开和关闭这些文件夹。

知识卡片	按状态	按状态分组将会在配合文件夹下创建如下子文件夹： • "解出"：包括没有错误的已解出的配合。 • "错误"：包括包含错误的配合。 • "过定义"：包括包含警告的配合。 • "已压缩"：包括直接被压缩的配合。 • "已压缩（丢失）"：包括由于缺失的零部件间接被压缩的配合。 • "非活动（固定）"：包括引用固定零部件的非活动的配合。
	单独扣件	使用单独扣件分组，可以在所提供的每个状态文件夹下创建扣件子文件夹。扣件可以单独分组，也可以按状态分组。

50

<table>
<tr><td rowspan="2">知识
卡片</td><td rowspan="2">操作方法</td><td>• 快捷菜单:右键单击配合文件夹并选择【组配合】/【按状态】或【组配合】/【单
独扣件】。</td></tr>
</table>

步骤6　按状态分组　右键单击"配合"文件夹并选择【组配合】/【按状态】，同时会列出每个文件夹中的配合数量，如图3-12所示。

步骤7　查看配合详情　展开"过定义"文件夹查看配合"Perpendicular1"。正如 FeatureManager 设计树中所列出的，该配合位于零件"Table Practice 003 <1 >"和"TM – 2HWR7 <4 >"之间，如图3-13 所示。

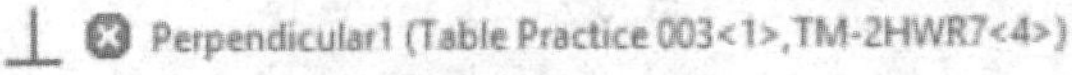

> ▸ 📁 Purchased Parts
> ▾ 🔗 ⚠ 配合
>   ▸ 🗁 解出 (102)
>   ▸ 🗁 ⚠ 过定义 (41)
>   ▸ 🗁 已压缩（丢失）(2)

图 3-12　按状态分组

⊥ ❌ Perpendicular1 (Table Practice 003<1>,TM-2HWR7<4>)

图 3-13　配合"Perpendicular1"

1. 装配体导览列　附属于零部件的配合还可以通过单击零部件的表面并按【选择导览列】来访问。单击零部件或子装配体的图标，会显示这个零部件的配合和平面，如图 3-14 所示。单击零部件或配合的图标，可以打开关联菜单。

提示　任何的警告和错误都会显示在【选择导览列】中，如图3-15 所示。

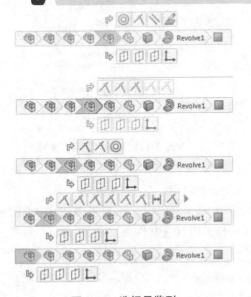

图3-14　选择导览列

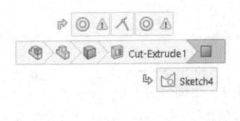

图3-15　选择导览列中的警告

步骤8　访问导览列　配合"Perpendicular1"看起来像是导致错误的原因。单击屏幕上的零件"Table Practice 003 <1 >"来访问导览列，如图3-16 所示。

步骤9　压缩配合　右键单击配合"Perpendicular1"，并选择【压缩】🔽。

步骤10　测试　当配合回到解出状态时，警告和错误就被消除了。由于并不需要该配合，故选择已压缩的配合"Perpendicular1"并删除它。

 搜索操作支持草图、特征或配合的名称搜索，但不支持类型名称的搜索。

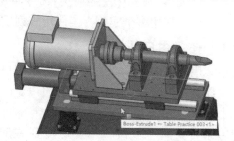

图 3-16　零件 "Table Practice 003 < 1 >"

2. 自动修复　当更改一个配合时，其他的配合也会受到影响。常见的问题是，需要反转配合对齐以阻止更多错误。本例中 SOLIDWORKS 会自动反转配合对齐并显示一个提示对话框："下列的配合对齐将被反转以阻止更多错误"。

步骤 11　显示说明　如果零部件包含描述属性，在树和选项中处理工作时可能会带来帮助，如图 3-17 所示。右键单击顶层装配体并选择【树显示】/【零部件名称和描述】。

在【主要】中单击【零部件名称】，在【（次要）】中勾选【零部件描述】复选框，如图 3-18 所示。单击【应用】和【确定】。

步骤 12　隐藏　搜索 "20mm"，选择所有结果并隐藏零部件 "TM – 2HWR7 '20mm Shaft'" 的全部四个实例，如图 3-19 所示。

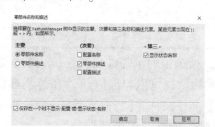

图 3-17　零部件说明　　　　图 3-18　设置【零部件名称和描述】　　　　图 3-19　隐藏

3.5　修改和替换零部件

用户可以通过三种方法在打开的装配体中替换零部件，分别是【替换零部件】、【另存为】和【重装】，其描述见表 3-3。

表 3-3　【替换零部件】、【另存为】和【重装】的描述

方　　法	描　　述
【替换零部件】	【替换零部件】命令是用不同的模型来替换装配体零部件的所有实例，也可以只替换选中的部分实例。当用户在装配体中替换零部件时，系统会尝试保持原有的配合。如果配合所引用的几何形状非常相似，则配合将被保留，否则可以使用相关的【配合的实体】对话框重新关联配合。零部件不能被具有相同名称的文件替换
【另存为】	● 如果用户正在装配体关联环境中编辑零部件，或者同时打开了装配体和其中的零部件，使用【另存为】命令重命名零部件将会用新版本替代装配体中的原有零部件。如果装配体中有此零部件的多个实例，那么所有的实例都将被替换。系统将会弹出信息警告用户要做的修改。如果用户不想替换零部件而仅仅希望把零部件另存为一个备份，则单击【另存备份档】即可 ● 请参阅 3.7 节 "使用另存为替换零部件"
【重装】	使用【重装】命令可以用之前保存的版本来作为当前的内容。这在多用户环境下或想要丢弃无意的更改时非常有用。【重装】命令也可以用来控制零部件的读写权限

当在装配体中使用【使之独立】命令将所选的零部件实例保存为一个新文件时，其余实例保持不变，可以使用多个实例。当使用阵列实例时，在使它们独立之前需解散阵列。

3.5.1 在多用户环境下工作

在多用户环境下，其他人如果要对用户正在编辑的装配体中的零部件进行修改，就必须对此零部件拥有写的权限；当然，这时用户对该零部件只拥有读的权限。

当装配体打开后，其所显示的零部件是最新保存的版本。此时如果用户在单独的窗口中对零部件进行了修改，一旦切换到装配体窗口，系统将询问是否重建装配体。这可以使用户能够及时地更新装配体的显示。然而，如果其他人修改了用户正在操作的装配体中的零件，这种修改将不会自动显示在装配体中。在多用户环境下工作时，必须重点考虑这一问题。

如果用户的装配体中有只读文件，【检查只读文件】命令会检查文件是否拥有存档权限，或上次重装后文件是否被修改过。如果文件没被修改，则显示一条提示信息，否则将显示【重装】对话框。

关于多用户环境和协同文件共享的更多信息，请参考《SOLIDWORKS® 零件与装配体教程（2022）》附录的文件管理章节。

知识卡片	替换零部件	【替换零部件】命令用于在装配体中删除零部件的所有或所选择的实例，并将其替换为另一个零部件。
	操作方法	● 菜单：【文件】/【替换】。 ● 快捷菜单：右键单击零部件并单击【替换零部件】。

在【替换零部件】对话框中，被选中的零部件出现在【替换这些零部件】列表中，其他零部件也可以添加到该列表中，有必要的话也可以勾选【所有实例】复选框。单击【浏览】查找或从【使用此项替换】选择用于替换的零部件文件。【替换零部件】会影响装配体中该零部件的所选实例或所有实例。为了更好地保持配合关系，用于替换的零部件应该在拓扑和形状上与被替换的零部件保持相似。如果配合参考的实体名称保持相同，零部件被替换后仍能够保持原来的配合关系。替换零部件后，用户可以使用弹出的【配合的实体】对话框修复操作带来的配合错误。

如果用户需要将零部件替换为此零部件修改后的版本，建议使用 3.7 节"使用另存为替换零部件"技术。

3.5.2 替换单个实例

若只替换零部件的一个实例，必须使用【替换零部件】。使用【另存为】或【重装】将替换所有实例。

右键单击零部件后，【替换零部件】出现在弹出的快捷菜单中，但默认情况下不是直接可见的。

SOLIDWORKS 中通过限定要显示的菜单项来限制下拉菜单的长度。单击菜单底部的双 V 形按钮可以展开整个菜单，如图 3-20 所示。如果想要在默认情况下

图 3-20 显示隐藏的菜单选项

显示这些选项，单击【自定义菜单】可勾选这些选项左边的复选框。

步骤13　替换零部件　在图形区域右键单击任意一个"TM – SFB16"零部件，并选择【替换零部件】。被选中的实例将列于【替换这些零部件】中。勾选【所有实例】复选框，并勾选【重新附加配合】复选框，如图 3-21 所示。

单击【浏览】并选择零件"POST"，单击【打开】。然后单击【确定】，弹出【什么错】对话框和【配合的实体】对话框。用于修复配合的【什么错】对话框，后续将修复这个装配体。

关闭【什么错】对话框，但是保持【配合的实体】对话框的打开状态。

图 3-21　替换零部件

53

3.5.3　配合的实体

利用【配合的实体】工具，用户可以替换配合中的任何参考。它包括用于显示替换面的预览和用于孤立零部件或删除配合的弹出式对话框。该工具同时提供了一个过滤器，用户可以只显示需要修复的悬空配合。在【替换零部件】命令中选择【重新附加配合】时可以与【替换配合实体】命令一起使用。

> **技巧** 单击配合，配合中涉及的参考实体会高亮显示在图形区域。对于包含尺寸（距离和角度）的配合，双击配合可同时显示尺寸以便于用户修改。

> **知识卡片**
> **配合的实体**
> ● 快捷菜单：右键单击配合或配合组，选择【替换配合实体】。
> ● 在【替换零部件】中选中【重新附加配合】。

> **提示** 【编辑特征】可以用于编辑配合的参考。编辑配合的用户界面与【插入】/【配合】的用户界面相同。在错误的配合中，其中一个参考显示为"＊＊Invalid＊＊"。修复配合之后，还可以修改配合的类型，如平面之间的配合可以由【重合】改为【平行】、【垂直】、【距离】或【角度】。

步骤14　添加配合关系　在【配合的实体】对话框中列出了重新附加的错误配合。展开配合并选择要替换的面（用虚线标记），如图 3-22 所示。完成后会显示绿色标记，单击【下一参考】继续下一个面的选择。

> **提示** 👆 不是所有的面都需要替换，只有带❓标记的面是需要的。所有的面都应该在校对标记后再单击【确定】。

步骤 15 完成替换 以相同的方式替换另外三个面，并单击【确定】。完成替换后，没有出现配合错误，并与原有模型相似，如图 3-23 所示。关于配合和零部件错误的更多信息，在下面的章节中会讨论。

步骤 16 显示零部件 选择并显示被隐藏的零部件。单击【选择】🔓 并选择【选取隐藏】，在图形区域空白处右键单击并选择【显示】，如图 3-24 所示。

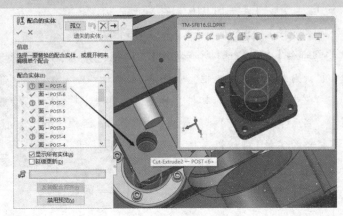

图 3-22 添加配合关系

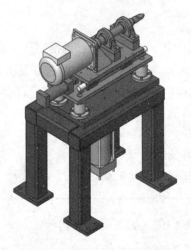

图 3-23 零件替换后的装配体

图 3-24 被隐藏的零部件

3.6 转换零件和装配体

在 SOLIDWORKS 中，可以使用多种方法将零件转换为装配体或将装配体转换为单个零件。这些方法可以用于完成一些特殊的设计任务。

1. 零件转换为装配体 使用零件创建装配体是一种更加简单的建模方法，这样就不需要添加配合和插入零件了。这种建模方法通常称为"主模型"技术，常用于工业设计。

使用【分割零件】可以将一个单实体零件分成多实体零件，并利用分割的零件创建装配体，如图 3-25 所示。

2. 装配体转换为零件 使用一个零件来代替装配体有着性能上的优势。例如，如果已知某个特定的子装配体不会改变，则可以在装配体中使用一个零件来代替它。一个焊接件可能是由多个零件焊接而成的，但在材料明细表中要求作为一个单独零件来显示。

1）连接重组零部件。利用【连接重组零部件】可以将同一装配体中的多个零件组合成一个零件，生成的零件参考装配体以及多个零件，如图 3-26 所示。

2）另存为零件。【另存为零件】可以用于将一个装配体组合成一个单独的零件，当将装配体另存为一种零件类型时，允许用户保存装配体外部面、指定零部件或所有零部件。

3. 零件转换为零件　创建焊接零件或有限元分析模型的另一种方法是利用多实体将多个零件进行组合，变成单一零件。利用【插入零件】【移动/复制实体】和【组合】将多个零件的实体合并成一个单实体零件，生成的零件将参考多个零件，如图 3-27 所示。

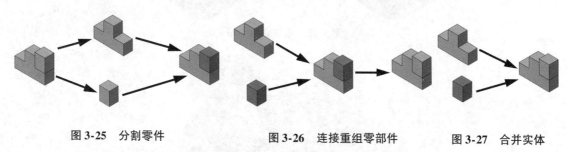

图 3-25　分割零件　　　　图 3-26　连接重组零部件　　　　图 3-27　合并实体

4. 使用装配体替换为零件　利用【替换零部件】可以使用装配体来替换零件（更多信息请参阅 3.5.2 节"替换单个实例"），也可以用一个零件替换装配体，或用另一个装配体替换原有装配体等。

5. 消除特征　用于将不太详细的模型保存到新零件文件中。

3.7　使用另存为替换零部件

使用【另存为】可以用带有新名称或文件位置的修改零部件替换组件中的所有实例。包含需要替换零部件的装配体必须处于打开状态，以便更新引用。使用这种技术的流程如下：

1）打开装配体。

2）打开准备替换的零部件。

3）单击【文件】/【另存为】，并确认要另存为并更新引用。

4）根据需要，在【另存为】对话框中指定零部件新的保存路径或文件名称。

5）激活装配体文档并保存文件，这样新引用的零部件就保存在装配体中了。

步骤 17　打开零件　在装配体中选择一个"TM – SPB160OPN'Linear Bearing'"零件，并单击【打开零件】。这里需要使用该零件创建另一个不同名称的类似替换零件。

步骤 18　另存为零件　单击【文件】/【另存为】，弹出信息提示用户该零件已被其他打开的文档参考，用户可以选择【另存为副本并继续】或【另存为副本并打开】。使用【另存为】将以新名称的零件替换这些参考关系。

步骤 19　继续保存零件　单击【另存为】保存修改后的零件为"revised_TM-SPB160OPN"。

步骤 20　添加切除特征　改变零件的颜色，并按照图 3-28 所示的几何草图添加切除特征。保存零件。

步骤 21　完成替换操作　切换到装配体层级，被修改的零件"revised_TM-SPB160OPN"替换了零件"TM-SPB160OPN"的全部四个实例，替换后并没有发生配合错误，如图 3-29 所示。

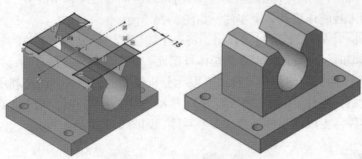

图 3-28　添加切除特征

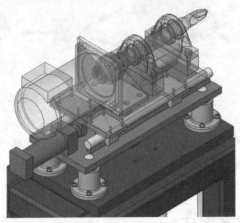

图 3-29　替换后的效果

提示　　如果在【另存为】对话框中使用了【另存为副本并继续】或【另存为副本并打开】，将不会发生替换。

3.8　重装零部件

在【重装】对话框中可以选择指定的零部件以从磁盘重新加载上次保存的版本，或者将读写权限改为只读，将只读权限改为读写。

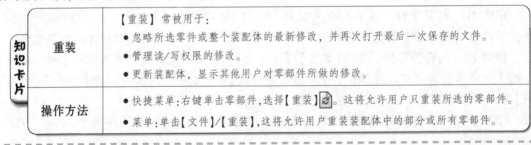

知识卡片	重装	【重装】常被用于： ● 忽略所选零件或整个装配体的最新修改，并再次打开最后一次保存的文件。 ● 管理读/写权限的修改。 ● 更新装配体，显示其他用户对零部件所做的修改。
	操作方法	● 快捷菜单：右键单击零部件，选择【重装】。这将允许用户只重装所选的零部件。 ● 菜单：单击【文件】/【重装】，这将允许用户重装装配体中的部分或所有零部件。

步骤22　**修改零件**　在装配体中打开零件 "Table Practice 003 'Base Plate'"，创建矩形切除，如图 3-30 所示。不保存修改。

步骤23　**关闭但不保存**　关闭零件，在询问是否保存该零件时，单击【否】。这时弹出提示信息："您选择不在此文档中保存更改。该文档在装配体中已处于打开状态 Assembly Editing. SLDASM。"

用户现在可以选择保留所做出的更改以使它们在装配体中出现或者放弃更改。

⚠️ 注意　即使用户关闭了零件的窗口，它依然在内存中打开着。由于它被装配体引用，而装配体仍然打开着，因此该零件依然在内存中处于打开状态。

单击【将更改保存在装配体中】，单击【是】将更新装配体。即使更改没有被保存，零件"Table Practice 003 'Base Plate'"也会显示改变，如图 3-31 所示。

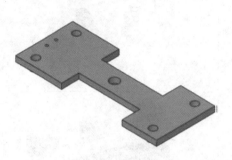

图 3-30　修改零件

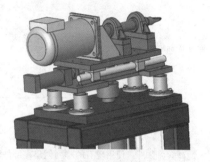

图 3-31　更改后的效果

步骤24　重装　右键单击"Table Practice 003 'Base Plate'"选择【重装】。图 3-32 所示的对话框指出了将被重装的文件，单击【确定】两次，效果如图 3-33 所示。

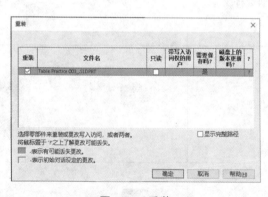

图 3-32　重装

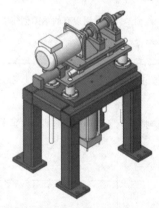

图 3-33　重装后的效果

👉 提示　可能需要展开快捷菜单才能打开【重装】命令。

步骤25　保存文件　原始的零件已经被重新加载到装配体中。

步骤26　保存并关闭所有文件

👉 提示　在本例的装配体中，默认情况下将显示顶级的文件。这意味着所有其他引用文件（零部件）也将被重新加载。

3.9　零部件阵列

零部件阵列创建零件和子装配体零部件的实例。在装配体内，使用特定类型的阵列。可用的阵列类型见表 3-4。

 SOLIDWORKS®高级教程简编（2023版）

表3-4　可用的阵列类型

阵列类型	说　明	示　例
线性零部件阵列	通过设置间距、实例数或到参考，以一个或两个矢量方向创建零部件阵列	
圆周零部件阵列	在一个轴周围的一个或两个方向创建零部件阵列	
阵列驱动零部件阵列	使用现有的阵列创建零部件阵列	
草图驱动零部件阵列	使用现有的草图创建零部件阵列	
曲线零部件阵列	使用现有的曲线创建零部件阵列	
链零部件阵列	创建一个链接在链上的零部件阵列	
镜像零部件	创建零部件的镜像模式	

58

1. 阵列实例　零部件阵列的实例被添加到以模式类型命名的文件夹中，例如 DerivedL-Pattern1 文件夹，这些零部件添加到 FeatureManager 设计树中并被完全定义，图 3-34 所示为阵列实例。

2. 解散阵列　右键单击阵列特征然后单击【解散阵列】，这些零部件就与阵列断开。这会将所有实例从阵列中解散，使零部件未完全定义，如图 3-35 所示。

扫码看视频

图 3-34　阵列实例　　　　　　　　　图 3-35　解散阵列

3. 线性和圆周阵列　【线性阵列】会在一个或两个矢量方向上创建零部件的阵列，可以使用平面、轴或零部件的几何体（如线性边线或平面）定义阵列方向。【圆周阵列】创建围绕轴的实例阵列，可以使用轴或零部件的几何体（如线性边线、圆形边线或圆柱面）定义阵列轴。用户可以跳过所选实例或者修改具有偏移量的实例。

知识卡片	线性/圆周零部件阵列	● CommandManager:【装配体】/【线性零部件阵列】🔡 -弹出菜单/【线性零部件阵列】🔡或【圆周零部件阵列】⊞。 ● 菜单:【插入】/【零部件阵列】/【线性阵列】或【圆周阵列】。

操作步骤

步骤1　打开装配体文件　打开"Linear & Circular Patterns"文件夹中的"Linear & Circular"装配体，如图 3-36 所示。该装配体包括子装配体机械手臂和一条穿过原点的轴。

步骤2　线性零部件阵列　单击【线性零部件阵列】🔡，选择前视基准面以将【阵列方向】定义为垂直于该平面的方向。如有必要，请反转方向。单击【间距与实例数】，然后将【间距】设置为 800.00mm，将【实例数】设置为 5。选择子装配体"Robot"并单击【确定】✔，如图 3-37 所示。

图 3-36　打开装配体文件

步骤 3 **圆周零部件阵列** 单击【圆周零部件阵列】🖽，选择 "Pattern Axis" 作为【阵列轴】以将该轴定义为垂直于平面。如有必要，请反转方向。勾选【等间距】复选框，然后将【角度】设置为 180.00 度，将【实例数】设置为 4。选择子装配体 "Robot" 并单击【确定】✔，如图 3-38 所示。

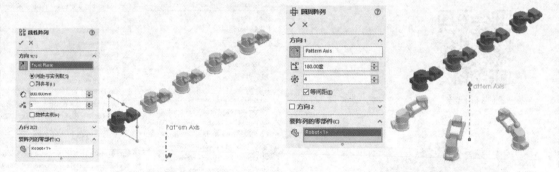

图 3-37　线性阵列　　　　　　　　　　　　图 3-38　圆周零部件阵列

步骤 4 **跳过实例** 编辑线性阵列特征 "局部线性阵列 1"，在【跳过的实例】中单击，从屏幕中选择实例(3，1)，单击【跳过实例】，如图 3-39 所示。不要单击【确定】。

步骤 5 **修改实例** 在【修改的实例】中单击，从屏幕中选择实例(2，1)，单击【修改实例】，如图 3-40 所示。

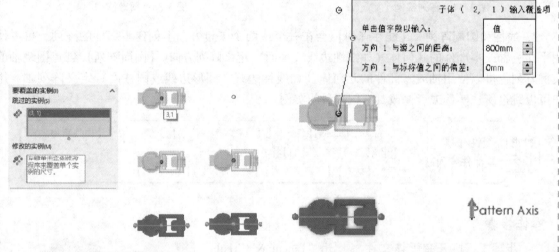

图 3-39　跳过实例　　　　　　　　　　　图 3-40　修改实例

步骤 6 **设置偏移** 在【与标称值之间的偏差】中输入 300mm，如图 3-41 所示，单击【确定】。

> **提示** 用户可以设置【与源之间的距离】或【与标称值之间的偏差】。

步骤 7 **设置配置** 设置单个实例的配置，将实例 "Robot<2>" 的配置由 P0 更改为 P45，如图 3-42 所示。

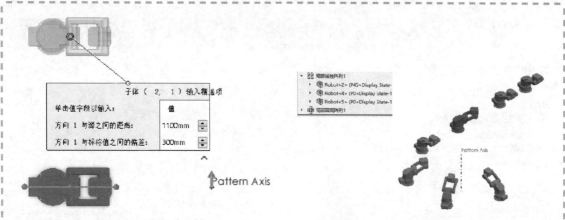

图 3-41　设置偏移　　　　　　　　　　图 3-42　设置配置

步骤 8　保存并关闭所有文件

4. 线性阵列及其旋转　线性阵列具有对零部件实例进行旋转的选项。与装配体特征阵列相似，创建零部件阵列时可以跳过选中的零部件实例。旋转线性阵列实例如图 3-43 所示。

图 3-43　旋转线性阵列

操作步骤

步骤 1　打开装配体文件　打开"Linear with angle"文件夹中的"Linear with angle"装配体，如图 3-44 所示。该方法最好是在间距和角度的数值已知的情况下使用，结果会与图 3-43 所示相似。

扫码看视频

步骤 2　选择阵列方向　单击【线性零部件阵列】，选择圆柱体以定义【阵列方向】。设置【间距】为 225.000mm，并将【实例数】设为 5。如有必要，可以反转方向，使阵列方向如图 3-45 所示指向上方。

步骤 3　阵列零部件　选择零部件"spacer"和"step"作为【要阵列的零部件】，如图 3-46 所示。

图 3-44　"Linear with angle"装配体　　　图 3-45　反转阵列方向　　　图 3-46　阵列零部件

步骤 4　旋转　勾选【旋转实例】复选框并选择"space"圆柱体作为【旋转轴】。如图 3-47、图 3-48 所示将角度设为 45.00 度，反转方向并单击【确定】。

62

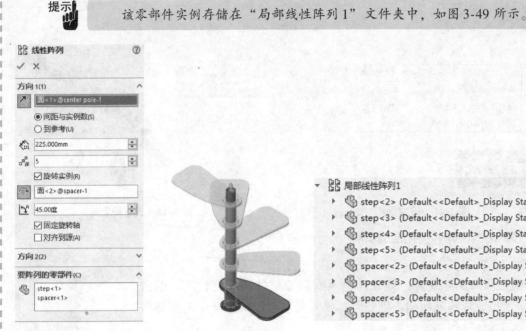

提示 该零部件实例存储在"局部线性阵列1"文件夹中，如图 3-49 所示。

图 3-47　旋转线性阵列实例　　图 3-48　旋转线性阵列实例预览图　　图 3-49　局部线性阵列1

步骤5　保存并关闭所有文件

5. 阵列驱动零部件阵列　【阵列驱动】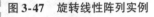的零部件阵列，可以通过装配体的零部件中已存在的阵列和孔特征来进行定义。

大多数零部件阵列特征都与零件模型中的对应项是相似的，但是【阵列驱动零部件阵列】是装配体所独有的，可用于根据其他现有的阵列特征定位零部件。

可以作为【阵列驱动】零部件阵列的基础零件特征包括：草图驱动、表格驱动、曲线驱动、填充、孔系列和异型孔向导。

现有的零部件阵列也可以是阵列驱动零部件的定位特征。现有阵列可以存在于装配体的顶层或子装配体的零部件中。

扫码看视频

| 知识卡片 | 阵列驱动零部件阵列 | • CommandManager：【装配体】/【线性零部件阵列】
动零部件阵列】。
• 快捷菜单：【插入】/【零部件阵列】/【阵列驱动】。 |

操作步骤

步骤1　打开装配体文件　打开文件夹"Pattern Driven"中的装配体"Pattern Driven"，如图 3-50 所示。下面将使用零部件阵列来添加"Plank"零部件的其他所需实例。

步骤2　零部件阵列　单击【阵列驱动零部件阵列】并选择"Plank"。

单击【驱动特征】区域，并在下拉 FeatureManager 设计树或模型的面中选择零部件"Support_Leg＜1＞"中的阵列特征"LPattern1"，如图 3-51 所示，单击【确定】。

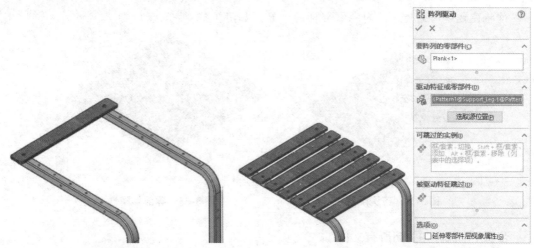

图 3-50　装配体 "Pattern Driven"　　　　　图 3-51　零部件阵列

63

> **提示**　【选取源位置】允许用户为源零部件选择不同的位置。默认情况下，从它的配合位置开始。

步骤 3　阵列的零部件　由阵列生成的零部件储存在 "派生线性阵列 1" 特征下，如图 3-52 所示。它们没有配合关系，并且与阵列的位置有关。

> **提示**　如果扣件已经被放置在源零部件的孔中，则它们也可以包含在阵列中。

步骤 4　源零件配置　零部件 "Plank" 有两个配置："Wood" 和 "Plastic"。单击阵列的阵列源零部件（"Plank < 1 >"），从快捷配置下拉菜单中选择【Plastic】 Plastic ☑ ，如图 3-53 所示，并单击【确定】。

所有的阵列实例根据源的改变而改变。

> **提示**　要使用快捷配置，在【工具】/【自定义】/【工具栏】中勾选【显示快捷配置】复选框。

步骤 5　实例配置　单击阵列的一个实例零部件（"Plank < 5 >"），从快捷配置下拉菜单中选择【Wood】 Wood ☑ ，如图 3-54 所示，并单击【确定】。

只有所选择的阵列实例会随之改变。

步骤 6　零部件属性　单击零部件实例 "Plank < 5 >" 的零部件属性。通过更改配置以触发【使用命名的配置】选项。单击【使用和阵列源零部件相同的配置】，并单击【确定】。

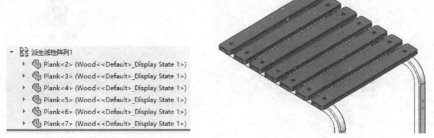

图 3-52　阵列的零部件　　　　　　　　图 3-53　源零件配置

这将使之返回到使用阵列源零部件的配置，如图 3-55 所示。

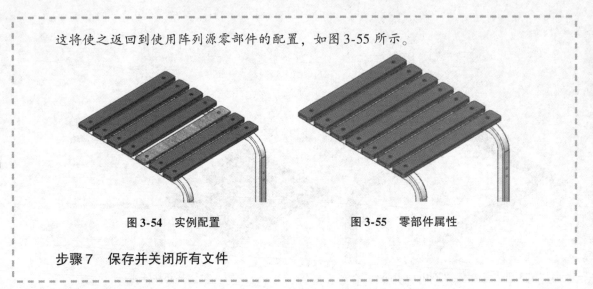

图 3-54　实例配置　　　　　　　　图 3-55　零部件属性

步骤 7　保存并关闭所有文件

3.10　镜像零部件

很多装配体具有不同程度的左右对称关系。零部件和子装配体能够通过镜像来反转它们的方向，这样就能产生"相反方位"的零件。

在装配体中创建镜像时，系统将镜像分为两种情况：

1）零件在装配体中的位置是镜像的，并且零件中几何体也存在镜像——具有左右对称关系。

2）零件在装配体中的位置是镜像的，但是零件中几何体不存在镜像关系(如五金件)。

● **零部件方向**　复制的零部件的几何形状保持不变，只有方向发生变化。在镜像和相反方位零件中存在多种选项，汇总见表 3-5。

表 3-5　镜像零部件的方向

选项	示例	选项	示例
X 已镜像, Y 已镜像 ⫲		X 已镜像并反转, Y 已镜像 ⫴	
X 已镜像, Y 已镜像并反转 ⫴		X 已镜像并反转, Y 已镜像并反转 ⫴	
创建相反方位版本 ⟐			

| 知识卡片 | 镜像零部件 | 镜像零部件允许用户通过一个平面或平的面来镜像零部件。有两种控制镜像零部件原点位置的镜像类型：
1）边界框中心。所选零部件将以边界框中心按镜像平面来计算镜像位置。这是默认选择。
2）质心。所选零部件将以质心按镜像平面来计算镜像位置。如果必要，还可以使用生成"相反方位"零部件或子装配体选项。"相反方位"版本可以另存为一个新的文档，或存为原文档的配置中。 |
| | 操作方法 | ● CommandManager：【装配体】/【线性零部件阵列】🔡 ▾ 弹出菜单/【镜像零部件】🔡。
● 菜单：【插入】/【镜像零部件】🔡。 |

65

提示　可以使用【插入】/【参考几何体】/【边界框】命令来创建【边界框】特征。

装配体的镜像功能可能会创建出许多新的文件，一种是子装配体，另一种是镜像的相反方位的零部件（而非复制）。推荐用户使用【工具】/【选项】/【系统选项】/【默认模板】，这样就能在查找路径时使用指定默认模板。否则，系统将提示用户为每个新文件选择一个模板，这将会非常麻烦。

操作步骤

步骤1　打开装配体　打开"Mirror Assembly"文件夹中的装配体"Mirror Assembly"，如图 3-56 所示。

步骤2　选择镜像零部件　单击【镜像零部件】🔡，PropertyManager 是一个包含几个页面的向导。单击装配体的右视基准面作为【镜像基准面】，如图 3-57 所示。

扫码看视频

在【要镜像的零部件】中选择"pillar-1""clamp-1"和"pin-1"，单击【下一步】➡。

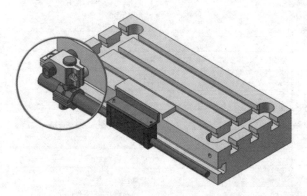

图 3-56　装配体"Mirror Assembly"

图 3-57　镜像零部件
注：软件中"镜向"为"镜像"的误用。

步骤3　设置方向　选择零件"clamp"，单击【创建相反方位版本】📐。选择零件"pillar"和"pin"，在图形区域中预览效果。如果需要，可以单击并重新定位零件副本的方向，如图 3-58 所示。单击【下一步】➡。

技巧　在【定向零部件】列表中右键单击零部件，在弹出的快捷菜单中可以选择一些附加选项。这些选项允许用户按照特定条件快捷地选择多个零部件。

步骤4　**修改文件名**　将夹具的左手版本创建为一个新的文件。为镜像的子装配体键入名称，使用【添加后缀】"-Mirror"。

如图 3-59 所示，单击文件旁边的按钮进入选择文件界面，确保镜像后的夹具保存至"Lesson03 \ Case Study \ Editing"。如果想将该步骤中生成的所有新文件保存到一个指定的文件夹中，则可以勾选【将文件放置在一个文件夹内】复选框。单击【下一步】 ⮕。

步骤5　**导入特征**　如果选择保留与原有零件的连接，可以创建一个具有外部参考的新文件。这个对话框允许用户选择在夹具镜像文件中直接从原夹具文件中获取哪些信息。选择【实体】、【零件材料】以及【从原始零件延伸】，如图 3-60 所示。如果勾选【断开与原有零件的连接】复选框，则原零件中的所有信息都将转到新的文档中。单击【确定】 ✔。如询问是否转换单位，单击【是】。

图 3-58　设置方向　　　图 3-59　修改文件名　　　图 3-60　导入特征

步骤6　**查看文件**　镜像和复制的零部件如图 3-61 所示。

步骤7　**保存文件**　保存并关闭所有文件。

图 3-61　查看文件

练习 3-1　修复装配体错误

本练习使用的装配体存在一些错误。本练习的任务是捕获并保持设计意图，修复装配体文件，最终形成如图 3-62 所示的装配体。

本练习将应用以下技术：

- 激活编辑。
- 查找和修复错误。
- 替换和修改零部件。
- 配合错误。

图 3-62　装配体文件

本装配体的设计意图如下：

1）零件 "Brace_New" 和零件 "End Connect" 的孔居中对齐。

2）零件 "End Connect" 的一条边线和零件 "Rect Base" 的前面边线对齐。

操作步骤

步骤 1　打开装配体　打开 "Lesson03 \ Exercises \ Assy Errors" 文件夹下的 "assy_errors_lab" 装配体，如图 3-63 所示。

步骤 2　显示配合错误　展开配合文件夹，显示其中的配合错误。此处有两个相冲突的配合，使得 "End Connect <2>" 零件和 "Brace_New <2>" 零件过定义。

根据设计意图，考虑应该删除哪一个配合来纠正过定义错误。

步骤 3　干涉检查　选择整个装配体进行干涉检查，"End Connect <1>" 和 "Brace_New <1>" 存在干涉，如图 3-64 所示。

步骤 4　编辑配合　编辑错误的配合（Coincident17），修复配合并同时消除干涉。

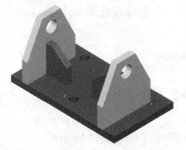

图 3-63　"assy_errors_lab" 装配体

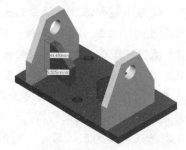

图 3-64　干涉检查

技巧 编辑该配合的定义时，要注意对齐条件，在应用之前先【预览】一下。

装配体应该如图 3-65 所示，在上视图中没有错误。

步骤 5　查找并编辑配合　单击【树显示】，使用【查看配合及从属关系】，选择零部件 "Brace_New <1>"，如图 3-66 所示。使用该信息可以验证不在中心的配合关系。

步骤 6　编辑配合　编辑这个配合，使零部件 "Brace_New <1>" 满足设计意图。

步骤 7　替换零部件　使用零部件 "new_end" 替换装配体中的两个零部件 "End Connect"，如图 3-67 所示。

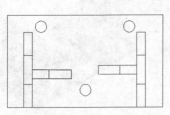

图 3-65   编辑配合

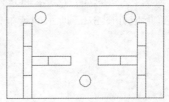

图 3-66   查找并编辑配合

图 3-67   替换零部件

步骤 8   保存并关闭所有文件

练习 3-2   镜像零部件

通过镜像一个子装配体，形成如图 3-68 所示的装配体。

本练习将应用以下技术：镜像零部件。

单位：in。

图 3-68   镜像后的装配体

操作步骤

步骤 1   打开装配体   打开 "Lesson03 \ Exercises \ MirrorComp" 文件夹下的 "Folding Platform" 装配体。

步骤 2   柔性子装配体   选择 "LeftSideSub"，单击【使子装配体为柔性】。该选项允许通常为刚性的子装配零部件单独移动。

步骤 3   镜像装配体   镜像子装配体 "LeftSideSub"。

- 以装配体的右基准面作为【镜像基准面】。
- 除零部件 "rivets" 以外，将其余的所有子装配体零部件都设为相反方向版本。
- 重新定位 "rivets" 至正确位置。
- 确定新子装配体的默认名称，对新生成的零件添加前缀 "Mirror"。

提示 🖐   使用【子装配为柔性】功能时添加配合关系使子装配体同步移动。

步骤 4   保存并关闭所有文件

练习 3-3   使用阵列驱动阵列

通过添加一个零部件阵列，形成如图 3-69 所示的装配体。

本练习将应用以下技术：

- 零部件阵列。
- 阵列驱动零部件阵列。

单位：mm。

图 3-69   阵列驱动阵列

操作步骤

　　步骤 1　打开装配体文件　打开文件夹 "ComponentPattern" 中的装配体 "Patter-nAssy"，如图 3-70 所示。

　　步骤 2　零部件阵列　为两个按钮零部件创建【阵列驱动零部件阵列】，如图 3-71 所示。

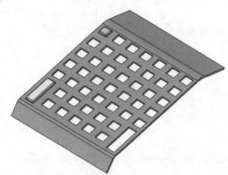
图 3-70　装配体 "PatternAssy"

图 3-71　零部件阵列

　　步骤 3　保存并关闭所有文件

第 4 章　大型装配体

学习目标 ● 使用装配体直观查看零部件属性
● 使用轻化零部件
● 创建 SpeedPak 配置
● 简化装配体零部件
● 使用大型设计审阅

4.1　概述

在大型装配体中需要一种能够减少加载和编辑零部件时间的方法。系统已经提供了几种不同的方法：轻化、隐藏和压缩零部件。

本章主要讲述以下内容：

1. 装配体模式　打开和装配时，手动或自动加载选项。有 3 种装配体模式可供选择：【还原】、【轻化】和【大型设计审阅】。

2. 装配体直观　装配体直观工具提供了一种不同的、图形化的方式来查看装配体和零部件。

3. 轻化零部件　轻化零部件通过减小打开文件的大小从而使用外壳来提高速度，它是完整零部件的一个子集。需要注意的是，一些操作只有在完全装入或还原时才能执行。

4. 大型装配体模式　大型装配体模式通过一组系统设置，包括轻化零部件，实现零部件的最小化。零部件数量的阈值是用户自定义的。

5. SpeedPak　SpeedPak 配置通过减少装配体选中的面来减小子装配体文件的大小。

6. 简化配置　使用装配体配置，用户可以创建零件、子装配体和顶层装配体的简化的配置。简化的几何体可以缩短大型文件的加载时间。

7. 消除特征　使用 Defeature 工具，用户可以通过将零件或者装配体中的细节移除操作来简化图形，以提高性能。

8. 修改装配体的结构　装配体的结构对装配体是否容易被编辑有一定的影响。用户可以通过很多工具对装配体原有的结构进行管理和修改。

9. 封套发布程序　封套发布程序可用于将参考零部件添加到子装配体中。

10. 大型设计审阅　大型设计审阅或 LDR 能够让用户快速地打开非常大的装配体，同时仍保留一些有用的功能。

4.2　装配体加载

有两个装配体加载选项，一个是自动的，另一个是手动的，决定了装配体部件的加载方式。通过【工具】/【选项】/【系统选项】/【性能】进行设置。

4.2.1　自动加载

【自动优化已解析模式，隐藏轻化模式】选项将解析模式与轻化技术相结合，更智能高效地加载组件，如图 4-1 所示。

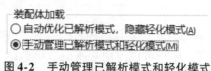

图 4-1　自动优化已解析模式，隐藏轻化模式

4.2.2　手动加载

使用【手动管理已解析模式和轻化模式】选项，可以使用以下 3 种装配体模式加载零部件：【还原】、【轻化】和【大型设计审阅】。

图 4-2　手动管理已解析模式和轻化模式

4.3　装配体模式

装配体模式的选择在管理大型装配体中起着很大的作用。通过【打开】对话框可以使用【还原】、【轻化】和【大型设计审阅】3 种模式，本节将对此进行详细讲解。

4.3.1　还原

【还原】或“解除压缩”模式是装配体中零部件的正常状态，如图 4-3 所示。

图 4-3　【还原】模式

- 装配体的部件已经完全加载到内存中。
- 在编辑时无限制。
- 到目前为止，在本教程中所有打开过的装配体都是以解析的模式打开的。
- 在【还原】模式下打开文件通常是最慢的模式。

4.3.2　轻化

【轻化】模式是用于打开较大装配体的模式，如图 4-4 所示。
- 将模型的一小组数据加载到内存中。

图 4-4　【轻化】模式

- 在编辑时有限制。
- 图标上有“羽毛”角标覆盖。
- 装配体可以包含还原和轻化的零部件。

- 在【轻化】模式下打开通常比在【还原】模式下打开更快。

4.3.3 大型设计审阅

【大型设计审阅】或"LDR 模式"是用于打开和审阅非常大的装配体的模式，如图 4-5 所示。

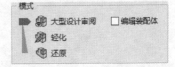

- 将模型有限的一小组数据加载到内存中。
- 在编辑时有限制，但其具有【编辑装配体】选项。
- 图标上有"眼睛"角标覆盖。
- 装配体可以包含还原和轻化的零部件。

图 4-5 【大型设计审阅】模式

- 在"LDR 模式"下打开通常比在其他任何模式下打开都快。

手动选项首先显示【还原】和【轻化】，再是自动加载模式，最后是【大型设计审阅】。

4.4 装配体直观

【装配体直观】提供了一种不同的方式来显示和排列装配体中零部件的属性。该列表提供了 FeatureManager 设计树的替代方案。用户可以使用基本的数字数据（如质量、体积或用户创建的依赖于多个数值的自定义条件）对列表进行排序，如图 4-6 所示。用户还可以按自定义属性排序并添加或删除列。

图 4-6 装配体直观

在图形区域，软件根据所排序的属性值对零部件应用颜色。这些颜色可以使每个零部件属性的相对值可视化。用户可以将带有颜色的装配体保存为一个显示状态。

4.4.1 装配体直观属性

装配体直观属性包括许多常见类型和一些独特类型，但是零部件中包含的任何属性都是可用的。

1. 常规属性 常规属性是在 SOLIDWORKS 产品内生成的，见表 4-1。

表 4-1 常规属性

总重量	质量	密度	体积
转换到当前版本	从 BOM 中排除	外部参考	面计数
柔性装配体	完全配合	图形-三角形	数量
三角形图形总数	实体计数	曲面实体计数	

2. Sustainability 属性　带有 Sustainability 前缀的属性是由 Sustainability 产品生成的。SOLID-WORKS 中的 Sustainability 属性见表 4-2。

表 4-2　Sustainability 属性

Sustainability-空气	Sustainability-经久耐用	Sustainability-碳	Sustainability-使用数量的持续时间
Sustainability-能量	Sustainability-制造位置	Sustainability-制造过程	Sustainability-材质-类
Sustainability-材料特定	Sustainability-总空气	Sustainability-总碳	Sustainability-总能量
Sustainability-总水	Sustainability-使用位置	Sustainability-水	

 提示　这些属性大多数取决于指定给零件的材料。

3. SW 属性　带有 SW（SOLIDWORKS）前缀的属性是在 SOLIDWORKS 产品内生成的。它们是基于性能和质量属性的。SOLIDWORKS 中的 SW 属性见表 4-3。

表 4-3　SW 属性

SW-计算成本	SW-密度	SW-质量	SW-材料
SW-打开时间	SW-重建时间	SW-表面积	SW-休积

提示　这些属性也可以在【自定义列】对话框中与【使用公式】组合在一起，其结果是作为一个列被添加，如图 4-7 所示。

4.4.2　装配体直观界面元素

【装配体直观】具有一个可以控制列、属性和颜色显示的交互界面，如图 4-8 所示。

● 列：列包括【文件名称】和【数量】，以及用户定义的一个或多个新增列。这些列可以按升序或降序排列。

● 数值分栏：数值分栏用来标记具有最大值的零部件。所有其他分栏的长度是按最大值（最长分栏）的百分比计算的。数值分栏可以显示或隐藏。

● 色谱条：色谱条可以用来开关颜色。

● 滑杆：色谱条上的滑杆可以通过移动来改变颜色的影响。滑杆颜色可以更改，也可以添加其他滑杆。

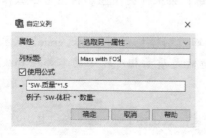

图 4-7　自定义列

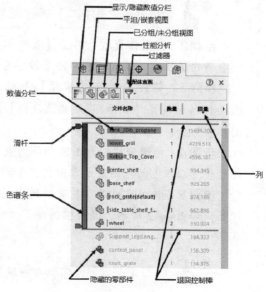

图 4-8　装配体直观界面元素

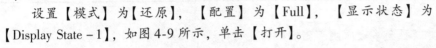

知识卡片	装配体直观	• CommandManager：【评估】／【装配体直观】。
		• 快捷菜单：【工具】／【评估】／【装配体直观】。

操作步骤

    步骤1 打开装配体文件 单击【打开】，选择"Large Assembly"文件夹中的装配体"Full_Grill_Assembly"，先不要打开。

    设置【模式】为【还原】，【配置】为【Full】，【显示状态】为【Display State – 1】，如图4-9所示，单击【打开】。

扫码看视频

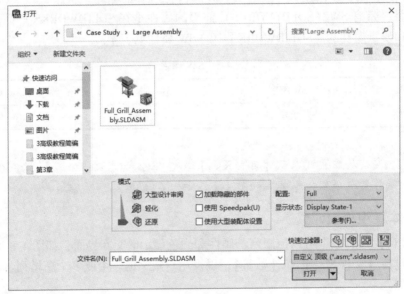

图 4-9 打开装配体文件

> **提示** 【装配体直观】通过还原的零部件和真实的材料提供了最准确的结果。

    步骤2 装配体直观 单击【装配体直观】。在 ConfigurationManager 的旁边显示了一个新的选项卡。最初，零部件是按字母顺序排列的。

    步骤3 排序 单击【质量】列的表头两次，使零部件按质量从大到小排列。按图4-10所示设置【显示/隐藏数值分栏】、【平坦/嵌套视图】和【已分组/未分组视图】。

    步骤4 色谱分栏 单击零部件列表左侧的【色谱】条来开关颜色。在图形区域根据相对质量以颜色的范围显示零部件，如图4-11所示。

    步骤5 退回控制棒 滚动到列表的底部。将退回控制棒拖动到"cook_grate"下方的位置，如图4-12所示。退回控制棒下方的零部件，也就是质量相对较小的零部件都被隐藏了。

> **提示** 多个零部件实例可以通过【已分组/未分组视图】组合在一起。

图 4-10　排序　　　　　　　　图 4-11　模型中的色谱显示

图 4-12　拖动退回控制棒

4.4.3　编辑和新增列

用户可以编辑现有的列，也可以添加新列来定义列中使用的属性。

一些可用的属性包括：可持续性结果、SW-材料和 SW-质量等计算结果，以及外部参考和完全配合等的是/否类型。

可以通过勾选【使用公式】复选框并在属性列表中添加运算符和属性来构建公式，如"SW-计算成本" * "数量"。

步骤6　更改列　单击向右箭头 ，并选择【更多】。在打开的【自定义列】对话框中选择【完全配合】属性，如图 4-13 所示，并单击【确定】。

步骤7　反转　单击【完全配合】列的表头反转列。没有完全配合或完全定义的零部件在此处显示为红色，如图 4-14 所示。

图 4-13　自定义列

图 4-14　红色显示

步骤 8　三角形　拖动打开零部件"Rebuilt_Top_Cover"。从【图形-三角形】可以看出零部件的复杂程度和文件大小。

单击【更多】打开【自定义列】对话框，在其中选择属性【图形-三角形】，然后单击【确定】。从大到小排序，三角形图形最多的部分在这里显示为蓝色，如图 4-15 所示。

步骤 9　移动滑杆　可以使用附加的滑杆来标记结果中的粗略值，使它们更容易可视化。将红色滑杆拖动到大致与【图形-三角形】列中的 4000 对应的零部件位置。

步骤 10　添加新滑杆　单击色谱条左侧【图形-三角形】列中的 2000 对应的位置附近，选择绿色，并单击【确定】，如图 4-16 所示。重复操作，在色谱条左侧【图形-三角形】列中的 1000 对应的位置附近添加一个黄色的滑杆。

图 4-15　三角形

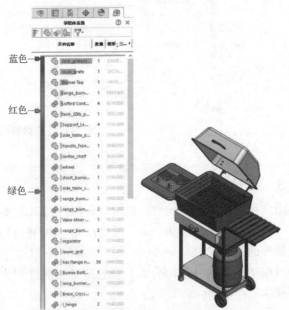

图 4-16　添加新滑杆

提示

零部件的颜色变化反映出了滑杆的位置。

步骤 11　打开子装配体　单击 Fea-tureManager 设计树。打开子装配体 "Leg&Wheels"。单击【装配体直观】，添加【图形-三角形】列，如图 4-17 所示。

这些值将被用来作对比。

步骤 12　显示状态　单击列表顶部【图形-三角形】列旁边的向右箭头▶，选择【添加显示状态】。切换到 Configura-tionManager，将"直观显示状态-1"重命名为"图形三角形直观"。

步骤 13　保存并关闭所有文件

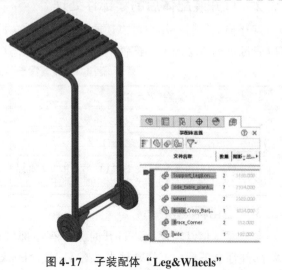

图 4-17　子装配体 "Leg&Wheels"

4.5　轻化零部件

使用零部件的轻化状态是提高大型装配体性能的关键因素，因为轻化后系统只将零部件的有限数据加载到内存中，这些数据主要是图形信息，默认的参考几何体。

轻化的零部件能够进行以下操作：加速装配体的工作；保持完整的配合关系；保证零部件的位置；保持零部件的方向；移动和旋转；上色、隐藏线或线架图模式显示；选择轻化零部件的边、面或顶点并用于配合；可以执行【质量属性】或【干涉检查】。

轻化的零部件不能进行以下操作：被编辑、移动或删除；在 FeatureManager 设计树中显示轻化零部件的特征。

零部件轻化的反操作是还原。还原的零部件是被完全加载到内存中并且是可编辑的。

提示　双击图形窗口中的轻化零部件，可以将其设置为还原。

4.5.1　打开轻化的零部件

有 3 种方式可以以轻化状态打开装配体：

1)【装配体加载】中选择【手动管理已解析模式和轻化模式】。

2) 在【打开】对话框中的【模式】选项中选择【轻化】。

3) 更改【工具】/【选项】/【系统选项】中【性能】选项卡内的【以轻化模式加载零部件】选项的设置，如图 4-18 所示。

【检查过时轻量零部件】可以设置为 3 种不同的值：【不检查】、【指示】或【总是还原】。这些选项控制在装配体保存后再次更改轻化零部件的处理方式。

【解析轻量零部件】可以设置为：【始终】或【提示】。该设置确定了当装配体中进行诸如质量属性计算等操作时，系统如何处理轻量零部件的还原。

图 4-18　装配体加载

4.5.2　打开装配体后的零部件处理

打开装配体后，用户可以还原轻化零部件，同样还原的零部件也可以设置为轻化状态。用户可以通过下列方法改变零部件的轻化或还原状态（见表4-4）。

表4-4　设置零部件的轻化或还原状态

设置轻化为还原	设置还原为轻化
在图形区域双击零部件，将自动设定为还原	—
右键单击零部件，并选择【设定为还原】	右键单击零部件，并选择【设定为轻化】
右键单击装配体的顶层零部件，选择【设定轻化为还原】。这将还原所有轻化零部件，包括子装配体中的零部件	右键单击装配体的顶层零部件，并选择【设定还原为轻化】。这将轻化所有还原的零部件，包括子装配体中的零部件

4.5.3　轻化标志

当装配体是以轻化状态打开时，所有零部件以及子装配体中的所有零部件都会被标记上特殊标志。在 FeatureManager 设计树中，每个轻化的零部件都会有羽毛形状的轻化标志，如图4-19所示。

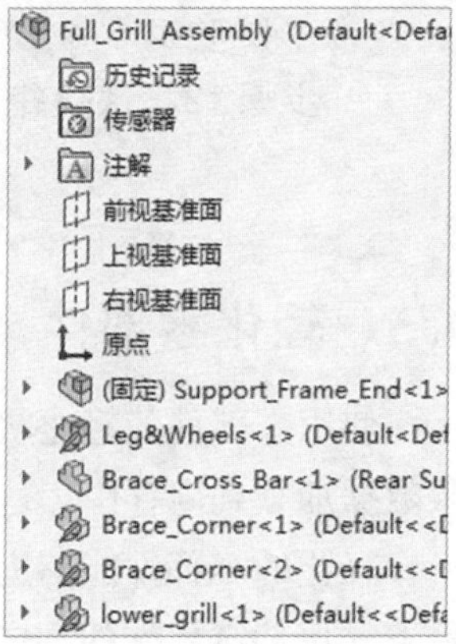

展开轻化零件的设计树只会显示已加载的参考几何体，而特征将不会显示。

 使用【系统选项】/【性能】中的设置可以将过时的轻化零件标记出来。

图4-19　轻化标志

4.5.4　最佳打开方法

用户在处理装配体时，最好使用轻化装配体。通过【装配体加载】选项：

1）使用【自动优化已解析模式，隐藏轻化模式】，让系统自动选择加载方式。

2）使用【手动管理已解析模式和轻化模式】，并将系统选项设置为以轻化模式加载零部件。

这样用户可以体会到使用轻化零部件的优点。在少数情况下，用户也可能需要以还原方式打开装配体，这时只需在【打开】对话框中选择【还原】即可。

4.5.5　零部件状态的比较

装配体中的零部件可以以4种状态（还原、轻化、压缩和隐藏）中的任何一种存在。每一种状态都会影响系统的性能以及用户可以进行的操作。

另一种配置的设定请参阅"使用 SpeedPak"。

4.6　大型装配体模式

当使用大型装配体模式打开装配体时，系统会检查该装配体并验证该装配体是否具备大型装配体的条件，如果具备，软件将采用适当的设置来提高大型装配体的加载速度，关键设置是用轻化零部件打开装配体。

有多种方式可以设置大型装配体模式：

1）在【打开】对话框的【模式】选项中勾选【使用大型装配体设置】复选框。

2）打开大于阈值的装配体时，更改【工具】/【系统选项】/【装配体】中的【使用轻化模式和大型装配体设置】选项。

3）在装配体模式下，从菜单【工具】中激活【大型装配体设置】。该设置不会将还原的零部件

自动设为轻化，但会启用大型装配体模式下的其他相关选项。

在【工具】/【系统选项】/【装配体】中，用户可以设定使用大型装配体模式的零部件数量和在大型装配体模式下的选项，如图 4-20 所示。这些选项包括：

1）【不保存自动恢复信息】。禁用自动恢复保存用户模型的信息。

2）【隐藏所有基准面、基准轴、曲线、注解、等】。在【视图】菜单选择【隐藏所有类型】。

3）【不在上色模式中显示边线】。在上色模式中关闭边线。如果装配体的显示模式为【带边线上色】，将更改为【上色】。

图 4-20　大型装配体选项

4）【暂停自动重建模型】。延缓装配体更新，这样用户可以进行多次修改，然后一次性重建装配体。

 技巧　使用大型装配体模式是比使用轻化模式更好的选择。大型装配体模式中为打开大型装配体时提高装入速度而添加了额外的选项，在其中可以设定零部件阈值来定义在用户的个人系统中什么是大型装配体。

 提示　在【SOLIDWORKS 帮助】中搜索"大型装配体"可以查看完整的设置列表。

4.7　实例：运行大型装配体

本实例有助于探讨 SOLIDWORKS 运行大型装配体时的速度性能。

操作步骤

步骤 1　修改选项设置　设置大型装配体阈值为 100，单击【确定】。

 提示　本节所使用的装配体文件对于展示大型装配体方法来说已足够大，同时对于课堂练习来说也是足够小的。

步骤 2　打开装配体　打开"Lesson04 \ Case Study \ Large Assembly"文件夹下的"Full_Grill_Assembly"装配体。根据装配体中零部件的数量，系统将自动选择【使用大型装配体设置】，【配置】选择【Full】，如图 4-21 所示，单击【打开】。

图 4-21　打开装配体

扫码看视频

扫码看 3D

提示 装配体的打开速度应该比还原模式更快。

步骤 3 查看零部件 所有零部件图标上都有一个羽毛标记来表示它们的轻化状态。没有特征列出，只有配合和面。子装配体也是类似的，包括了配合和零部件。在 FeatureManager 设计树中展开零部件"Brace_Corner"以将其加载，如图 4-22 所示。

提示 展开零部件会加载或还原该零部件的所有实例，但展开子装配体不会加载其中的零部件。

图 4-22 查看零部件

知识卡片	滚动显示所选项目	在大型装配体中，用户很难在图形中定位零部件。其中一种方法就是使用【滚动显示所选项目】。当该选项被选中时，用户在图形区域中选中一小部分几何体，在 FeatureManager 设计树中会高亮显示所选择的特征，并在需要时扩展多个层级。零部件将被用于形成 SpeedPak 配置。
	操作方法	• 菜单栏：【选项】⚙/【系统选项】/【FeatureManager】/【滚动显示所选项目】。

步骤 4 滚动选择项 确认已勾选【滚动显示所选项目】复选框。

步骤 5 选择子装配体 在图形区域右键单击零部件"range_burner_insert"，单击【选择子装配体】，然后选择"double_range_burner-1"，如图 4-23 所示。可以注意到 FeatureManager 设计树已将所选项目"double-range-burner-1"滚动到视图并使其高亮显示，如图 4-24 所示。

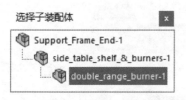

图 4-23 选择子装配体

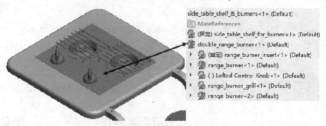

图 4-24 零部件滚动显示

提示 要折叠 FeatureManager 设计树中所有展开的零部件和文件夹，请在 FeatureManager 设计树内单击右键，然后选择【折叠项目】。

4.8　使用 SpeedPak

为了简化子装配体"double_range_burner"，下面将在该子装配体中用 SpeedPak 配置来表示它。SpeedPak 配置只加载在顶层装配体中用来保证引用所需的信息。创建 SpeedPak 有两种方法：从子装配体的 ConfigurationManager 中添加，或在顶层装配体中创建。

> 如果将【工具】/【选项】/【系统选项】/【装配体】/【保存文件时更新过时的 SpeedPak 配置】设为【具有"保存标记后重建"】，并且设置了【在保存标记后添加重建】，则在保存时可更新 SpeedPak。

4.8.1　在 ConfigurationManager 中使用 SpeedPak

用户可以在 ConfigurationManager 中为打开的文档添加 SpeedPak，即通过在装配体中选择【要包括的面】和【要包括的实体】来定义 SpeedPak。这些包括的项目应该是在顶层装配体中配合所需的信息。该命令中可用的选项如下：

1）要包括的面和实体。为了最小化装配体，应尽可能仅选择装配体中配合一个零部件所需的面或实体。

2）要包括的参考几何体。参考几何体、草图和曲线也可以包含在 SpeedPak 中。

3）快速包括。【启用快速包括】允许用户使用一个滑块来定义要包括的细节数量。

4）移除幻影。移除所有的"幻影"以使 SpeedPak 只显示包括的面和实体。

> 以上选项仅在使用【添加 SpeedPak】对话框时可用，而在顶层装配体中使用 SpeedPak 快捷方式时不可用。

知识卡片	在 ConfigurationManager 中使用 SpeedPak	• 快捷菜单：在 ConfigurationManager 中右键单击配置，选择【添加 SpeedPak】。

4.8.2　在顶层装配体中使用 SpeedPak

将子装配体在顶层装配体中配合到位后，可以使用【SpeedPak 选项】来创建配合 SpeedPak 或图形 SpeedPak。创建 SpeedPak 后，菜单中将出现【SpeedPak 选项】。

知识卡片	在顶层装配体中使用 SpeedPak	• 配合 SpeedPak。自动获取配合的面并将其包含在 SpeedPak 中。 • 图形 SpeedPak。创建纯粹的图形表示，而不包含可选的已解析的几何或配合参考。
	操作方法	• 菜单：右键单击子装配体并选择【SpeedPak 选项】。

> SpeedPak 配置用图标标记。

步骤6　添加 SpeedPak　右键单击子装配体"double_range_burner"，选择【SpeedPak 选项】/【创建配合 SpeedPak】。如果提示需要重建，单击【重建】。

步骤7　使用 SpeedPak　生成的派生 SpeedPak 配置已经可以使用。如果用户没有选择派生 SpeedPak 配置，右键单击子装配体并选择【SpeedPak 选项】/【使用 SpeedPak】，结果如图4-25所示。（可选操作）单击子装配体并选择配置"Default_speedpak"。

81

> **提示** 用户可以使用快捷键〈Alt + S〉打开或关闭 SpeedPak 中幻影的圆，也可以通过取消勾选【选项】/【系统选项】/【显示】项下的【显示 SpeedPak 图形圆】复选框来关闭。

步骤 8 查看外观 当将光标移到该子装配体的模型上时，会发现其几何体不能被选择，即光标移过时产生"幻影"，仅可选择配合中使用的面，如图 4-26 所示。

步骤 9 保存文件

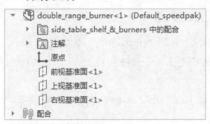

图 4-25   使用 SpeedPak

图 4-26   查看外观

4.9   使用简化配置

简化零部件、子装配体和顶层装配体的配置可以提高大型装配体的性能。移除零部件的方法之一是压缩零部件，还可以使用零部件的简化版本来代替零部件的完整版本。

4.9.1   压缩零部件

这种方法是通过压缩零部件将零部件从子装配体和顶层装配体中"移除"，以当它们已不存在。因为压缩的零部件不会被加载，所以提高了装配体的性能。压缩一个零部件，同时也会压缩与之相关联的配合。这是提高大型装配体性能的最佳方法，但也是自动化程度较低的方法之一。

> **提示** 更多关于零部件压缩、轻化和隐藏的信息请参阅 4.5.5 节"零部件状态的比较"。

4.9.2   简化的配置

大型装配体的简化配置方法是为装配体中的零部件创建简化的配置。简化零部件配置是指压缩那些在装配体中不需要使用的细节特征。通常压缩的特征有圆角、倒角或一些小的细节特征，如图 4-27 所示。下面用装配体来说明这一过程。

1. 覆盖复杂特征 该方法是在不删除用于配合的任何表面或边线的情况下覆盖尽可能多的详细特征。通过消除一些面孔来减小复杂特征的文件大小。要做到这一点，一种简单的方法是拉伸草图，使其覆盖大部分几何体，如图 4-28 所示的弹簧模型，该特征应该在派生的配置"Simplify_1"中解除压缩，在默认的配置中被压缩。

2. 简化 【简化】是一种通过单个特征和整体零件之间的大小和体积对比，来简化零件的实用工具。

使用用户定义的【简化因子】对特征进行比较，如果特征值低于阈值，则选择这些特征。相关的特征包括倒角、拉伸、圆角、孔和旋转。当在装配体层级使用【简化】工具时，所选特征可以被压缩，并用于创建和组织新的简化。

这里将在零件和装配体层级的配置中比较简化后的图形-三角形值。有关更多信息，请参阅 4.4 节。

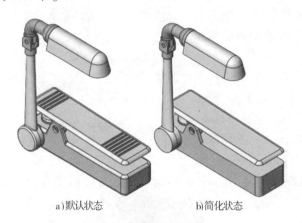

a) 默认状态　　　　　　b) 简化状态

图 4-27　简化的配置

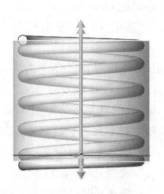

图 4-28　弹簧模型

 提示

> 在还原模式中创建简化的配置。

知识卡片	简化	• 菜单:单击【工具】/【查找/修改】/【简化】。

操作步骤

步骤 1　打开子装配体　打开子装配体 "Leg&Wheels",使用显示状态 "Default_Display State-1"。

步骤 2　简化　单击【简化】,确认默认项为所有特征,【简化因子】为 0.1,勾选【忽略影响装配体配合的特征】复选框,选择【特征参数】,单击【现在查找】。

在列表区域生成了满足条件的特征列表,如图 4-29 所示。可以选择这些特征的任意组合以进行压缩。

步骤 3　压缩　向下滚动并勾选【生成派生配置】复选框,【名称】设置为 "简化_1"。勾选【所有】复选框,如图 4-30 所示,单击【压缩】。

如果用户遇到一条有关 "使用中或上次保存的配置" 的消息,单击【是】。

图 4-29　简化特征列表

图 4-30　压缩特征

提示

> 【简化】工具可以为用户完成许多配置工作,但通常需要一些手动的压缩操作。在《SOLIDWORKS® 零件与装配体教程 (2022 版)》的练习中可以了解更多信息。

步骤4　配置"简化_1"　关闭【简化】对话框并展开 ConfigurationManager。展开"Default"可看到新的派生配置"简化_1"，如图 4-31 所示。

步骤5　图形-三角形　再次使用【装配体直观】和【图形-三角形】显示一些零部件是如何被简化的。"Support_Leg"的值减少了大约1/3，并且"side_table_plank_wood"减少得更多，如图4-32所示。还请注意，并非所有零部件都会改变，这取决于零部件的几何形状。

步骤6　更改配置　回到顶层的装配体。将"Leg&Wheels"所使用的配置改为"简化_1"，结果如图 4-33 所示。

步骤7　保存并关闭所有文件

图 4-31　配置"简化_1"

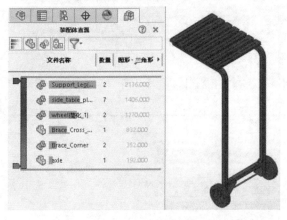

图 4-32　图形-三角形

图 4-33　装配体"Full_Grill_Assembly"

4.9.3　装配体自动加载

【装配体加载】选项【自动优化已解析模式，隐藏轻化模式】或"自动"选项最容易使用，将解析模式和轻化模式结合在一起，可实现最高效的加载。

　提示　自动选项用于替换【轻化】和【还原】选项，仍应使用大型设计审查模式加载更大的装配体。

知识卡片	自动优化已解析模式，隐藏轻化模式	单击【工具】/【选项】/【系统选项】/【性能】/【部件加载】/【自动优化已解析模式，隐藏轻化模式】。

操作步骤

步骤1　自动优化已解析模式　单击【自动优化已解析模式，隐藏轻化模式】，如图4-34所示。

步骤2　打开装配体文件选项　单击【打开】，然后从"Large Assembly"文件夹中选择"Full_Grill_Assembly"。选择选项中有【还原】和【大型设计审阅】模式，并且自动选择【还原】，如图4-35所示。单击【确定】，在出现消息时重新生成装配体。

步骤3　FeatureManager 设计树　装配体加载速度与轻化模式一样快，并且零部件显示为已解析，如图 4-36 所示。

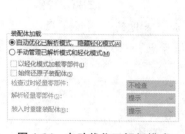

图 4-34　自动优化已解析模式

图 4-35　打开装配体文件选项

图 4-36　FeatureManager 设计树

步骤4　保存并关闭所有文件

4.9.4　高级打开选项

在打开现有的装配体时有几个可以使用的高级选项。在【打开】对话框中，从【配置】菜单中选择【高级】并单击【打开】。如果装配体中的零部件已经被简化，那么可以使用这种方法来创建装配体的简化配置。

【配置文件】对话框包括以下选项（见图 4-37）：

1)【打开当前所选的配置】。

2)【显示所有参考模型的新配置】。打开装配体并还原所有零部件，并使用新配置名称保存配置。

3)【只显示装配体结构的新配置】。打开装配体并压缩所有零部件，并使用新配置名称保存配置。

4)【可能时对零件参考使用指定的配置】。选取与配置名称相对应的零部件配置("简化"或用户键入的"简化_1")并激活。

图 4-37　【配置文件】对话框

4.10　大型设计审阅

大型设计审阅能快速地打开非常大的装配体，同时仍保留在进行装配体设计审阅时有用的功能。使用大型设计审阅模式打开装配体时，用户可以：①导览 FeatureManager 设计树；②测量距离；③生成横断面；④隐藏和显示零部件；⑤生成、编辑和播放走查；⑥生成带有评论的快照；⑦选择性地打开零部件。

提示	大型设计审阅是一种快速查看的模式,除非用户使用了【编辑装配体】模式。

| 知识卡片 | 大型设计审阅 | 在大型设计审阅中，显示的是零件最后一次保存时配置的图形。除了装配体结构外，FeatureManager 设计树中不会存在更多的细节特征。如果零件使用了不同于最后一次保存时的配置，则可能会收到一条提示图形数据已过时的信息。 |
| | 操作方法 | • 在【打开】对话框的【模式】中选择【大型设计审阅】。
• CommandManager:在【大型设计审阅】选项卡上有多种与大型设计审阅相关的功能。 |

操作步骤

　　步骤1　打开装配体文件　单击【打开】📂，选择文件夹"Large Design Review"中的装配体"LDR"，但暂时不要打开。选择【模式】为【大型设计审阅】，如图4-38所示，单击【打开】。如果弹出提醒显示大型设计审阅中的可用信息，单击【确定】。

扫码看视频

　　步骤2　预览环境　打开后的装配体"LDR"如图4-39所示。简化的FeatureManager设计树中显示的零部件不会带有任何细节，包括原点、平面和特征。零部件的图标带有"眼睛"的角标，如图4-40所示。

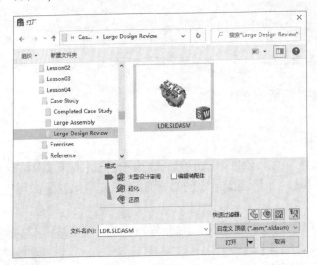

图4-38　打开装配体文件

图4-39　装配体"LDR"

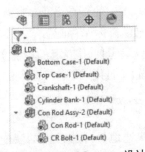

图4-40　FeatureManager设计树

> 提示👆　装配体模式只有两种，此时正在使用自动装配加载选项。

　　步骤3　查看CommandManager　CommandManager只有【大型设计审阅】一个选项卡，如图4-41所示。它可以用于在装配体中预览、转换和打开任务。

图4-41　查看CommandManager

步骤4　剖面视图　单击【剖面视图】🔲，更改为 YZ 平面，单击【确定】。通过剖面视图可以看到发动机的内部，如图 4-42 所示。

步骤5　拍快照　单击【拍快照】📷，命名为"Section"，单击【确定】。

提示 　由于配置和显示状态在大型设计审阅中不可用，因而需要使用拍快照功能。

步骤6　输入评论　切换到 DisplayManager 选项卡并展开"快照"文件夹。右键单击"Section"快照，选择【评论】。输入"这是发动机内部快照"，单击【确定】。

步骤7　查看 DisplayManager　在 DisplayManager 选项卡中展开"快照"文件夹，如图 4-43 所示，将光标移至快照处可以看到评论。

图 4-42　剖面视图　　　　　　　图 4-43　查看 DisplayManager

提示 　"首页"快照是无法更改的，它是用于返回到原始显示状态的。

步骤8　"首页"快照　双击"首页"显示快照。剖面视图状态被关闭，图像窗口会显示整个装配体。

步骤9　测量　单击【测量】📐，弹出信息框，提示大型设计审阅中所报告的测量是近似值。为了确保测量精确，必须将零部件还原。单击【确定】。

单击选项【中心到中心】和【显示 XYZ 测量】。选择测量"Camshaft"的圆柱面与"Head"之间的距离，如图 4-44 所示。

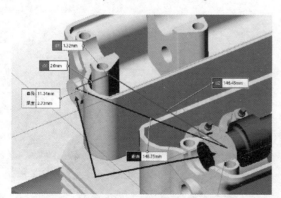

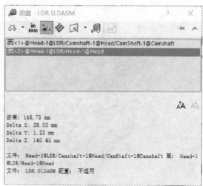

图 4-44　测量

1.【编辑装配体】模式　当在大型设计审阅中使用【编辑装配体】模式时，可以看到更多的几何体和配合，并可以执行一些编辑功能。用户可以拖动零部件、插入新零部件、添加配合、创建和编辑线性/圆周零部件阵列、压缩顶层零部件和删除顶层零部件。

> 提示　为了能够完全访问并编辑装配体，必须将零部件还原。

> 知识卡片　编辑装配体
> • 菜单：在【打开】对话框中勾选【编辑装配体】复选框。
> • 快捷菜单：右键单击顶层零部件，并单击【编辑装配体】。

　　步骤 10　编辑装配体　右键单击顶层零部件"LDR"，并单击【编辑装配体】。
　　步骤 11　拖动零部件　拖动"Top Case"并旋转至图 4-45 所示的位置。该零部件缺少一个配合关系。
　　步骤 12　配合现有的零部件　在零部件"Top Case"和"Bottom Case"对应的平面之间添加重合配合，如图 4-46 所示。单击【确定】。

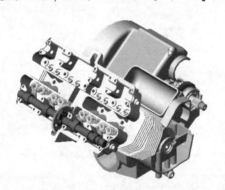 

图 4-45　拖动零部件　　　　　图 4-46　配合现有的零部件

　　步骤 13　插入零部件　单击【插入零部件】，选择装配体"Camshaft"，单击【打开】。将装配体放置在如图 4-47 所示的位置。

> 提示　零件和装配体都可以被插入到顶层装配体中。

　　步骤 14　配合新零部件　在零部件"Head"和"Camshaft"之间添加同心和重合配合，如图 4-48 所示。转动零部件。

 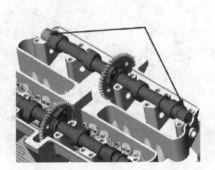

图 4-47　插入零部件　　　　　图 4-48　配合新零部件

步骤15 删除零部件 在 FeatureManager 设计树中选中子装配体 "Sump"，并按下键盘上的〈Delete〉键。单击【是】，删除零部件和配合。

> 提示 只有顶层的零件和装配体可以被删除。

步骤16 以另一种模式打开 用户可以从大型设计审阅中以其他模式打开零部件。右键单击 FeatureManager 设计树中的 "Camshaft"，然后单击【打开】/【还原】，结果如图4-49所示。

图 4-49 以另一种模式打开

> 提示 如果使用手动部件加载选项，则【还原】和【轻化】都可用。

步骤17 保存 保存并重建装配体。文件将继续保持在大型设计审阅模式中。

2. 选择性打开 在大型设计审阅模式下使用【选择性打开】工具，可以指定在转换为还原或轻化模式时加载哪些零部件。未选中的零部件仍然是隐藏状态，并且也不会被加载到内存中。在本例中，将会把装配体的一部分转换为轻化模式。使用手动选项时仍可使用轻化。

> 知识卡片 选择性打开 · CommandManager：【大型设计审阅】/【选择性打开】或【选择性打开】。

步骤18 选择性打开 单击【选择性打开】。在对话框中选择【所选零部件】，如图4-50所示。

步骤19 选择零部件 选中图4-51所示的零部件（从左下方到右上方进行框选），并单击【打开选定项】。

步骤20 提示信息 在有关未加载隐藏零部件的提示信息中，单击【确定】。选择性打开后的装配体如图4-52所示。

- 装配体不再在大型设计审阅模式中。
- 隐藏的零部件没有被加载。
- CommandManager 恢复到了默认装配体的设置。
- 所选的零部件是可见的，并且是被轻化打开的。

图 4-50 选择性打开

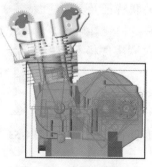

图 4-51 选择零部件

图 4-52 装配体 "LDR"（选择性打开）

步骤21 保存并关闭所有文件

89

3. 各种模式和方法的对比 在本章中，讨论了几种不同的加载模式和方法。每种方法都是在特定的环境下最适合使用的。

1）装配体加载：对于装配体加载，自动选项方法是最好的，不仅优化了加载模式，并且非常容易使用。

2）装配体模式：如果采用手动装配体加载选项，【轻化】模式是大型装配体的最佳选择。对于打开超大型装配体或仅查看装配体，优先选择【大型设计审阅】模式。

3）基于配置的：对于基于配置的方法，虽然这些简化的方法需要很多的准备工作，但其却是最佳的选择。

各种模式和方法的对比见表4-5。

表4-5　各种模式和方法的对比

项目	装配体加载			基于配置的	
	装配体模式			SpeedPak	轻化
	还原	轻化	大型设计审阅		
打开速度	最慢	快	最快	快	快
可编辑	完全	限制	限制	限制	全部
难易度	简单	简单	简单	需要准备工作	需要准备工作
整体评价	适合编辑	适合快速打开	适合查看	适合子装配体	适合全部

4.11　创建快速装配体的技巧

无论装配体多大，总有一些最佳操作方法可以使用户建立高效和快速的装配体。所谓快速，是指文件的打开速度和编辑速度，这两方面的因素都会影响用户在 SOLIDWORKS 工作时所花费的总时间。

1）在本地工作。通过网络打开或保存文件肯定要慢于在本地操作。把文件复制到本地，修改之后再复制回网络，这样肯定会提高效率。

2）修复错误和警告。保持装配体中没有零部件及配合的错误和警告。错误和警告会减慢装配体的打开速度。

3）使用大型装配体模式和轻化模式。一起或单独使用这些选项，可以缩短打开、重建和关闭的时间。

4）使用大型设计审阅。大型设计审阅是一种十分高效的方法，因为它只加载显示数据。

5）使用 SpeedPak。创建 SpeedPak 配置只加载在顶层装配体层级维护参考所需的信息。这对于外购的零部件特别有用。

6）限制关联特征的使用。当装配体发生改变时，关联特征及其子特征必须重建。它们比自底向上的零部件需要更多的资源。

7）使用【暂停自动重建模型】。开启这个选项后，关联零件将不会自动更新。用户可以一次更新多个更改。

8）子装配体细分。在装配体中，应该使用子装配体代替多个零件，如图4-53所示。其具有以下几个优势：

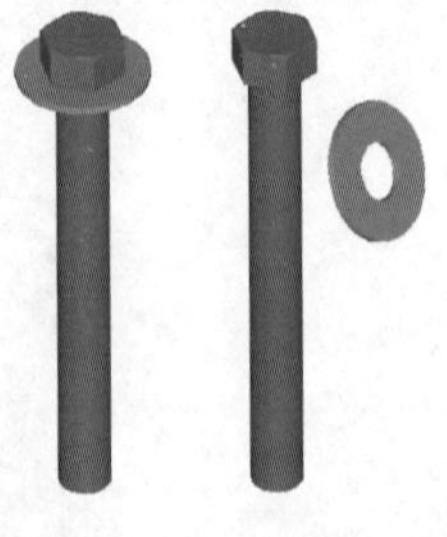

①适合多用户设计环境。设计团队的成员可在同一时间操作不同的子装配体。

②子装配体便于编辑。用户可以在独立的窗口中打开子装配体，子装配体与主装配体相比更小、更简单。

图4-53　子装配体细分

③简化顶层装配体的配合关系。把多数的配合放置在子装配体中可以加快顶层装配体的计算速度。

④子装配体便于重复使用。由零件组成的子装配体更易用于其他装配体。

⑤柔性子装配体需要更多的求解和使用更多的资源，需要限制它们的使用。

9）使用零部件阵列。在零件和装配体环境下使用阵列能够节省编辑时间，如图 4-54 所示。

图 4-54　使用零部件阵列

10）使用配置。在装配体和子装配体中使用配置，可以创建产品的不同版本。不同的版本之间，可能零部件的数量不同，也可能零部件的显示状态不同。也可以允许某个零部件使用不同的配置。装配体可以包含零部件简化的配置，选择某个配置将选择该配置中包含的所有零件的配置，如图4-55所示。

11）显示状态。当仅是零部件的外观发生改变时，可以使用显示状态代替配置。

12）封套发布程序。使用封套发布程序打开子装配体以及顶层装配体中的某些零部件以进行编辑。其类似于显示状态，但仅加载所需的零部件。

13）轻化零部件。轻化零部件会提高装配体的性能。这是因为轻化的零部件只有一部分模型数据被装入内存，其他的模型数据将在需要的时候装入。需要说明的一点是，装配体越大，轻化零部件对性能提升的效果越明显。

14）保存文件为最新版本。确保在 SOLIDWORKS 的最新版本中保存所有零件。打开和重建软件早期版本的保存文件时较慢。

> 提示　为了自动将文件更新到最新安装版本，请考虑使用 Task Manager 工具。

知识卡片	外观和视图	用户可以关闭或更改许多图形外观和符号。缩放、滚动和其他视图操作应该受到限制。

15）隐藏类型。使用【观阅】/【隐藏所有类型】可隐藏基准面、基准轴和原点等。

16）外观增强。增加阴影图像真实感的选项，包括 RealView 图形、上色模式中的阴影、环境封闭、透视和卡通，这些功能可以在需要时关闭。

17）DisplayManager。DisplayManager 可以用来控制显示模式、透明度和外观。

18）外观、布景和贴图。应避免使用外观、布景和贴图这些附加项目，以提高速度。

19）压缩不必要的细节。如果零部件的细节特征在装配体中并不重要，用户可以创建一个配置并压缩这些细节特征，以代表零部件的简化状态，如图 4-56 所示。放样、扫描、螺旋和拉伸的草图文本，通常会使模型变得复杂。

图 4-55　使用配置

图 4-56　压缩不必要的细节

通过比较得知，一个含有完整螺纹的螺栓文件比没有完整螺纹的文件大 100 倍，一个含有旋转螺纹的文件比含有非旋转螺纹的文件大 30 倍，如图 4-57 所示。

圆角和倒角都是一种很容易识别的特征，通常设为压缩状态，如图 4-58 所示。

图 4-57　文件比较

图 4-58　压缩圆角和倒角

20）命名视图。使用【新视图】来创建命名视图，以便在工作时减少不必要的缩放和平移，如图 4-59 所示。

> **提示**　不要对配合和干涉检测所需的特征进行压缩。

以下选项会影响装配体的性能：

- 【文档属性】/【图像品质】。模型的图像品质越低，性能越高。
- 【系统选项】/【性能】/【细节层次】。拖动滑块至"关"，或者从"更多（较慢）"拖至"更少（较快）"来指定装配体、多实体零件以及工程图中的动态视图操作过程（缩放、平移及旋转）的细节层次。
- 【系统选项】/【颜色】/【背景外观】。使用素色、静态、视区背景。
- 【系统选项】/【显示】/【关联编辑中的装配体透明度】。设置为【不透明装配体】。

图 4-59　命名视图

- 【系统选项】/【颜色】/【当在装配体中编辑零件时使用指定的颜色】。勾选该复选框。
- 【系统选项】/【颜色】/【颜色方案设置】。为【装配体，编辑零件】和【装配体，非编辑零件】设置两种截然不同的颜色。
- 【系统选项】/【显示】/【图形视区中动态高亮显示】和【FeatureManager】/【动态高亮显示】。取消选中以限制高亮显示。
- 【系统选项】/【性能】/【重建模型检查】。打开此选项时，在创建和编辑特征的过程中，软件会执行更多的错误检查。当需要提高性能时请关闭此选项。
- 【系统选项】/【性能】/【透明度】/【正常视图模式高品质】和【动态视图模式高品质】。两个复选框都取消勾选。
- 【系统选项】/【外部参考】/【仅加载内存中的文档】。勾选该复选框。
- 【系统选项】/【FeatureManager】/【启用隐藏零部件的预览】。取消勾选该复选框。
- 【系统选项】/【视图】/【过渡】/【视图过渡】和【隐藏/显示零部件】。将两项都设置为"关"，以限制过渡的图像显示。

4.12　配合方面的考虑

所有的装配体中都需要配合关系来限制零部件的运动。下面说明在创建配合时应该考虑的事项。

1. 最小化顶层配合关系　避免顶层的装配体中有太多的配合，可查看"子装配体细分"。

2. 避免多余的配合　可以添加配合到没有被定义的零部件中，应避免多余的配合（而不是冲突），以减少计算。如图 4-60 所示，示例中有两个垂直的配合是多余的。

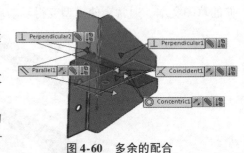

图 4-60　多余的配合

3. 考虑压缩的零部件　应避免选择有可能在其他配置中压缩的几何体，使用零件的简化配置创建配合关系。

> 技巧　同心配合提供了一个【锁定旋转】选项，可以用来防止零部件旋转。

例如，选择图 4-61 所示的高亮圆柱面创建配合。在简化配置时该特征被压缩，这将导致装配体配合错误，如图 4-62 所示。

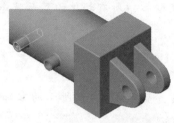

图 4-61　配合几何体的选择

图 4-62　简化配置与配合错误

4. 避免配合到装配体几何体　避免配合到阵列实例和装配体特征。在配合之后进行解析将需要更多的资源。

5. 防止 Toolbox 紧固件旋转　使用【锁定旋转】可以避免多余的 Toolbox 螺钉、垫圈、螺母和其他扣件的问题。

6. 方程式　限制方程式的使用，因为它们会增加求解的时间。

4.13　绘制工程图方面的考虑

大型装配体的工程图处理更具挑战性。在工程图中，打开和装入装配体的零部件有着同样的问题。最佳的解决方案是使用【轻化工程图】，该功能无须将隐藏的模型装入内存，这就意味着节省了装入的时间。另外，某些操作，如手动标注尺寸和添加注解等也可在不装入模型的情况下进行，如图 4-63 所示。

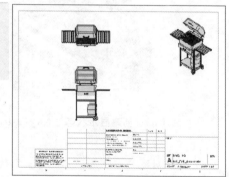

图 4-63　轻化工程图

关于轻化工程图更详细的内容，请参阅《SOLIDWORKS®工程图教程(2023 版)》。

练习 4-1　大型装配体模式和大型设计审阅

本练习的任务是为图 4-64 所示的装配体创建一些显示状态和 Speed-Pak 配置，以及使用大型装配体模式和大型设计审阅打开装配体。

本练习将应用以下技术：

- 轻化零部件。
- 大型装配体模式。
- 使用 SpeedPak。
- 大型设计审阅。

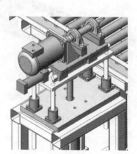

图 4-64　装配体

操作步骤

步骤 1　打开装配体　打开"Lesson04 \ Exercises \ Large_Assembly"文件夹下的"Large"装配体。

步骤 2　添加显示状态　创建以下显示状态，使用【选取 Toolbox】、【直接选择】、【孤立】、【逆转选择】、【显示隐藏零部件】和其他选择技术来隐藏和显示零部件。

1）创建显示状态"No_Fastener"。创建一个隐藏装配体中所有扣件的显示状态，如图 4-65 所示。

> **技巧** 除"Display State-1"以外，所有显示状态都将隐藏扣件。

2）创建显示状态"Center"。创建一个显示状态，显示图 4-66 所示的零部件。

> **提示** 紧固件部件将隐藏在所有新的显示状态中。

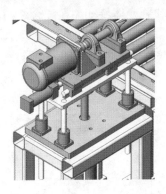

图 4-65　创建显示状态"No_Fastener"　　　图 4-66　创建显示状态"Center"

3）创建显示状态"Press"。创建一个显示状态，只显示图 4-67 所示的零部件。

4）创建显示状态"Upper"。创建一个显示状态，显示图 4-68 所示的零部件。

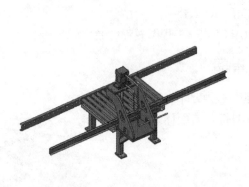
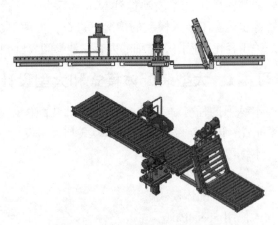

图 4-67　创建显示状态"Press"　　　图 4-68　创建显示状态"Upper"

5）创建显示状态"Lower"。创建一个显示状态，显示图 4-69 所示的零部件。

步骤 3　测试显示状态　测试所有的显示状态，激活"Display State-1"。

步骤 4　为"conveyor"添加 SpeedPak　为"conveyor"的所有实例创建"图形 SpeedPak"配置，如图 4-70 所示。

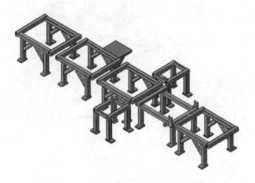

图 4-69　创建显示状态"Lower"

图 4-70　添加 SpeedPak

步骤 5　保存并关闭所有文件

步骤 6　设置自动加载模式　单击【工具】/【选项】/【系统选项】/【性能】/【装配体加载】/【自动化已解析模式，隐藏轻化模式】。

步骤 7　打开装配体　打开零部件"Large with Resolved""Use Large assembly Settings"和显示状态"No_Fastener"。

步骤 8　SpeedPak　选中所有的"conveyor"零部件，并将它们的配置从"Default_speedpak"改回到"Default"。

步骤 9　保存并关闭所有文件

步骤 10　以大型设计审阅模式打开　用【大型设计审阅】模式打开"Large_Assembly"文件夹中的装配体"Large"。

使用最后保存的配置和显示状态。

步骤 11　使用工具　使用【剖面视图】和【测量】工具测量两个面之间的距离，如图 4-71 所示。

步骤 12　保存并关闭所有文件

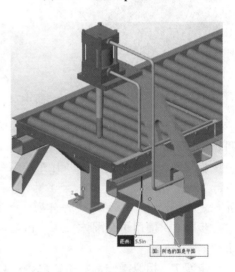

图 4-71　测量

练习 4-2　简化配置

本练习的任务是创建零件、子装配体和主装配体的简化配置。此外，创建新的子装配体并修改主装配体的结构。

本练习将应用以下技术：

- 简化配置。

单位：in。

操作步骤

步骤1 打开已有的装配体 打开"Lesson04\Exercises\Simplified Configurations"文件夹下的"Compound_Vise"装配体(见图 4-72)。

步骤2 创建子装配体 使用零部件"Compound_Vise"创建 3 个子装配体：
- 子装配体"Base"（见图 4-73）。
- 子装配体"Center"（见图 4-74）。
- 子装配体"Vise"（见图 4-75）。

提示 在创建子装配体时可以进行隐藏操作，以使选择更加容易。

图 4-72 "Compound_Vise"
装配体

步骤3 固定子装配体"Base" 固定"Compound_Vise"中的子装配体"Base"。

图 4-73 子装配体"Base"

图 4-74 子装配体"Center"

图 4-75 子装配体"Vise"

步骤4 修改子装配体 打开子装配体"Vise"，固定"upper compound member"。使用【阵列驱动零部件阵列】添加另一个"cap screw"实例，如图 4-76 所示。

步骤5 新建子装配体 打开子装配体"Base"，利用零部件"lower plate < 1 >"和"cap screw < 1 >"创建另一个名为"base swing plate"的子装配体。固定"lower plate"，并创建"cap screw"的零部件阵列，如图 4-77 所示。

步骤6 使用子装配体 在"Base"的两侧使用子装配体"base swing plate"删除多余的零件。

步骤7 相似操作 对子装配体"Center"进行与上步相似的操作，在两侧分别添加子装配体"center swing plate"，如图 4-78 所示。

图 4-76 修改子装配体

图 4-77 新建子装配体

center
swing
plate

图 4-78 使用子装配体

步骤8　拖放零部件　拖放4个零部件"locking handle"，使它们从子装配体移动到上层的装配体，如图4-79所示。

步骤9　创建简化配置　为每个零部件创建派生的"Simplify_1"配置，并压缩其特征。简化配置见表4-6。

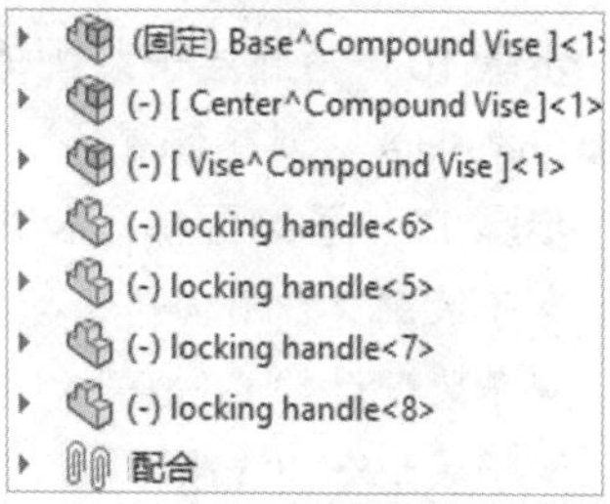

▶ 🔩 (固定) Base^Compound Vise]<1>	
▶ 🔩 (-) [Center^Compound Vise]<1>	
▶ 🔩 (-) [Vise^Compound Vise]<1>	
▶ 🔩 (-) locking handle<6>	
▶ 🔩 (-) locking handle<5>	
▶ 🔩 (-) locking handle<7>	
▶ 🔩 (-) locking handle<8>	
▶ 📎 配合	

图4-79　拖放零部件

97

表4-6　简化配置

零部件	图 形	零部件	图 形
cap screw		lower plate	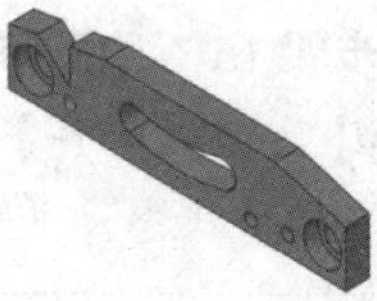
Saddle	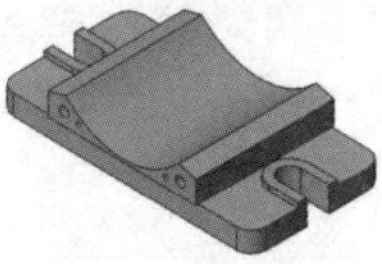	upper plate	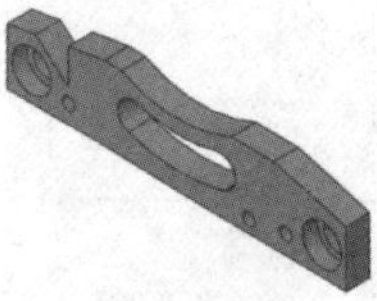
compound center member	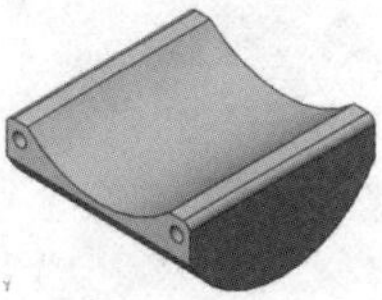	tool holder	
locking handle		upper compound member	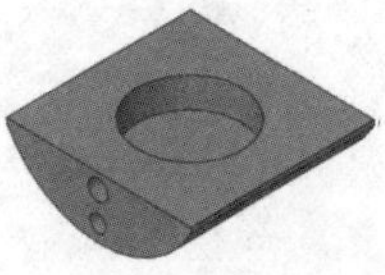

提示 【简化】命令可以为零件和装配体层级上的简化流程提供便利。在装配体层级使用它将会自动完成以下多个步骤。

为下列子装配体创建简化配置。创建一个派生的装配体配置，命名为"Simplify_1"，并使用所有简化的零部件配置。

步骤 10　为底层子装配体创建配置　为底层的子装配体"base swing plate"和"center swing plate"创建配置。

步骤 11　子装配体　使用上面完成的工作处理下列子装配体。

- 子装配体"Base"。
- 子装配体"Center"。
- 子装配体"Vise"。

步骤 12　为顶层装配体创建简化配置　使用零部件及子装配体的配置，在顶层装配体中创建名为"Simplify_1"的简化配置。

步骤 13　保存并关闭文件　保存并关闭装配体"Simplify_1"的简化配置。

步骤 14　打开简化配置　利用【打开】对话框中的【配置】列表可打开装配体的"Simplify_1"配置。

步骤 15　隐藏和显示零部件　使用【隐藏】和【显示零部件】分别创建图 4-80 所示的两个新显示状态，并将它们链接到配置"Simplify_1"。

步骤 16　保存并关闭所有文件

a) Base&Center　　　b) Center&Vise

图 4-80　创建新显示状态

第5章 多 实 体

学习目标
- 使用不同的技术创建多实体
- 镜像/阵列实体
- 使用特征范围选项
- 使用插入零件命令
- 使用添加、删减和共同方式等组合多个实体
- 使用求交命令

5.1 概述

当有多个连续的实体在一个单独的零件文件中出现时，就产生了"多实体"零件。多实体零件有两个主要用途：一个多实体零件可以作为单个实体设计的中间形成步骤或者可以用一个多实体零件替代一个装配体。

本章将介绍一些多实体设计技术，这些技术可以生成单实体零件，在下一章中，将介绍一些在同一产品零件中处理多个部分的方法。

5.2 隐藏/显示设计树项目

如果不使用 FeatureManager 设计树顶部的某些项目，它将会被自动隐藏。对于本章来说，一直显示实体文件夹是很有必要的。用户可以按照以下步骤来显示该文件夹。

知识卡片	隐藏/显示设计树项目	<ul><li>单击【选项】✿/【系统选项】/【FeatureManager】。</li><li>在【隐藏/显示树项目】下,设置【实体】文件夹的显示。</li></ul>

5.3 多实体设计技术

有多种使用多实体的建模技术和特征，其中最常用的多实体技术是"桥接"，在《SOLIDWORKS®零件与装配体教程（2022 版）》中已有介绍，如图 5-1 所示。这种技术可以让用户专注于与用户设计最相关的特征，即使它们隔开一定的距离。然后通过"桥接"将几何体连接在一起形成一个单个实体。

本章将介绍几种多实体的创建技术，见表 5-1。

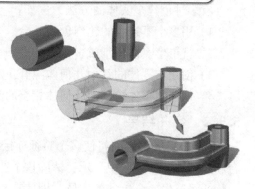

图 5-1 合并过程

表 5-1　多实体类型

类　　型	图　　示
桥接	
局部操作	
布尔操作	
工具实体	
阵列	

5.3.1　创建多实体的方法

有多种创建多实体的方法，例如：

1）用多个不连续的轮廓创建凸台。

2）将单个实体分割成多个。

3）创建与零件的其他几何体隔开一定距离的凸台特征。

4）创建与零件的其他几何体相交的凸台特征，并清空【合并结果】选项。

5.3.2　合并结果

【合并结果】选项将使多个特征连接在一起以形成一个单一的实体。该选项的复选框会在凸台和阵列特征的界面中显示，清除这个选项将阻止特征与现有的几何体合并。清除该选项后创建的特征将产生一个单独的实体，即使它与现有的特征相交。

 提示　当零件只有一个特征时，【合并结果】选项将不会显示。

5.4　实例：多实体技术

本实例会使用几种多实体技术创建一个零件，如图 5-2 所示。实现模型中所需几何体的方法往往不止一种。以下这些技术仅是一种解决方案，以帮助用户查看多实体零件的环境。本实例也将复习所选轮廓的概念，此概念在《SOLIDWORKS® 零件与装配体教程（2022 版）》中已有介绍。

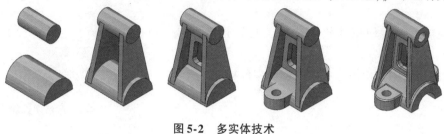

图 5-2　多实体技术

操作步骤

　　步骤 1　打开零件　从 "Lesson05 \ Case Study" 中打开已有的零件 "Multibody Design"，如图 5-3 所示。这个零件包含两个草图和多个轮廓。使用【所选轮廓】技巧创建多个特征和实体。

扫码看 3D

扫码看视频

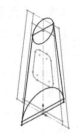

图 5-3　打开零件

● **轮廓选择**　当草图包含不止一个轮廓时，在一个预期的草图特征中会有多种选择轮廓的方法，见表 5-2。轮廓选择可以用来选择任何一个轮廓（这是草图实体的封闭选择）或区域（这是由草图实体框住的区域），也可以将轮廓和区域进行结合来实现想要的结果。

表 5-2　轮廓选择

选择类型	说　　明	图　　示	
		选择	结果
轮廓	选择一个属于草图实体的轮廓，会形成一个封闭的区域，以使用此区域实现特征		
区域	选择一个被环绕的区域以形成几何特征		

在一个草图中有以下几种方法可以选择特定的轮廓和区域。

1）在特征的 PropertyManager 中，使用【所选轮廓】组合框，如图 5-4 所示。

2）在激活特征之前，选择一个与轮廓相关联的草图实体。

3）从快捷菜单中使用【轮廓选择工具】预选区域、轮廓或组合。

在下面的步骤中将使用这些技术创建零件特征。

图 5-4　激活所选轮廓

步骤 2　选择草图特征　在 FeatureManager 设计树中选择 "Right Contours" 草图，以显示第一个特征需要使用的草图。

步骤 3　激活特征　单击【拉伸凸台/基体】 。

步骤 4　选择轮廓　由于轮廓相交，使用整个草图的默认设置是无效的，因此必须在草图中进行选择以确定拉伸区域。清除【所选轮廓】选择框中所有的草图名，选择半圆轮廓，如图 5-5 所示。

图 5-5　选择轮廓

步骤 5　拉伸轮廓　使用以下条件设置拉伸凸台，如图 5-6 所示。

终止条件：两侧对称。距离：76mm。单击【确定】。

> **提示**　为了显示清晰，"Front Contours" 草图一直在插图中隐藏。

步骤 6　预选轮廓　单击一个圆轮廓，如图 5-7 所示。

步骤 7　创建特征　单击【拉伸凸台/基体】。

终止条件：两侧对称。距离：57mm。单击【确定】。

步骤 8　查看结果　现在在此零件中有两个单独的实体，如图 5-8 所示。

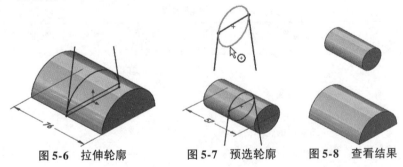

图 5-6　拉伸轮廓　　　　图 5-7　预选轮廓　　　　图 5-8　查看结果

5.5　实体文件夹

知识卡片	"实体"文件夹	"实体"文件夹组织着零件中的实体，用户可以选择、隐藏或显示模型内的实体。默认情况下，此文件夹只有当模型拥有一个以上的实体时才可见，不过这可以通过在系统选项中调整 FeatureManager 设计树选项来修改其显示条件。"实体"文件夹旁边显示的数字表示在模型中实体的数量。该文件夹可展开以便访问每个实体，这些实体用一个立方体图标表示。每个实体的默认名称反映了最后应用到该实体的特征。
	操作方法	• 在 FeatureManager 设计树中，展开"实体"文件夹。

步骤 9 展开 "实体" 文件夹 第二个拉伸凸台特征产生了零件的另一个实体，在 FeatureManager 设计树中展开 "实体(2)" 文件夹，可查看其中包含的特征，如图 5-9 所示。

> **提示** 如果零件只包含一个实体，那么 "实体" 文件夹中就只包含一个特征。

▾ 📦 实体(2)
　🔲 凸台-拉伸1
　🔲 凸台-拉伸2

图 5-9 "实体(2)" 文件夹

步骤 10 创建第三个实体 利用图 5-10 所示的 "Front Contours" 草图轮廓创建【拉伸凸台/基体】🔲。拉伸该草图，拉伸方向 1、方向 2，终止条件为【完全贯穿】，并取消勾选【合并结果】复选框，效果如图 5-11 所示。

将该特征保留为一个单独的实体，使其能够独立于零件的其他实体以便于修改。

> **提示** 为了显示清晰，有一些草图在插图中保持隐藏。

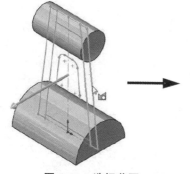 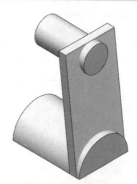

图 5-10 选择草图　　　　　　图 5-11 创建多实体

> **技巧** 通常实体的边线都会为了便于查看而显示为黑色，注意第三个实体与前两个圆柱实体的相交部分并没有显示黑色边线，这表示实体之间没有合并。

步骤 11 创建拉伸切除特征 如图 5-12 所示，使用 "Right Contours" 草图创建【拉伸切除】🔲，单击【反向】↗，并设置终止条件为【完全贯穿】，勾选【反侧切除】复选框。

步骤 12 预览细节 单击【细节预览】👁图标，查看预览结果，特征切除了第三个实体，但同时也影响了两个圆柱实体部分，如图 5-13 所示。需要修改这个特征选项以得到期望的结果。

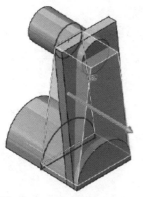 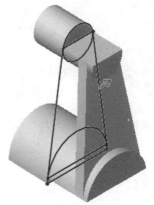

图 5-12 创建拉伸切除特征　　　　　　图 5-13 预览细节

步骤 13 关闭【细节预览】 再次单击【细节预览】👁图标，关闭【细节预览】。

5.6 局部操作

　　在模型中创建独立的实体，可以实现对一个实体单独的修改而不影响零件中的其他实体，这种技术即为"局部操作"技术。为了限制特征对实体的影响范围，可以使用【特征范围】来进行操作。

5.7 特征范围

　　在【特征范围】选项中，可以设置当前操作将影响到哪些实体特征，在多实体零件中创建拉伸或切除特征时，会在 PropertyManager 中看到【特征范围】选项。

知识卡片	特征范围	• 【自动选择】是默认选项,将自动影响在图形显示区内显示的零件中的所有实体。 • 选择【所有实体】选项，可以让创建的特征影响零件中的所有实体，包括隐藏的实体。本例将使用【所选实体】来手动选择那些被特征影响的实体。
	操作方法	• 在特征 PropertyManager 中，选择【特征范围】组框。

　　步骤14　设置特征范围　展开【特征范围】组框，取消勾选【自动选择】复选框，如图 5-14 所示。

　　步骤15　选择实体　选择步骤 10 创建的实体"凸台-拉伸3"，单击【确定】✔，如图 5-15 所示。

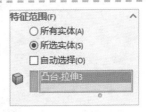

图 5-14　设置特征范围

　　步骤16　查看结果　切除后的结果只影响了第三个实体，如图 5-16 所示。注意，切除特征并没有合并 3 个实体。

　　步骤17　孤立实体　在"实体"文件夹或图形区域中右键单击实体"切除-拉伸1"，选择【孤立】。实体可以被隐藏、显示、孤立，例如在装配体中也可以用显示状态控制零部件，如图 5-17 所示。下面先镜像该实体，再将多个实体合并成一个实体。

　　步骤18　退出孤立　如图 5-18 所示，选择【退出孤立】，还原隐藏的实体。

图 5-15　选择实体　　　　图 5-16　查看结果　　　图 5-17　孤立实体　　　图 5-18　退出孤立

5.8 镜像/阵列实体

　　每种类型的阵列特征都可以被用来创建实体模型的实例，其中【要镜像的实体】用于选择哪个或哪些实体要被镜像。

知识卡片	镜像实体	在镜像特征的 PropertyManager 中,选择【要镜像的实体】组框。

步骤19　镜像实体　使用右基准面作为参考平面插入【镜像】特征。在【要镜像的实体】选项中选择实体"切除-拉伸1",并取消勾选【合并实体】复选框,如图5-19所示。

提示　在这次镜像中,【合并实体】选项没有实际意义,因为合并实体运算只能在要镜像的实体和镜像结果实体两者相接触的情况下才能成功。在图5-19中镜像实体和结果实体没有相互接触。

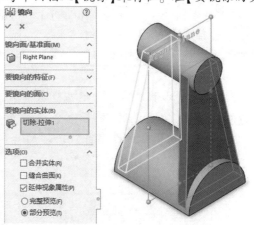

图 5-19　镜像实体

步骤20　创建桥接　使用"Front Contours"作为草图,创建【拉伸凸台/基体】,如图5-20所示。拉伸该草图,拉伸方向1的终止条件为【两侧对称】,深度为"8mm",并勾选【合并结果】复选框。

实体"凸台-拉伸4"与跟它相接触的实体合并成了一个实体(见图5-21),现在"实体(1)"文件夹中的特征变成了一个,名称为"凸台-拉伸4",如图5-22所示。

图 5-20　选择草图

图 5-21　创建实体

图 5-22　"实体(1)"文件夹

5.9　工具实体建模技术

工具实体建模技术是利用专门的"工具"零件来添加或删除模型的一部分。这种技术可以通过保存"工具"零件到库,把它们作为实体插入到正在设计的模型来标准化或自动化创建共同特征。

下面将在本例的模型中添加两个固定凸片。之前已经将固定凸片的特征保存成了一个单独的零件,接下来将使用【插入零件】命令将其插入到这个模型中去。

5.9.1　插入零件

利用【插入零件】命令,用户可以将一个已有的零件作为一个或多个实体插入到当前激活的零件中。定位插入的零件主要有以下两种方法：

1）单击图形区域确定插入的零件位置。

2）单击 PropertyManager 中的【确定】按钮使其在当前零件的原点处插入零件。

用户可以通过【找出零件】选项来打开另一个对话框，使用配合或特定的移动来定位插入的零件。

知识卡片	插入零件	• 菜单：【插入】/【零件】🏠。 • 文件探索器或 Windows 资源管理器：拖动一个零件文件到打开的零件文档，单击【是】创建一个派生的零件。

> **提示** 对于工具栏上不易查找的命令，可以使用命令搜索来定位或启动命令，甚至可以通过拖放将命令从搜索结果中添加到工具栏。用户可以从 SOLIDWORKS 应用程序窗口顶部的标题栏或通过按〈S〉键启动的快捷工具栏访问命令搜索，如图 5-23 所示。

图 5-23　命令搜索

5.9.2　外部参考

当用户将一个零件插入到另一个零件中时，可以使用选项来创建一个外部参考。当引用的模型发生变化时，对于使用该零件作为外部引用的插入零件，其特征也会更新。用户也可以在插入零件时勾选【断开与原有零件的连接】复选框来避免外部参考的关系。

想要了解更多的关于外部参考的信息，可以参考本书第 1 章。

5.9.3　实体转移

如果使用断开连接选项，插入零件的所有信息将被复制到当前零件中。如果使用外部参考到原有零件，则可以设定下面的任何组合作为转移内容。

- 实体。
- 曲面实体。
- 基准轴。
- 基准面。
- 装饰螺纹线。
- 吸收的草图。
- 解除吸收的草图。
- 自定义属性。
- 坐标系。
- 模型尺寸。
- 孔向导数据。

步骤 21　插入零件　单击菜单【插入】/【零件】，从"Lesson05 \ Case Study"文件夹中选择零件"Mounting Lug",如图 5-24 所示。插入的零件仅是一个标准零件文件。注意不要单击【确定】。

步骤 22　实体转移　在【转移】选项组框中,勾选【实体】、【基准面】和【模型尺寸】复选框,如图 5-25 所示。基准面将用来定位插入的零件。取消勾选其他所有复选框。

图 5-24　插入零件

步骤 23　找出零件选项　勾选【以移动/复制特征定位零件】复选框,如图 5-25 所示。

步骤 24　插入零件　单击图形区域插入零件。

> **提示**　单击图形区域定义了零件的初始位置,当单击【确定】✔时把零件定位在原点。

> **提示**　如果出现有关派生零件单位的消息,请勾选【不再显示】复选框,然后单击【是】。

步骤 25　结果　零件"Mounting Lug"的实例插入当前零件中,【找出零件】选项卡显示如图 5-26 所示。

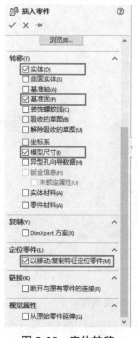

图 5-25　实体转移

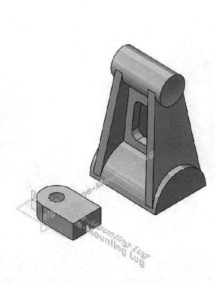

图 5-26　找出零件

5.9.4　找出零件和移动/复制实体

【移动/复制实体】对话框与【找出零件】对话框相似。【找出零件】命令在插入零件时使用,而【移动/复制实体】命令则用于重新定位模型中已经存在的实体。【移动/复制实体】对话框具有一个用来选择要移动的实体选项,同时还包括在使用【平移/旋转】选项时将选定的实体复制到新位置的选项。

用户可以通过【找出零件】和【移动/复制实体】命令在零件中定位实体的位置。通过以下两种方法移动实体:

1）配合：类似于在装配体中配合零部件的方法。

2）指定移动的距离，指定绕 X、Y、Z 轴的旋转角度或选择一个参考。

对话框底部的【平移/旋转】按钮可用来在平移/旋转和配合两种方法之间切换。用户可以在移动/复制特征里创建多个配合，但每个平移或旋转都需要单独创建。

知识卡片	移动/复制	• 菜单：【插入】/【特征】/【移动/复制】🗷。

提示🖐　可以在命令搜索中输入"移动"来查找此命令，如图 5-27 所示。

本例使用配合来定位实体的位置。

图 5-27　查找命令

步骤 26　选择面　在【配合设定】页面上，选择当前零件的右视基准面和插入实体"Mounting Lug"的前视基准面（Front Plane-Mounting Lug），如图 5-28 所示。

提示🖐　按键盘上的〈Q〉键，将在图形区域中显示参考平面，以方便选择它们。

步骤 27　配合实体　确认实体"Mounting Lug"的方向，如果有必要，选择【配合对齐】方式来改变对齐方向，如图 5-29 所示。

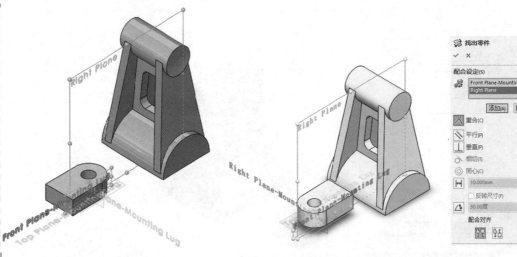

图 5-28　选择面　　　　　　　　　图 5-29　配合实体

单击【添加】，应用【重合】人配合。更多信息请参考《SOLIDWORKS®零件与装配体教程（2022 版）》。

步骤 28　其他附加配合　选择图 5-30 所示的面，单击【添加】创建一个【重合】人配合。

步骤 29　添加【距离】配合　再添加一个【距离】↦配合，选择当前零件的前视基准面和插入零件"Mounting Lug"的右视基准面（Right Plane-MountingLug），如图 5-31 所示。

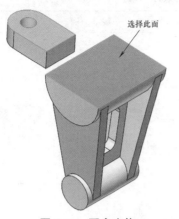

选择此面

图 5-30　配合实体

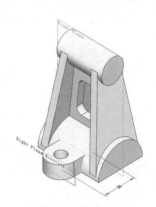

图 5-31　其他配合

设置【距离】为 38mm，并单击【确定】✔完成配合。这样就完成了"Mounting Lug"零件的定位。

步骤30　检查特征　"Mounting Lug"作为一个零件特征呈现在 FeatureManager 设计树中，如图 5-32 所示。符号"–>"表明该特征具有外部参考。这意味着该特征依赖于一个独立外部文件的某些信息，即本例中的"Mounting Lug"零件。

展开零件"Mounting Lug"的特征列表，零件转移和定位时采用的配合一起以子特征的方式在列表中列出。

步骤31　查看"实体"文件夹　展开"实体"文件夹，可以看到添加了一个新的实体，如图 5-33 所示。

步骤32　镜像实体　使用前视基准面作为参考平面插入【镜像】▶┃◀特征。【要镜像的实体】选择"<Mounting Lug>-<Cut-Extrude1>"实体，并取消勾选【合并实体】复选框，单击【确定】✔完成镜像，结果如图 5-34 所示。

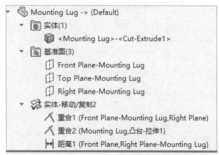

图 5-32　检查特征

图 5-33　查看"实体"文件夹

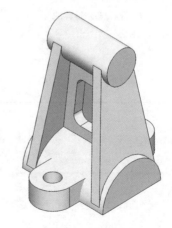

图 5-34　镜像实体

5.10　组合实体

通过【组合】实体特征，用户可以在零件中利用"添加""删减"或"共同"多个实体来创建单一实体。【组合】工具有以下 3 种选项，见表 5-3。

表 5-3　组合实体示例

组合方式	说　明	实　例
添加	【添加】选项通过【要组合的实体】列表合并多个实体，形成单一实体。在其他的 CAD 软件中，这种方式称为"合并"	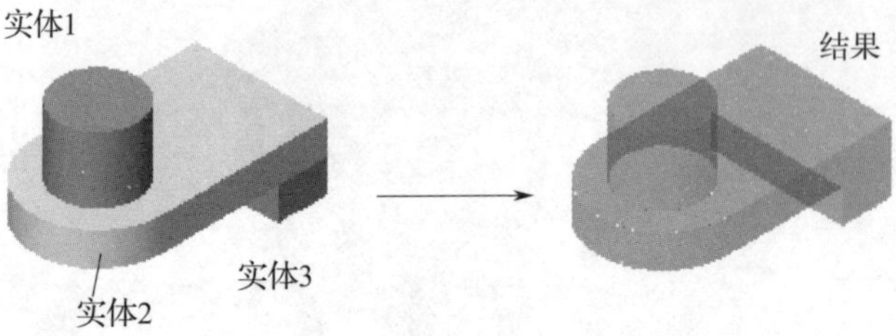 实体1　实体2　实体3　结果
删减	【删减】选项通过指定一个【主要实体】和若干个【减除的实体】，其他实体和主要实体重叠的部分将被删除，从而形成单一实体	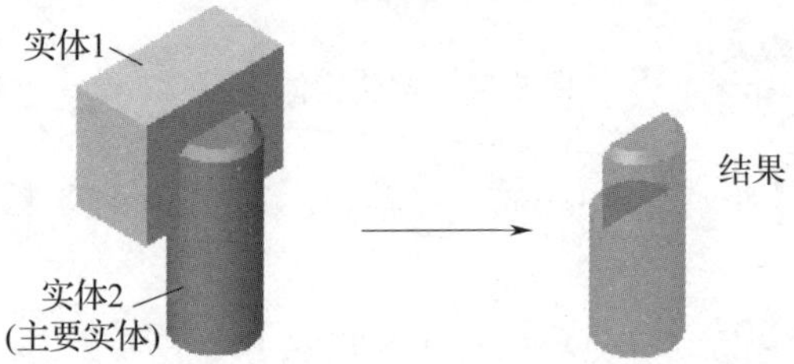 实体1　实体2（主要实体）　结果
共同——2 个实体求交	【共同】选项通过【组合的实体】列表，保留所有实体中的重叠部分，从而形成单一实体。在其他的 CAD 软件中，这种方式称为布尔运算的"求交"	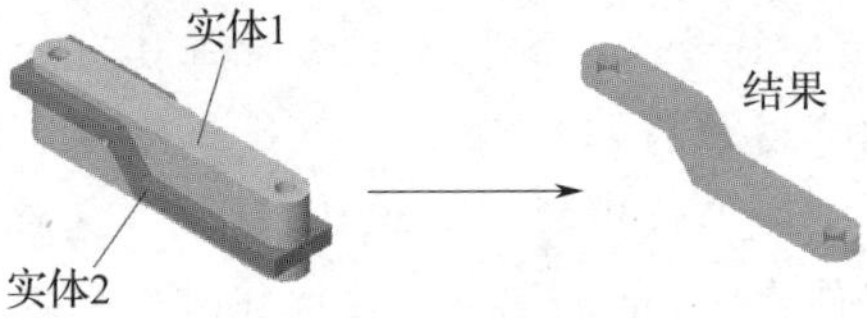 实体1　实体2　结果
共同——3 个实体求交		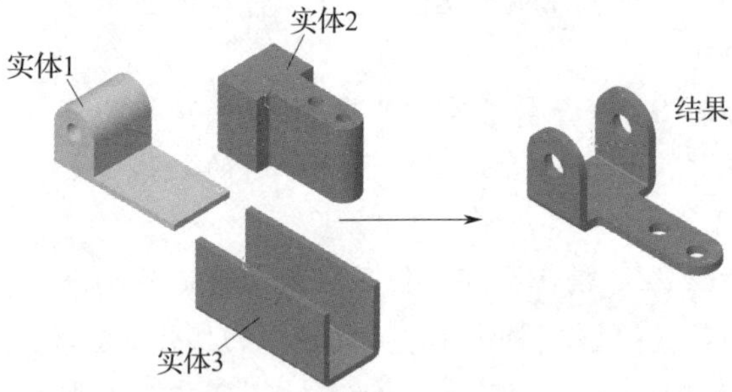 实体1　实体2　实体3　结果

知识卡片

组合	• 菜单：【插入】/【特征】/【组合】🔲。
	• 快捷菜单：选择多个实体，单击右键，选择【组合】。

技巧 🔑 选择实体的另一种方法是使用"实体过滤器" 🔲。

步骤 33　组合实体　在菜单中单击【插入】/【特征】/【组合】🔲。如图 5-35 所示，在 PropertyManager 中的【操作类型】选项框中选中【添加】选项。选择"实体"文件夹中的 3 个实体作为【要组合的实体】。单击【确定】✔完成组合。

步骤 34　添加特征　将前视基准面、右视基准面作为草图平面，创建两个拉伸切除特征。此外，创建半径为 1.5mm 的圆角特征，如图 5-36 所示。

图 5-35　组合实体

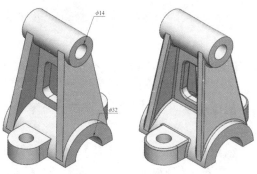

图 5-36　添加特征

步骤 35　保存并关闭零件

5.11　实例：保护网板

在 SOLIDWORKS 中，可以通过添加、删减、共同 3 种不同的操作方式将多个实体组合成单一实体。有时使用【共同】方式是最简单的一种方法。

本例将采用【共同】方式，使用一个零件中的实体创建一个潜水器的保护网板，如图 5-37 所示。首先创建一个旋转而成的代表面板的实体，再使其与一组线性阵列特征相交，最后组合实体并使用共同的方式来实现最终的结果。

图 5-37　潜水器

操作步骤

步骤 1　打开零件　从"Lesson05/Case Study"文件夹中打开"Protective Screen"零件。这个零件包含两个草图，分别表示旋转曲面轮廓和外部尺寸，如图 5-38 所示。

扫码看视频

步骤 2　创建旋转薄壁特征　使用草图创建【旋转凸台/基体】。创建旋转薄壁特征时会提示"当前草图是开环的，若是要完成一个非薄壁的旋转特征需要一个闭环的草图，请问是否要自动将此草图封闭。"单击【否】，创建一个薄壁特征。设置旋转类型为"两侧对称"，旋转角度为"90°"。设置薄壁类型为"单向"，方向为"草图外侧"，薄壁厚度为"1.00mm"，结果如图 5-39 所示。

步骤 3　创建拉伸特征　单击【拉伸凸台/基体】。草图拉伸使用【完全贯穿】终止条件，如图 5-40 所示。

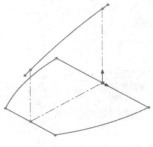

图 5-38　打开零件

图 5-39　创建旋转薄壁特征

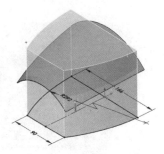

图 5-40　创建拉伸特征

111

⚠️ **注意** 　创建拉伸特征时取消勾选【合并结果】复选框。

接下来对实体进行抽壳，并使用筋创建网板。

步骤4　创建抽壳特征　创建一个壁厚为 3mm 的【抽壳】🗔特征，并将顶面移除，如图 5-41 所示。

步骤5　创建草图　使用移除的顶面作为草图平面，绘制一条用于创建加强筋的直线，如图 5-42 所示。

步骤6　创建筋特征　单击【筋】🪣，设置筋类型为【两侧】≡，厚度为"1.00mm"，拉伸方向为【垂直于草图】◇。【所选实体】选择抽壳实体作为生成筋特征的实体。单击【确定】✔，结果如图 5-43 所示。

步骤7　创建阵列筋特征　单击【线性阵列】🔛，创建一个阵列筋特征。设置【阵列方向】为加强筋草图尺寸中的尺寸"5mm"，【到参考】选择如图 5-44 所示的顶点。【间距】为"12.750mm"。在【特征范围】下，取消选择【自动选择】复选框，选择实体"筋1"，单击【确定】✔，如图 5-45 所示。

图 5-41　创建抽壳特征

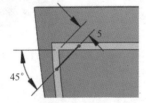

图 5-42　绘制用于创建加强筋的直线

图 5-43　创建筋特征

图 5-44　参考

图 5-45　阵列筋特征

112

> **提示** 　　筋特征在各个方向上会自动延伸至下一个，以使每个阵列实例在整个零件中延伸，如图 5-46 所示。

步骤 8　镜像特征（可选步骤）　希望在反方向上阵列筋特征。如果以右视面作为基准面来镜像该线性阵列特征，结果如图 5-47 所示。

这是由筋特征的计算方式所致，即在所有方向上延伸到下一个，这样已经存在的筋就限制了第二个阵列的延伸。有一种方法可以避免这种情况发生，即先从顶部偏移创建第一个筋阵列，然后在顶面创建第二个筋阵列，让它们在零件内延伸。另一种方法是利用多实体功能和镜像壳体。由于本例的实体形状是对称的，因此它本身非常适合这种技术。单击【取消】✖，删除特征阵列。

步骤 9　镜像实体　选择右视基准面并激活【镜像】特征。展开【要镜像的实体】选项组并选择实体"阵列（线性）1"，勾选【合并实体】复选框，单击【确定】✔。镜像完成后，模型中应该有两个实体，如图 5-48 所示。

图 5-46　创建阵列特征

步骤 10　组合实体　单击【组合】。设置【操作类型】为【共同】，【要组合的实体】选择薄壁和阵列实体。单击【确定】✔，结果如图 5-49 所示。

图 5-47　镜像特征

图 5-48　镜像实体

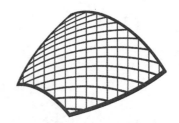

图 5-49　组合实体

步骤 11　保存并关闭零件

5.12　实体相交

另一种操作实体的工具是【相交】，与【组合】命令每次操作只能做相加或相减的计算不同，【相交】命令可以在一次简单的操作中同时做相加和相减计算。同样，【合并结果】选项可以使相交的实体合并在一起或不合并以在零件中产生额外的实体。这个工具在曲面建模技术中最常用，除了曲面外，该工具还可以应用在实体或平面相交上。

知识卡片	相交	【相交】工具允许选择实体、曲面或平面，计算出所选对象相交后可能形成的区域。用户也可以从结果中排除掉不想要的区域。该特征产生的结果区域也可以合并起来，或以各自单独的实体存在。
	操作方法	• 菜单：【插入】/【特征】/【相交】。

5.13 实例：碗

操作步骤

步骤1 打开名为"Bowl_Intersect"的零件 在"Lesson05 \ Case Study"文件夹下打开零件"Bowl_Intersect"，如图 5-50 所示。该模型含有两个实体，一个代表碗体部分，另一个代表碗沿部分。为了得到想要的结果，将从这两个部分中添加一些区域并排除其他区域。

步骤2 相交实体 单击【相交】，从图形区域选择两个实体，在相交的 PropertyManager 中单击【相交】按钮计算实体相交产生的区域。一共有 3 个【要排除的区域】：碗体的顶部区域、碗沿的中间部分以及碗体的内部区域。勾选【合并结果】复选框，单击【确定】，如图 5-51 所示。

步骤3 查看结果 相交特征包括的区域将合并为一个实体，如图 5-52 所示。

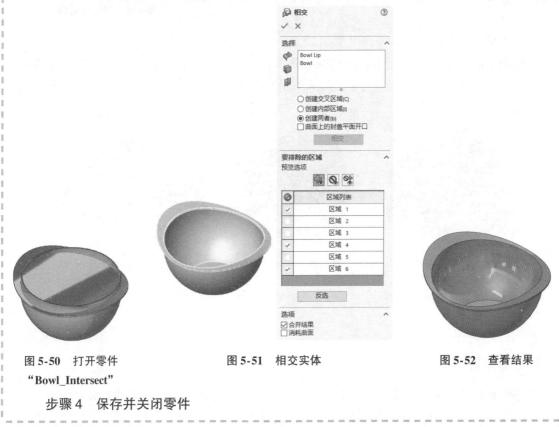

图 5-50 打开零件 "Bowl_Intersect"　　　图 5-51 相交实体　　　图 5-52 查看结果

步骤4 保存并关闭零件

练习 5-1 局部操作

在模型中创建独立的实体，可以实现对一个实体做单独的修改而不影响零件的其他实体，这种技术即"局部操作"技术。该技术常用于对零件进行抽壳处理。默认情况下，抽壳操作会影响实体抽壳前的所有特征。本例将通过【合并结果】命令和【组合】命令解决一个抽壳问题。

本练习将应用以下技术：

- 多实体零件。　　　　• 合并结果。　　　　• 组合实体。

操作步骤

步骤1 打开零件 打开 "Lesson05 \ Case Study" 文件夹下的 "Local Operations" 零件, 如图 5-53 所示。

步骤2 创建抽壳特征 创建一个厚度为 4mm, 移除了底部平面的抽壳特征。

步骤3 浏览结果 单击【剖面视图】🟦, 放置剖面在离前视基准面 –42mm 的位置, 如图 5-54 所示。

⚠️ **注意** 抽壳影响了整个零件, 此处仅需要对零件的底面抽壳。

为了限制零件底面的抽壳, 将修改特征来保持底座上的区域作为一个独立的实体。单击【确定】✔️, 保持剖面视图。

👆 **提示** 在类似的其他实例中, 重新排列特征可以解决问题。但对于更多复杂的模型来说, 重新排列可能并不是一个好的选择。多实体工具是一个可替代的选择。

步骤4 编辑特征 修改与底面相关的特征可以防止它们合并。使用【编辑特征】🔧 编辑如下两个凸台: Vertical_Plate 和 Rib_Under。

取消勾选【合并结果】复选框, 单击【确定】✔️, 如图 5-55 所示。

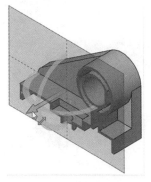

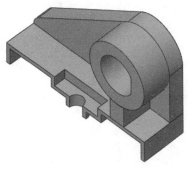

图 5-53 "Local Operations" 零件　　图 5-54 创建剖面视图　　图 5-55 编辑特征

 技巧 通过选择特征的一个面, 或者使用快速导览列, FeatureManager 设计树上的特征可以被选中并编辑。使用键盘 < D > 键可以快速导览至光标位置, 如图 5-56 所示。

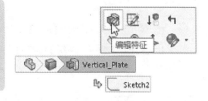

图 5-56 快速导览

步骤5 查看"实体"文件夹 对每个凸台特征取消勾选【合并结果】复选框后, 模型被分成了 3 个实体。然后展开"实体"文件夹查看模型中实体的情况, 如图 5-57 所示。单击实体, 该实体会在绘图区域高亮显示。

图 5-57 查看"实体"文件夹

115

● **使用特征范围合并**   如果用户想要将一个特征合并到一个零件的一些实体而不是其他实体上，为了实现这一目的，打开【合并结果】选项应用【特征范围】。任何不是特征范围内的实体都将被忽略，并且不会被合并。

步骤6   使用特征范围合并"Rib_Under"特征   编辑"Rib_Under"特征。勾选【合并结果】复选框，在【特征范围】下面选择【所选实体】，如图5-58所示。单击【确定】✔️。

步骤7   查看结果   "Rib_Under"特征与所选的实体合并后，零件中还有两个独立的实体，如图5-59所示。

步骤8   查看实体（可选步骤）   使用【孤立】查看两个独立的实体。

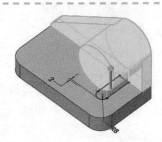

图 5-58   合并结果

步骤9   组合实体   在菜单中单击【插入】/【特征】/【组合】🔩，设置【操作类型】为【添加】，选择"实体"文件夹中的2个实体作为【要组合的实体】。单击【确定】✔️，如图5-60所示。

步骤10   查看单一实体   现在零件作为单一的实体"组合1"存在，如图5-61所示。

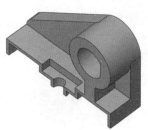

图 5-59   "实体"文件夹   图 5-60   组合实体

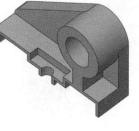

图 5-61   组合结果

步骤11   关闭剖面视图

步骤12   保存并关闭零件

练习5-2   定位插入的零件

按下述步骤创建如图5-62所示的零件。

本练习将应用以下技术：

● 插入零件。

● 移动/复制实体。

● 合并实体。

图 5-62   定位插入的零件

116

操作步骤

  步骤1　打开零件　从 "Lesson05 \ Exercises" 文件夹中打开 "Base" 文件。

  步骤2　另存为零件　将文件另存为一个新零件：Insert Part。

  步骤3　插入零件　单击【插入】/【零件】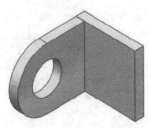。从 "Lesson05 \ Exercises" 文件夹中选择 "Lug" 零件。在【转移】组框中勾选【实体】复选框，并勾选【以移动/复制特征定位零件】复选框，然后单击【确定】✔，如图 5-63 所示。

  步骤4　定位零件　使用【约束】来定位 "Lug" 零件，如图 5-64 所示。

图 5-63　插入零件

  步骤5　移动/复制实体　单击【插入】/【特征】/【移动/复制】。单击【平移/旋转】选项，在【要移动的实体】中选择 "Lug"。

  步骤6　平移设置　勾选【复制】复选框。在【平移】选项下，选择 "顶点 <1>" 作为平移参考体和 "顶点 <2>" 作为到顶点，来定位复制的实体，如图 5-65 所示。

图 5-64　定位零件

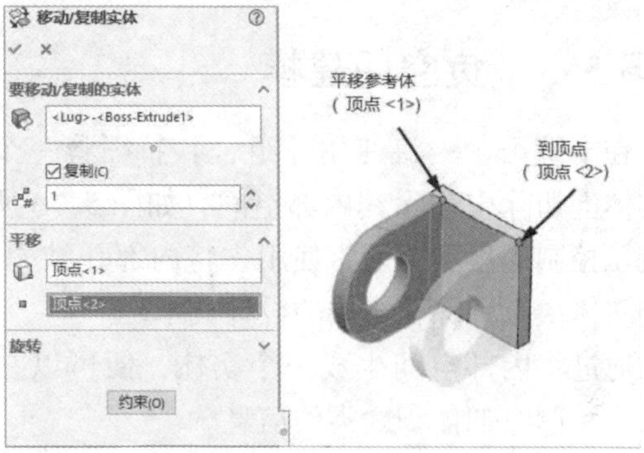

图 5-65　平移设置

  步骤7　重复操作　使用【插入零件】和【移动/复制实体】在零件的另一侧添加另外两个 "Lug" 实例，如图 5-66 所示。

  步骤8　合并实体并添加圆角　使用【合并】将所有实体合并为一个实体，并在图 5-67 所示的位置添加 R8mm 和 R2mm 的圆角。

图 5-66　重复操作

图 5-67　添加圆角

  步骤9　修改尺寸　打开 "Lug" 零件，将尺寸 45mm 更改为 60mm，如图 5-68 所示。

技巧　通过右键单击插入的具有外部参考的零件 (Lug ->)，并在快捷菜单中选择【在关联中编辑】，即可将其打开。

117

步骤 10   更新零件   返回到主零件，单击【重建模型】 ⑧ 以查看零件的更改，如图 5-69 所示。

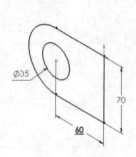

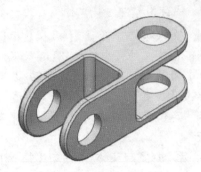

图 5-68   修改尺寸   图 5-69   更新零件

步骤 11   保存并关闭零件

练习 5-3   负空间建模

在本练习中，将使用【组合】特征将一个实体从另一个实体上切除以移除其内部空间，如图 5-70 所示。为了建造液压控制阀模型，通常使用先将内部孔结构创建为实体，再从实体块上移除孔结构的设计技术。

通过将内部空间生成一个实体，便可以在设计中轻松地测量和调整如体积之类的信息。

本练习将应用以下技术：

- 合并结果。   • 组合实体。

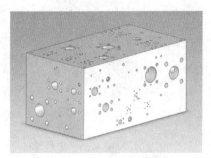

图 5-70   液压控制阀体

操作步骤

步骤 1   打开零件   打开 "Lesson05 \ Exercises" 文件夹中的零件 "Hydraulic Manifold"。该零件（见图 5-71）包含两个代表流体腔系统的实体，这是最终模型的负空间部分。

步骤 2   创建矩形草图   将上视基准面（Top Plane）作为草图平面，绘制矩形草图并添加 4 个共线约束，如图 5-72 所示。

步骤 3   创建拉伸特征   使用矩形草图创建双向拉伸特征，并取消勾选【合并结果】复选框，结果如图 5-73 所示。

- 【方向 1】（向上）设置为 "成形到一面"，选择管孔实体顶面。
- 【方向 2】（向下）设置【给定深度】为 "30mm"。

步骤 4   组合实体   使用拉伸实体作为【主要实体】，其他两个实体作为【减除的实体】，创建【删减】组合。组合结果如图 5-74 所示。

提示   将拉伸实体块设置为 "透明"，可以方便地查看组合结果和内部结构。

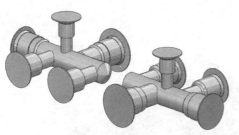

图 5-71　打开零件

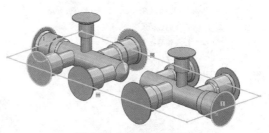

图 5-72　创建矩形草图

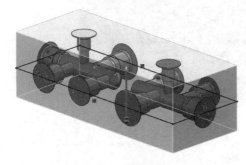

图 5-73　创建拉伸特征

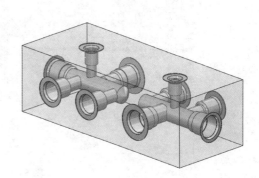

图 5-74　组合实体

步骤 5　保存并关闭零件

练习 5-4　压凹

在本例中，将使用压凹特征重塑零件的形状以创建保护网板，如图 5-75 所示。

本练习将应用以下技术：

- 多实体。

图 5-75　保护网板

操作步骤

步骤 1　打开零件　打开 "Lesson05 \ Exercises" 文件夹下的零件 "Protect Screen-Indent"。本练习中的文件是一个已完成的零件的复制件。

步骤 2　退回特征　退回至抽壳特征之前，将在设计树中的此位置（见图 5-76）创建压凹工具实体。

步骤 3　隐藏实体　【隐藏】拉伸实体。

> 技巧 用户可以在实体文件夹或图形区域来隐藏实体，或者通过在设计树上隐藏与实体关联的特征对实体进行隐藏。此外，可以在图形区域中按〈Tab〉键【隐藏】实体和按〈Shift + Tab〉键【显示】实体。

119

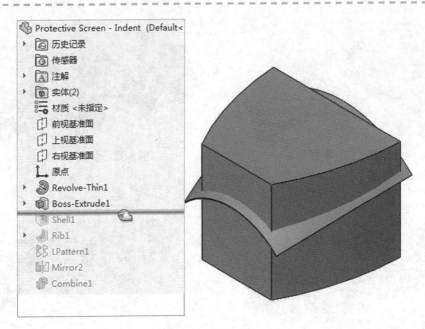

图 5-76　退回特征

步骤 4　绘制草图　将上视基准面作为草图平面，绘制草图。然后在 FeatureManager 设计树中选择 "Outside Profile" 草图，使用【等距实体】命令，在 "Outside Profile" 草图的轮廓内部创建一个间距为 2mm 的等距轮廓线，如图 5-77 所示。

图 5-77　绘制草图

步骤 5　创建拉伸特征　拉伸步骤 4 绘制的草图，将终止条件设置为【到指定面指定距离】，并选择旋转薄壁特征的上表面作为指定面。设置【等距距离】为 "1mm"，并勾选【反向等距】复选框确保生成的特征在旋转薄壁特征之上，如图 5-78 所示。

⚠ **注意**　取消勾选【合并结果】复选框。

步骤 6　创建圆角特征　在新创建的拉伸实体的上表面和 4 条直边线上添加半径为 0.5mm 的圆角，如图 5-79 所示。

步骤 7　创建压凹特征　单击【压凹】，【目标实体】选择旋转薄壁实体，【工具实体区域】选择拉伸实体顶部曲面。在【参数】选项中，设置【厚度】为 "1mm"，设置【间隙】为 "0mm"，单击【确定】✔，如图 5-80 所示。

图 5-78　创建拉伸特征　　　图 5-79　创建圆角特征　　　图 5-80　创建压凹特征

步骤 8　隐藏实体　【隐藏】✎实体，查看结果如图 5-81 所示。

步骤 9　添加圆角　在压凹实体区域的凹入边线上创建半径为 0.5mm 的圆角。在压凹实体区域的凸出边线上创建半径为 1.5mm 的圆角，如图 5-82 所示。

图 5-81　隐藏实体

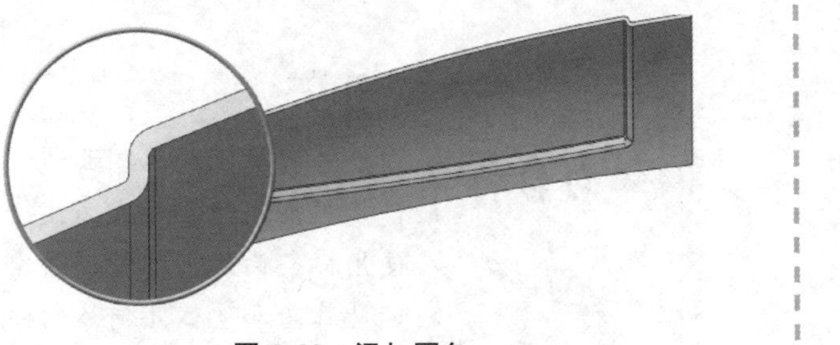

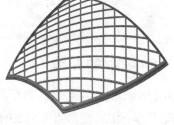

图 5-82　添加圆角

步骤 10　退回到前　系统会重建并整合所做的更改部分，结果如图 5-83 所示。

步骤 11　删除实体　展开【实体】文件夹，右键单击工具实体"圆角 1"并选择【删除/保留实体】🗔，设置【类型】为【删除实体】，单击【确定】。特征树上会生成一个"实体-删除 1"的特征，而"圆角 1"则会从【实体】文件夹中移除。

步骤 12　保存并关闭零件

图 5-83　结果

第6章 样条曲线

学习目标
- 识别不同类型的草图曲线
- 使用样条曲线和样式曲线绘制草图
- 使用样条曲线工具控制曲率
- 评估草图和实体几何体的曲率
- 插入草图图片
- 使用套合样条曲线命令

6.1 草图中的曲线

SOLIDWORKS 中包括几种草图命令，可以创建草图曲线。这些命令产生的草图实体在大多数情况下不能由直线和圆弧组成的解析几何体复制生成。曲线几何适合创建平滑的有机形状和一些不同于目前所了解的草图几何体。下面将讲述几种不同的草图曲线。本章将侧重讲解几种不同的【样条曲线】命令，见表6-1。菜单命令【插入】/【曲线】下的曲线特征将在第8章中介绍。

表6-1 【样条曲线】命令

名称及图标	定义、几何关系和尺寸
样条曲线 $\mathcal{N}$	定义:样条曲线有不断变化的曲率,它们是通过设置该曲线形状内的插值点来创建的 几何关系和尺寸:相切、等曲率和扭转连续性等几何关系可以被添加到样条曲线内。样条曲线的控标可以用于与矢量相关的关系,如水平和竖直。可以给已存在的样条曲线型值点添加尺寸以控制大小或方向,长度尺寸可以用于固定样条曲线的整体长度。样条曲线型值点也可以用在标准的草图几何关系和尺寸中
样式曲线 $\mathcal{N}$	定义:该曲线的曲率不断变化,并通过定位该曲线套合在控制多边形范围内的点来创建 几何关系和尺寸:可以在绘制草图时捕获相切、等曲率和扭转连续性几何关系,也可以之后添加。控制多边形的线段和点也可以在标准的草图几何关系和尺寸中使用
曲面上的样条曲线 $\textcircled{\!\!\!\!\!\!}$	定义:在使用 3D 草图时,此命令用来创建约束在模型 2D 或 3D 曲面上的样条曲线 几何关系和尺寸:与样条曲线相同
套合样条曲线 $\llcorner$	定义:使用一条连续的样条曲线追踪现有的草图实体。经常用于平滑草图实体之间的过渡,或将单独的草图实体组合成一个单一平滑的样条曲线 几何关系和尺寸:套合样条曲线可以约束、无约束或固定至描摹的几何形状上
圆锥曲线 $\cap$	定义:圆锥曲线是由一个平面与圆锥相交产生的曲线的一部分。圆锥曲线没有曲折变化,其曲率方向始终相同。它是通过定位曲线的两个端点,设置第三个点作为顶点,以及一个最终点作为控制该曲线斜率的 Rho 值来定义的 几何关系和尺寸:相切几何关系可以自动捕捉或添加,还可以添加定义 Rho 值的尺寸。形成该曲线的点也可用于标准的草图几何关系和尺寸

（续）

名称及图标	定义、几何关系和尺寸
方程式驱动的曲线	定义：该曲线通过用户定义的方程式来产生 几何关系和尺寸：由方程式的结果值完全定义
交叉曲线	定义：通过模型的曲面相交创建 3D 或 2D 草图曲线。可以联合使用面、基准面和曲面等实体产生交叉曲线 几何关系和尺寸：由相交的实体完全定义，自动添加"两个面相交"几何关系
面部曲线	定义：产生穿过指定面的三维曲线网格。可以调节网格密度，也可以通过修改选项限制哪些曲线将被转换为 3D 草图。可以使用顶点从特定的位置生成曲线 几何关系和尺寸：可以使用选项将面部曲线约束至模型或保持未定义状态

6.2　使用草图图片

草图中的图片是高级零件设计的良好起始点。当创建如样条曲线一样的草图曲线时，手绘的图纸或图像是非常有用的。【草图图片】命令用于将现有的图片文件作为草图中的一个参考，如图 6-1 所示。

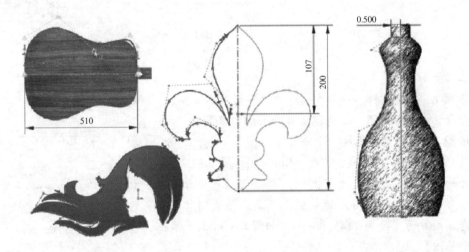

图 6-1　草图图片

草图图片是已被插入到二维草图中的图片。在创建零件时，经常用草图图片来作为描摹的参考。草图图片也可以建立在多个平面内，以便在三维模型中模拟工程视图。当选择一张图片作为草图图片时，最好选择高分辨率、高对比度的图像。高分辨率的图像能够提供清晰的线条和边缘，以便更容易被描摹。

注意　　某些类型的压缩方式可能产生 tif 和 gif 格式的图片，这些类型的文件无法在 SOLIDWORKS 中使用。

知识卡片	草图图片	bmp、gif、jpg、jpeg、tif、png、psd 或 wmf 等格式的图片均可用作草图图片。用户可以从两侧查看图片，但不能透过实体几何体查看。草图图片将作为添加草图的子项目在 FeatureManager 设计树中显示。它可以通过隐藏整个草图来隐藏，也可以从 Feature-Manager 设计树中来选择和单独隐藏。 在【草图图片】PropertyManager 中可以对图片进行移动、旋转、调整大小或镜像，也可以在图形区域通过拖动并利用缩放工具来操作草图图片。 【透明度】选项允许用户设置图像文件的透明度，将指定的颜色定义为透明，或使整个图像透明。
	操作方法	● 菜单：【工具】/【草图工具】/【草图图片】 📷。

6.3 实例：吉他实体

本练习中，将在草图中插入一幅吉他图片，并将其适当地缩放，然后使用此图片作为参考来创建吉他实体文件，如图 6-2 所示。

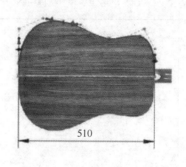

510

图 6-2 吉他

扫码看 3D

操作步骤

步骤 1　新建零件　使用"Part_MM"模板新建零件。

步骤 2　绘制草图　在前视基准面上绘制草图。

步骤 3　插入草图图片　单击【草图图片】 📷，打开"Lesson06 \ Case Study"文件夹下的"Guitar Image. jpg"文件并插入。开始时，图片的坐标点（0，0）与草图原点重合，并且初始尺寸为 1 像素/mm。图片的分辨率很高，导致图片很大，可以注意到图片的宽度为 1145.00mm，如图 6-3 所示。单击【整屏显示全图】 🔍。

步骤 4　调整图片尺寸　确保勾选【启用缩放工具】和【锁定高宽比例】复选框。如图 6-4 所示的图片上的线是缩放工具，可用于调整图片的尺寸。

将缩放工具左边的点拖放到图片中吉他实体的左边线上，拖动右边的箭头使之与吉他实体的右边线对齐。当放下箭头，则会出现【修改】对话框来定义线的长度，输入"510"后单击【确定】 ✔，如图 6-5 所示，图片会随着这条直线缩放。

图 6-3 【草图图片】的 PropertyManager

提示　此时可以拖动缩放工具箭头动态地旋转草图图片。如果用户需要重新定义缩放线的长度，则可以在 PropertyManager 中取消勾选【启用缩放工具】复选框然后再打开，并重复上述步骤。

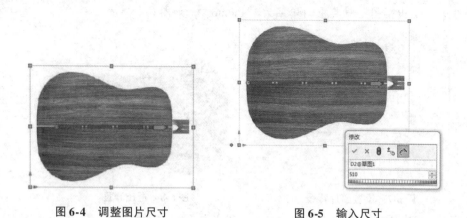

图6-4 调整图片尺寸   图6-5 输入尺寸

步骤5 定位图片 为了更好地利用图片的对称性，要将图片中心与草图原点对齐。用鼠标左键拖动图片，将缩放线放置在原点上，如图6-6所示。

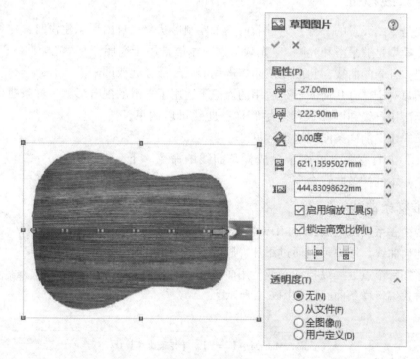

图6-6 定位图片

步骤6 设置图片背景（可选步骤） 用户可以在 PropertyManager 中将图片的白色背景设置成透明。选择【透明度】选项中的【用户定义】，用【滴管】✐工具选取图片中的白色，并拖动【透明度】滑块到最右边，如图6-7所示。再次单击【滴管】工具将其关闭，以便对草图图片进行其他更改。单击【确定】✔。

 提示   通过双击图片，可以再次访问【草图图片】的 PropertyManager。

步骤7　退出草图　由于仅参考该草图的信息，所以使它与零件实体用到的草图几何体保持分开。退出草图，将其重新命名为"Picture"，如图 6-8 所示。

图 6-7　设置图片背景　　　　　图 6-8　退出草图

步骤8　保存零件　保存零件为"Guitar Body"。

6.4　样条曲线概述

样条曲线是草图元素的一种，通过插值点来控制形状。在自由形态建模时，样条曲线非常有用，它可以使模型足够平滑和光顺。"光顺"这一术语常用于造船业。"光顺曲线"是一种光滑到足以贴合船体外壳的曲线，它可以使船体避免形成外部隆起或凹陷。

直线和圆弧对于部分几何图形是适用的，但不适用于平滑的混合形状。样条曲线具有连续可变的曲率，无法用直线和圆弧取代。尽管样条曲线可以约束，但草图中留下未定义的样条曲线也很常见。

SOLIDWORKS 具有多个可用于生成样条曲线的命令。下面将首先讨论基本的样条曲线命令。

6.4.1　标准样条曲线

样条曲线由一系列点定义，SOLIDWORKS 在点与点之间通过方程插入几何曲线。用户可以通过添加、删除、移动点，使用控制多边形在每个点处操纵控标，或使用曲线元素的几何关系和尺寸等方式编辑样条曲线，如图 6-9 所示。

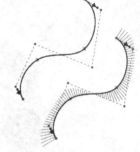

图 6-9　样条曲线

知识卡片	样条曲线	• CommandManager：【草图】/【样条曲线】 $\mathcal{N}$ 。 • 菜单：【工具】/【草图绘制实体】/【样条曲线】。 • 快捷菜单：在草图中单击右键，选择【草图绘制实体】/【样条曲线】。

6.4.2　保持样条曲线简洁

创建样条曲线时，应尽可能保持曲线简洁，这意味着在实现所需结果的基础上，所需要的点应最少。一般来说，只在需要更改曲率方向或幅度的位置放置点，即在形状的"峰"和"谷"的位置放置点。

一旦放置了型值点，就可以使用样条曲线工具来修改此曲线了。

6.4.3 创建和控制样条曲线

推荐使用以下创建和控制样条曲线的步骤，见表6-2。

表 6-2 创建和控制样条曲线的步骤

操作步骤	说　明	图　示	操作步骤	说　明	图　示
步骤1 创建构造几何体	如有必要，可以创建任何有助于确定样条曲线尺寸和位置的构造几何体	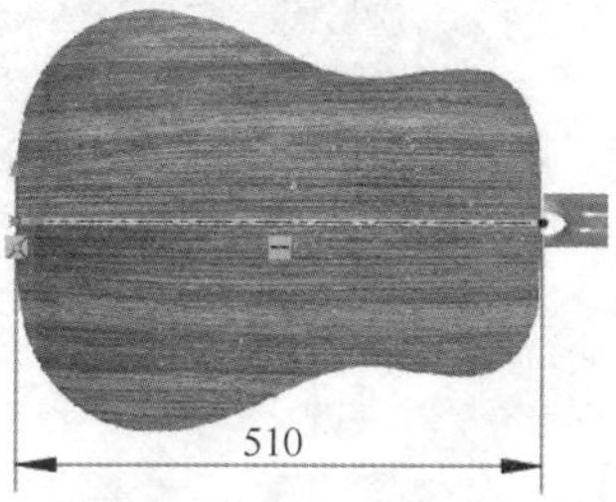 510	步骤4 使用控制多边形或移动点修改	必要时可以通过直接拖动点或使用控制多边形来移动样条曲线型值点	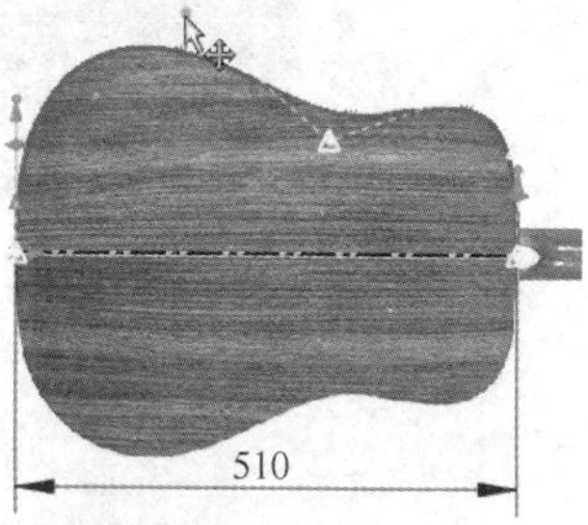 510
步骤2 绘制样条曲线	使用最少的型值点来绘制最简洁的样条曲线	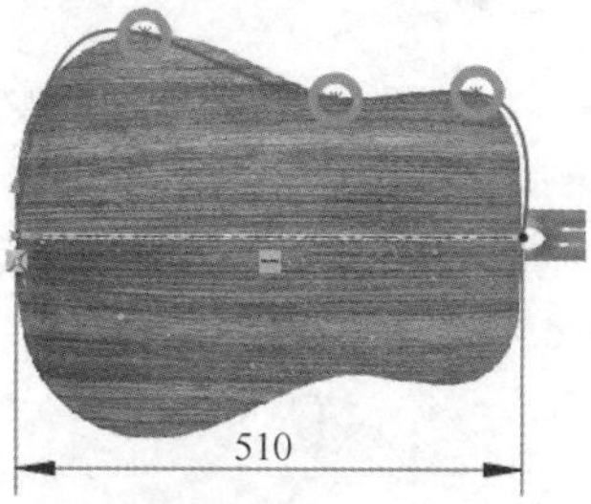 510	步骤5 使用样条曲线控标修改	使用样条曲线控标修改整个曲线上的相切方向和大小	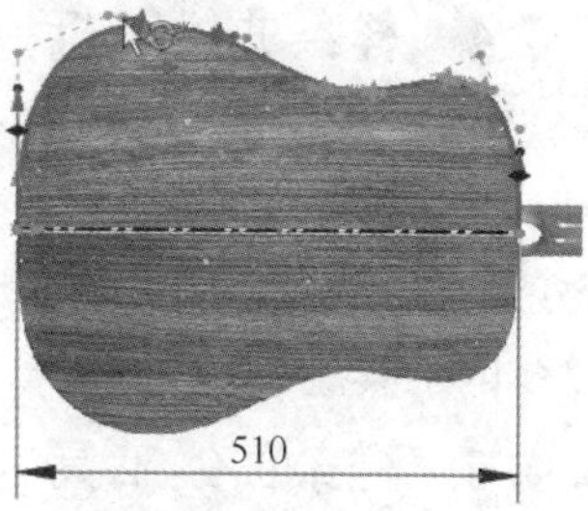 510
步骤3 添加草图几何关系	对样条曲线或控标添加所需的几何关系和尺寸	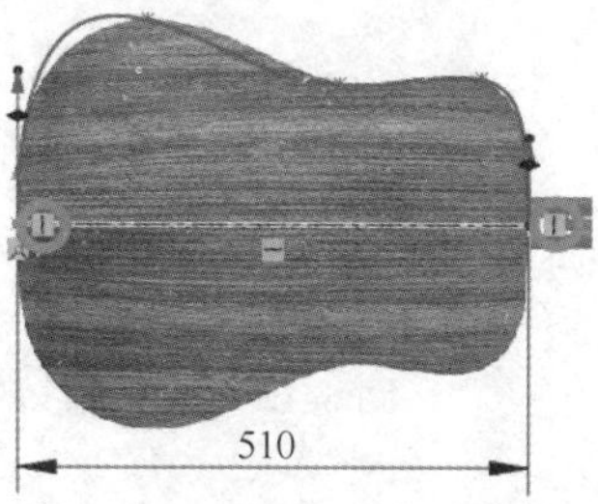 510	步骤6 重复操作	重复步骤4和步骤5，直到实现想要的形状	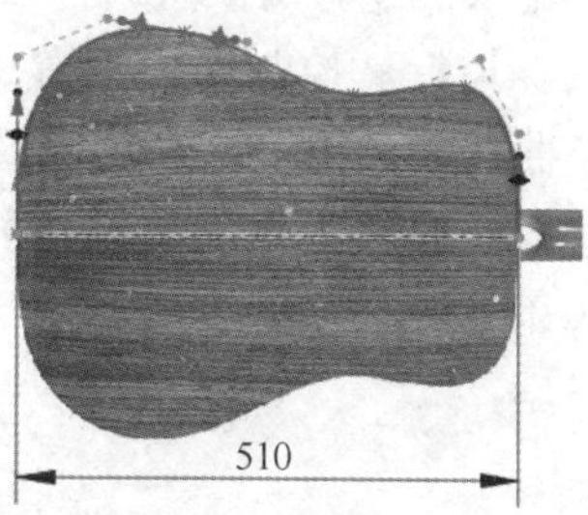 510

下面将使用表6-2中的步骤来创建吉他实体所使用的轮廓线。首先在一个新的草图上创建一条能够被适当调整大小的样条曲线作为构造几何体，然后用此样条曲线来描摹吉他轮廓的上半部分。此过程将使用【样条曲线】工具来使之达到想要的形状。

步骤9　新建草图 在前视基准面上新建一幅草图，绘制一条水平的中心线✐，并标注尺寸，如图6-10所示。

步骤10　绘制样条曲线 单击【样条曲线】Ｎ，通过添加与图6-11所示点的相似点来创建样条曲线，这些点要捕捉到轮廓的最高点和最低点。使样条曲线的结束点与中心线的结束点【重合】✕。

步骤11　取消样条曲线工具 按〈Esc〉键或右键单击并单击【选择】▷取消样条曲线工具。

技巧☜　在放置最后一个点时双击，可以结束样条曲线并使之处于激活状态。

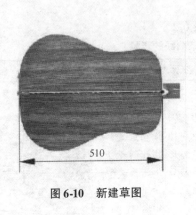

图 6-10　新建草图

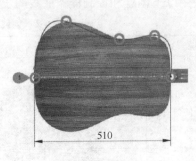

图 6-11　绘制样条曲线

6.4.4　样条曲线解析

样条曲线可以是开环或闭环的。如图 6-12 所示为样条曲线的关键元素。其中，样条曲线控标和控制多边形是用来操纵样条曲线的工具。

6.4.5　样条曲线工具

SOLIDWORKS 软件中的样条曲线由端点、控标、控制多边形等部分组成，理解样条曲线工具有利于创建想要的样条曲线。一些样条曲线工具用来操纵样条曲线，而另一些用来分析样条曲线，下面将逐一进行介绍。

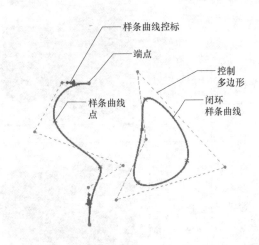

图 6-12　样条曲线的关键元素

知识卡片	样条曲线工具	• 菜单：【工具】/【样条曲线工具】。 • 快捷菜单：右键单击样条曲线，从菜单中选择想要使用的工具。

6.5　添加样条曲线关系

创建样条曲线后，下一步是通过添加草图关系来控制样条曲线的形状。这些关系既可以添加到样条曲线本身上，也可以添加到样条曲线控标上。

6.5.1　样条曲线控标基础

样条曲线控标控制着样条曲线每个点上曲率的方向和大小。选择样条曲线后，便可以在图形区域访问样条曲线控标。由于以灰色状态显示的控标并未处于激活状态，因此可以通过自由地更改这些点的曲率来修改样条曲线，如图 6-13 所示。

当拖动或添加关系到样条曲线上时，样条曲线控标将被激活。激活的样条曲线控标将以彩色显示，并成为曲线形状上一个有效的约束。若想停用某个样条曲线控标，选中它后按键盘上的〈Delete〉键或在样条曲线参数上清除【相切驱动】选项，如图 6-14 所示。

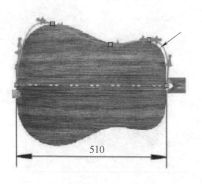

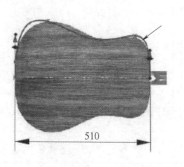

图 6-13   未激活的样条曲线控标   图 6-14   停用样条曲线控标

6.5.2   样条曲线控标关系

与矢量相关的关系可以直接添加到样条曲线控标上。这些关系有【水平】—、【竖直】∣ 和
【垂直】⊥等。对于吉他实体，为了确保在对称线处是平滑的过渡，将在样条曲线端点的控标上
添加【竖直】∣几何关系。

> **提示** 只有在样条曲线上添加关系时，才可使用【相切】、【相等曲率】和
> 【扭转连续性】关系。

>   **步骤12   选择样条曲线**   选择样条曲线以使样条曲线控标可见。
>
>   **步骤13   选择第一个样条曲线控标**   单击原点处的样条曲线控标，使其被选中。
>
>   **步骤14   添加竖直关系**   在【样条曲线】的 PropertyManager 中单击【竖直】∣关系。
>
>   **步骤15   重复操作**   在样条曲线另一个端点的控标上添加【竖直】∣关系。
>
>   **步骤16   查看结果**   每个端点的样条曲线控标处于激活状态，它们以彩色样式显示并约束着样条曲线的形状，如图6-15所示。

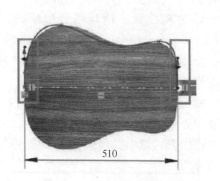

图 6-15   为样条曲线控标添加关系

6.6   更改样条曲线的形状

定义了样条曲线的适当关系后，便可以精确地调整样条曲线的形状。为了使样条曲线
保持最简单的形式，应该首先通过移动样条曲线型值点或使用控制多边形的方式来实现所
期望的形状。

6.6.1 控制多边形

知识卡片	控制多边形	控制多边形是一系列围绕在样条曲线周围的虚线。通过拖动控制多边形上的点可以控制曲线，并使曲线保持为最简单的形式，如图6-16所示。 控制多边形可以移动样条曲线的型值点，但不会修改曲率的方向。作为对比，操作样条曲线的控标并不能移动型值点，但可以提供额外的方向控制以使样条曲线更加复杂。 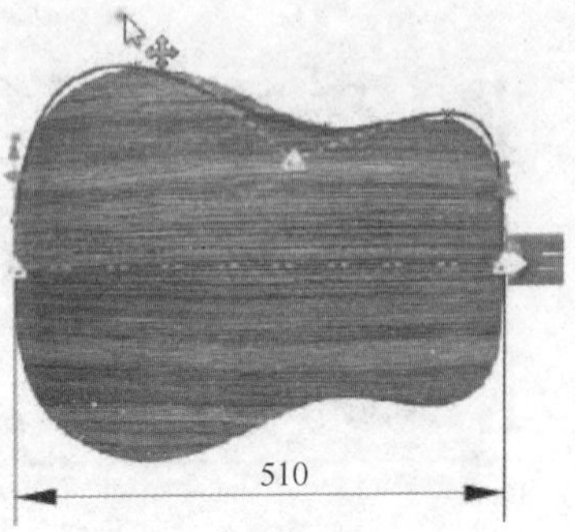	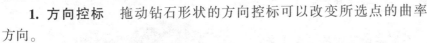 510 图6-16 控制多边形
	操作方法	• 菜单：【工具】/【样条曲线工具】/【显示样条曲线控制多边形】 。 • 快捷菜单：右键单击样条曲线，选择【显示控制多边形】。	

6.6.2 操作样条曲线控标

除了添加草图关系之外，拖动样条曲线控标也可以手动修改样条曲线的形状。修改样条曲线控标可以精确地操作样条曲线，但也增加了它的复杂性。每个样条曲线控标有3个可拖动的控标，如图6-17所示。

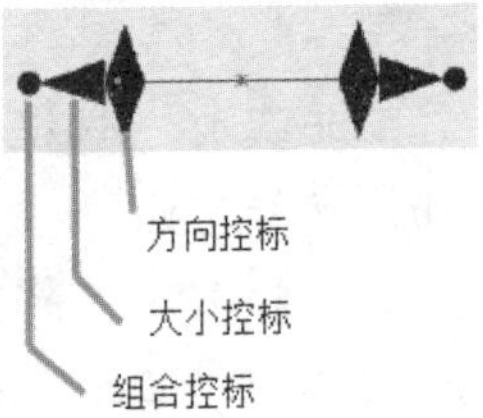

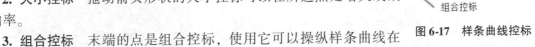

方向控标
大小控标
组合控标

图6-17 样条曲线控标

1. 方向控标 拖动钻石形状的方向控标可以改变所选点的曲率方向。

2. 大小控标 拖动箭头形状的大小控标可以在所选点处增大或减小曲率。

3. 组合控标 末端的点是组合控标，使用它可以操纵样条曲线在所选点处的方向和大小。

在图形区域中，当鼠标指针悬停在这些控标上时，光标反馈会更新以帮助识别其功能，见表6-3。

表6-3 光标反馈的含义

光标样式			
含义	样条曲线控标方向	样条曲线控标大小	样条曲线控标组合

 按住〈Alt〉键的同时拖动样条曲线内部点的控标，可以对其进行对称操作。

 样条曲线控标在SOLIDWORKS默认设置中处于打开状态。此状态可以在【选项】/【系统选项】/【草图】/【激活样条曲线相切和曲率控标】中进行修改。

步骤 17　**显示控制多边形**　右键单击样条曲线，选择【显示控制多边形】。

步骤 18　**操作控制多边形**　拖动控制多边形上的点，以调整样条曲线的形状，如图 6-18 所示。

步骤 19　**显示结果**　放大并查看吉他底部，适当地调整曲线的方向和大小，如图 6-19 所示。可以通过使用样条曲线控标来实现此操作。

步骤 20　**操作样条曲线控标**　拖动第一个和第二个型值点处的样条曲线控标，以修改样条曲线的形状，如图 6-20 所示。

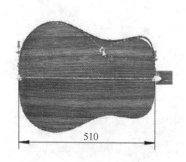

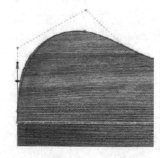

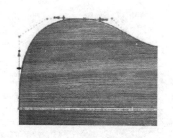

图 6-18　操作控制多边形　　　图 6-19　显示结果　　　图 6-20　操作样条曲线控标

步骤 21　**微调样条曲线**　通过使用控制多边形和控标继续修改曲线，以使其达到所期望的形状。

6.7　完全定义样条曲线

由于难以用尺寸完全描述样条曲线，因此其通常处于未定义状态。为了防止曲线被修改，可以在曲线上添加一个【固定】关系，或者使用【完全定义草图】工具在样条曲线的型值点上添加尺寸。标注尺寸也可以用来定义控标的角度或者切线的加权值，如图 6-21 所示。

其他类型的样条曲线，如【样式曲线】和【套合样条曲线】要比标准样条曲线更容易被完全定义。

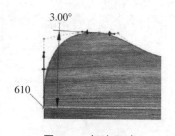

图 6-21　标注尺寸

6.8　评估样条曲线

评估样条曲线与创建、操作样条曲线一样重要。因为样条曲线是高度柔软的实体，所以要意识到识别样条曲线信息和评估其怎样进行曲率变化的重要性。

6.8.1　样条曲线评估工具

评估样条曲线的有效工具如图 6-22 所示。这些工具既可以收集样条曲线信息，也可以评估曲线的质量。可以右键单击样条曲线或从【工具】/【样条曲线工具】中找到这些评估工具，见表 6-4。

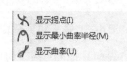

图 6-22　样条曲线评估工具

表 6-4　样条曲线评估工具

工具及图标	作　　用	图　　示
显示拐点	当使用【显示拐点】工具时，一个"蝴蝶结"图标将在样条曲线的曲率凹凸切换处显示。此工具在不希望曲线有拐点时将非常有用	
显示最小曲率半径	显示样条曲线最小半径的值及其位置。此工具在草图进一步用于等距、抽壳和其他相似的操作时十分有用	R10.121
显示曲率	显示一系列线条或梳齿，其中每个梳齿代表样条曲线在所在点的曲率。可以使用【曲率比例】选项来调整所显示的梳齿的比例和密度	

> 提示　曲率检查可以显示在任何草图实体上，这不是样条曲线所独有的。

6.8.2　曲率

曲率表示一个物体偏离平直的程度。从数学角度理解，曲率为半径的倒数。因此，对于半径为 4 的圆弧，其曲率为 1/4（或 0.25）。由于这种反比例关系，较大的半径意味着较小的曲率，而较小的半径则对应较大的曲率，如图 6-23 所示。

草图实体（如直线和圆弧）具有恒定的曲率。尺寸可以被用来定义一个圆弧的半径，也就是可以定义它的曲率，而直线的曲率为 0（在数学上，直线的半径无限大）。直线和圆弧可以相切，这在技术上提供了一个"平滑"过渡。但由于曲率的突然变化，相切后它们连接的地方可以看到和感觉到有边缘存在，如图 6-24 所示。

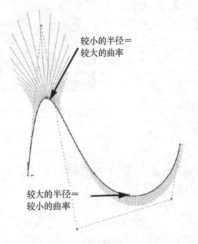

较小的半径＝较大的曲率

较大的半径＝较小的曲率

图 6-23　曲率和半径的关系

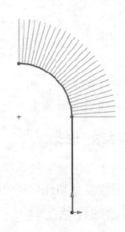

图 6-24　圆弧与直线连接处的曲率

样条曲线和其他曲线可以有变化的曲率，这意味着曲线的每个点可以有不同的半径值。样条曲线可以使用【相等曲率】和【扭转连续性】的草图关系，这样可以通过调整样条曲线的曲率来匹配相邻实体的曲率，以实现两者之间的平滑过渡，如图 6-25 所示。

6.8.3　使用曲率梳形图评估曲线质量

曲率梳形图放大了沿着曲线上的曲率，可以帮助用户确定曲线的平滑程度，如图 6-26 所示。

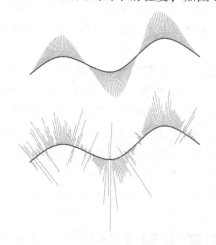

图 6-25　样条曲线与直线连接处的曲率　　　　　　　　图 6-26　使用曲率梳形图评估曲线质量

提示　曲率梳形图的默认颜色可以修改以便更加明显地显示。读者可以通过【选项】/【系统选项】/【颜色】修改，并将配色方案设置为【临时图形，上色】。

步骤22　打开曲率梳形图　从可用的样条曲线工具中选择【显示曲率】，使用 PropertyManager 中的【曲率比例】选项调整梳形的长度和密度。

提示　【曲率比例】选项只在第一次激活曲率梳形时自动出现。若设置了【曲率比例】选项，还可以通过从快捷菜单中选择【修改曲率比例】来进行修改。

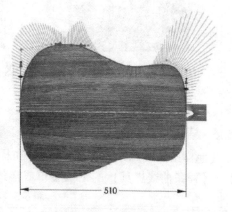

图 6-27　显示曲率

步骤23　结果说明　图 6-27 所示的结果可能与用户创建的不一致，但它们是相似的。从图 6-27 中可以看到，在第二个曲线型值点上的曲率并不光滑，因为在此处是通过手动操作样条曲线控制的。如果想使此区域变得光滑，应使用样条曲线参数和其他样条曲线工具进行修改。

6.8.4　样条曲线的参数

如有必要，可以在【样条曲线】PropertyManager 中使用【参数】选项对样条曲线控标和控制多边形进行修改。当样条曲线被选中后，其【参数】组框可以让用户查看每个样条曲线型值点的位置、切线权重和角度信息。【相切驱动】复选框可用来激活或停用一个样条曲线控标，以及提供一些按钮使用户可以重置选中点的控标、重置所有控标或弛张样条曲线。修改控制多边形后，使用【弛张样条曲线】选项将重新参数化样条曲线。换句话说，如果已经通过控制多边形移动过样条曲线的点，【弛张样条曲线】将重新计算该曲线，就好像该样条曲线最初是用这些点创建的一样。

这里有一个额外的选项，允许用户定义样条曲线的【成比例】。使用【成比例】复选框将允许样条曲线的尺寸按比例调整。

下面将使用样条曲线参数来修改吉他实体的样条曲线。

步骤24　**重设控标**　选择第二个样条曲线型值点上的曲线控标，在【样条曲线】PropertyManager 中单击【重设此控标】，如图 6-28 所示。

步骤25　**显示结果**　控标恢复到初始状态，方向和大小被复位，但此控标仍是该曲线上的一个激活约束，如图 6-29 所示。

步骤26　**操纵样条曲线**　使用控制多边形和样条曲线控标来操纵样条曲线，使其变得光滑，如图 6-30 所示。但使用当前的操作方法使曲线保持与吉他实体图片相匹配的光滑是很难的。下面将尝试一种不同的方法。

步骤27　**停用样条曲线控标**　选择第二个样条曲线型值点上的曲线控标，在【样条曲线】的 PropertyManager 中取消勾选【相切驱动】复选框。这就停用了样条曲线的控标，如图 6-31 所示。

图 6-28　重设控标

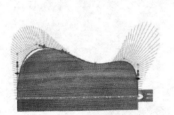

图 6-29　控标恢复到初始状态

图 6-30　操纵样条曲线

图 6-31　停用样条曲线控标

6.8.5　其他样条曲线修改工具

其他样条曲线修改工具允许用户在样条曲线上添加额外的控制。这些工具可以通过【工具】/【样条曲线工具】的下拉菜单或样条曲线的快捷菜单来找到，见表 6-5。

表 6-5　其他样条曲线修改工具

工具及图标	使用方法及效果	图　　示
添加相切控制	使用方法:从【样条曲线工具】激活【添加相切控制】，在需要添加相切控制的地方单击样条曲线 效果:添加一个带活动控标的样条曲线点	
添加曲率控制	使用方法:从【样条曲线工具】激活【添加曲率控制】，在需要添加曲率控制的地方单击样条曲线 效果:添加一个样条曲线型值点，并激活带有额外拖动控标的样条曲线控标,该控标可用于控制曲率	
插入样条曲线型值点	使用方法:从【样条曲线工具】激活【插入样条曲线型值点】，在需要增加额外点的地方单击样条曲线，使用〈Esc〉键或切换到【选择工具】来完成添加点 效果:新增样条曲线型值点但不激活控制	

(续)

工具及图标	使用方法及效果	图　　示
简化样条曲线	使用方法：从【样条曲线工具】激活【简化样条曲线】，使用对话框来调整公差，或单击【平滑】按钮，通过删除点来简化曲线。单击【上一步】可预览上一次的曲线。使用预览来确定一个可以接受的结果，然后单击【确定】 效果：通过弛张样条曲线和（或）移除样条曲线型值点来简化和平滑样条曲线	简化样条曲线　　✕ 样条曲线型值点数　　确定(O) 在原曲线中：　4　　平滑(S) 在简化曲线中：　4　　上一步(P) 公差　1.957mm　　取消(C)

对于吉他实体，将通过添加额外的样条曲线型值点来增加对样条曲线的控制，以使其更加符合零件底部的曲线。

步骤28　插入样条曲线型值点　右键单击样条曲线，选择【插入样条曲线型值点】。在样条曲线的第一个和第二个点之间单击，放置一个新的点，如图 6-32 所示。

> **技巧**　要删除样条曲线点，可以先选择该点，再单击右键选择【删除】或使用 < Delete > 键删除。

135

步骤29　取消工具　按〈Esc〉键，取消【插入样条曲线型值点】工具。

步骤30　修改样条曲线　使用控制多边形和样条曲线控标来修改曲线。

步骤31　镜像样条曲线　在样条曲线修改至满意后，使用【镜像实体】工具以中心线为对称中心镜像该曲线。

步骤32　拉伸轮廓　拉伸轮廓 100mm，如图 6-33 所示。

图 6-32　插入样条曲线型值点

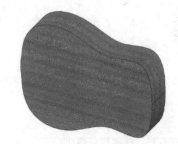

图 6-33　拉伸轮廓

步骤33　保存并关闭文件

需要注意的是，有多种方法可以实现样条曲线的形状。通过使用不同的曲线型值点和控标组合，通常会有多种方法可以完成所需的形状。虽然有一些高效的方法需要记住，但只要创建的曲线尽可能符合所需的形状且有良好的质量即可。

6.9　实例：两点样条曲线

样条曲线不一定很复杂，两点样条曲线也可以非常实用，特别是对于创建简单的曲线和实体之间的平滑连接。除非修改控标或添加关系，否则两点样条曲线仅是一条简单的直线。为了证明这一点，下面将新建一条两点样条曲线，来完成两条直线之间的过渡。同时，使用此实例来探究相等曲率关系以及如何使用曲率梳形图来评价两个实体之间的衔接转换。

6.9.1　相等曲率和扭转连续性

对于实体之间最平滑的连接方式而言，样条曲线支持特殊的草图关系，这类关系将修改样条曲线的曲率以满足相邻草图实体的曲率，如图6-34所示。

用户可以在样条曲线和相邻的线或曲线实体之间添加【相等曲率】⁼关系。通过相等曲率关系，样条曲线的曲率将和与它相接触的相邻实体的曲率匹配。用户也可以在样条曲线和相邻曲线实体之间添加【扭转连续性】关系，但不能在样条曲线和直线之间添加这种关系。通过扭转连续性关系，样条曲线的曲率将和与它相接触的相邻实体的曲率和曲率的变化率相匹配。这种关系有时称为G3连续性。

图6-34　样条曲线之间的特殊关系

操作步骤

步骤1　打开已存在的零件　从"Lesson06 \ Case Study"文件夹中打开"2-Point Spline. sldprt"文件。

步骤2　绘制样条曲线　绘制一条两点样条曲线来连接直线，如图6-35所示。

步骤3　添加相切和相等曲率几何关系　在该样条曲线和下方的直线之间添加【相切】关系，在该样条曲线与上方的直线之间添加【相等曲率】⁼关系，如图6-36所示。

扫码看视频

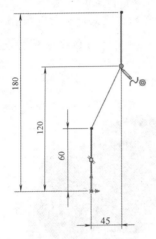

图6-35　绘制样条曲线

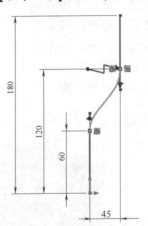

图6-36　添加几何关系

> 提示　当实体的曲率互相匹配时，它们也会自动相切。注意，【相切】关系会随着【相等曲率】⁼关系而添加。【相等曲率】⁼会在图形区域中有一个"曲率控制"的箭头标记。

6.9.2　使用曲率梳形图评估连续性

除了评估曲线的光滑性外，曲率梳形图也可以衡量实体之间的连续性。在连接点处的曲率梳形图提供了识别连续性条件的有价值信息。连续性描述了曲线或曲面如何彼此相关，在SOLID-WORKS中有3种连续性：

1）接触。曲率梳形在连接点处呈现不同的方向，如图6-37所示。

2）相切。曲率梳形在连接点处共线（表示相切），但具有不同的长度（不同的曲率值），如图6-38所示。

3）曲率连续。曲率梳形在连接点处共线且长度相等，如图6-39所示。

> 提示　如果草图元素不接触，就不存在连续性——它们是不连续的。

技巧 🔑　　曲率梳形图可以显示整个梳形图顶部的边界线，以帮助识别连续性条件和曲率的微小变化，如图 6-40 所示。用户可以在【选项】/【系统选项】/【草图】中打开【显示曲率梳形图边界曲线】。

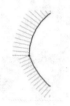
图 6-37　接触

图 6-38　相切

图 6-39　曲率连续

图 6-40　显示曲率梳形图边界曲线

步骤 4　显示曲率梳形图　【显示曲率梳形图】🖊可以将样条曲线两端的曲率差异放大显示，如图 6-41 所示。定义相等曲率可以使样条曲线的曲率混合到 0，以便和直线匹配。

步骤 5　拉伸薄壁特征　使用刚刚创建的草图拉伸一个厚度为 10mm、高度为 50mm 的薄壁特征，如图 6-42 所示。

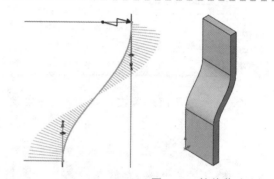
图 6-41　显示曲率梳形图　　　图 6-42　拉伸薄壁特征

6.10　实体几何体分析

在草图中创建的曲率条件可以影响使用这些草图的特征。SOLIDWORKS 提供了可用于分析复杂零件实体几何体的评估工具，使用这些工具用户能够评估曲面的质量，以及曲面如何混合在一起。下面将通过介绍【曲率】和【斑马条纹】来评估样条曲线不同的几何关系是如何影响简单零件的表面的。

6.10.1　显示曲率

【曲率】将根据局部的曲率值用不同的颜色来渲染模型中的面。红色代表最大曲率区域(最小半径)，黑色表示没有曲率(平面区域)。当显示曲率时，光标将显示识别区域的曲率和半径的标志。

知识卡片	曲率	• CommandManager:【评估】/【曲率】📊。 • 菜单:【视图】/【显示】/【曲率】。 • 快捷菜单:右键单击一个面,选择【曲率】。

步骤 6　显示曲率　单击【曲率】📊,如图 6-43 所示。注意,在曲率相等的地方,其颜色会混合在一起;而面与面相切时,相连接的地方的颜色会急剧变化。用户可以将光标悬停在该模型区域的任何位置,来查看此处的曲率和半径值。

步骤 7　关闭曲率显示　再次单击【曲率】📊,关闭曲率显示。

图 6-43　显示曲率

6.10.2 斑马条纹

【斑马条纹】通过从模型所有面怎样反射光条纹来评估实体几何体。该工具可以用来分析一个曲面的质量,以及相邻面是如何混合在一起的。斑马条纹会根据面是简单接触、彼此相切或曲率连续而呈现不同的显示（见图6-44）。

1）接触。边界处的条纹不匹配。

2）相切。条纹匹配,但有急剧变化的方向或尖角。

3）曲率连续。边界处的条纹平滑连续。曲率连续是面圆角的一个选项。

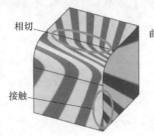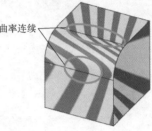

图6-44　斑马条纹

知识卡片	斑马条纹	● CommandManager:【评估】/【斑马条纹】。 ● 菜单:【视图】/【显示】/【斑马条纹】。 ● 快捷菜单:右键单击一个面,选择【斑马条纹】。

步骤8　显示斑马条纹　单击【斑马条纹】,在PropertyManager中调整【设定】,以增加条纹数量,使其成为【竖直条纹】。

> 提示　斑马条纹属性只会在该命令第一次启动时出现。这些选项可以根据需要从快捷菜单中再次访问。当旋转零件时,条纹会跟随面移动。

步骤9　切换到后视图　将视图方向更改为【后视】。如图6-45所示,从这个视图中,用户可以更容易观察出不同面之间过渡的差异。

步骤10　关闭斑马条纹显示

图6-45　切换到后视图

6.10.3　曲面曲率梳形图

在零件中,曲率梳形图提供了另一种分析面的途径。【曲面曲率梳形图】（见图6-46）可以用两种方式显示。

1）【持续】。该选项显示一个穿过选择面的带有曲率梳形的网格曲线。网格的密度、梳形的颜色以及显示的方向都可以调整。

2）【动态】。该选项是指随着光标在零件表面上移动而在曲面上显示曲率梳形。

曲率梳形的【比例】和【密度】两个选项也可以像草图曲率梳形一样在PropertyManager中进行调整。

知识卡片	曲面曲率梳形图	● 菜单:【视图】/【显示】/【曲面曲率梳形图】。 ● 快捷菜单: 右键单击一个面, 选择【曲面曲率梳形图】。

图6-46　曲面曲率梳形图

步骤11　**显示曲面曲率梳形图**　右键单击图 6-47 所示零件的面并选择【曲面曲率梳形图】，根据需要调整 PropertyManager 的选项，单击【确定】。

步骤12　**保存并关闭所有文件**

图 6-47　显示曲面曲率梳形图

6.11　实例：扭转连续性

在下面的示例中，我们将使用【相等曲率】和【扭转连续性】关系，并讨论两者之间的区别。

操作步骤

步骤1　**打开零件**　在 "Lesson06 \ Case Study" 文件夹中打开名为 "Torsion Continuity" 的零件，如图 6-48 所示。草图中包括圆弧和一些构造几何体，这将有助于在添加样条曲线和样条曲线关系后进行评估。

步骤2　**绘制两点样条曲线**　绘制一条两点样条曲线，连接如图 6-49 所示的点。

扫码看视频

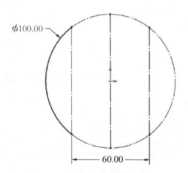

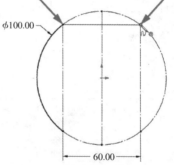

图 6-48　打开零件　　　　图 6-49　绘制两点样条曲线

步骤3　**绘制另一条两点样条曲线**　绘制另一条两点样条曲线，连接如图 6-50 所示的点。

步骤4　**添加关系**　在第一条样条曲线和圆弧之间添加【相等曲率】关系，在第二条样条曲线和圆弧之间添加【扭转连续性】关系，如图 6-51 所示。

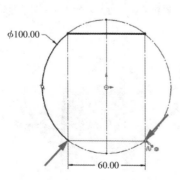

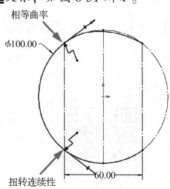

图 6-50　绘制另一条两点样条曲线　　图 6-51　添加关系

139

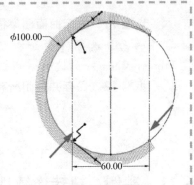

步骤5 查看结果 由于具有扭转连续性的样条曲线与圆弧的曲率匹配，所以它与草图中的构造几何图形重合。具有相等曲率的样条曲线在其共享的顶点处匹配圆弧的曲率，但不会以相同的曲率持续匹配。

步骤6 显示曲率梳形图 在草图中选择样条曲线和圆弧，然后单击【显示曲率梳形图】，如图6-52所示。曲率梳形图显示了顶部样条曲线的曲率变化率是如何变化的。

步骤7 使用草图拉伸凸台（可选步骤） 使用草图创建拉伸凸台，并使用评估工具评估草图产生的面。

图6-52 显示曲率梳形图

6.12 样式曲线

【样式曲线】是另一种可以被创建的样条曲线实体，但它是通过放置围绕曲线的多边形的点来绘制草图的，而不是放置曲线上的点。【样式曲线】没有曲线控标，但是可以直接添加关系和尺寸到多边形的点或线上，因此【样式曲线】很容易被完全定义和设置对称关系。同时，通过只使用多边形控制曲线，【样式曲线】会创建一条最小变化的平滑曲线，但是通过样式曲线创建精准的形状并不容易，如图6-53所示。

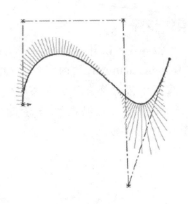

图 6-53 样式曲线

样式曲线	用户通过放置曲线周边的多边形控制点来创建样式曲线，并可以通过控制该多边形和通过给多边形或样条曲线添加几何关系和尺寸来进行修改。
操作方法	● CommandManager：【草图】/【样条曲线】/【样式曲线】。 ● 菜单：【工具】/【草图绘制实体】/【样式曲线】。 ● 快捷菜单：在草图中单击右键，选择【草图绘制实体】/【样式曲线】（可能需要展开菜单才能看到该命令）。

6.13 实例：喷壶手柄

下面将使用【样式曲线】创建图6-54所示的喷壶手柄。模型的其余部分将在后续章节以练习的方式完成。

扫码看视频

图 6-54 喷壶手柄

操作步骤

步骤 1 打开零件 在"Lesson06 \ Case Study"文件夹中打开名为"Watering_Can_Handle"的零件,如图 6-55 所示。该草图处于编辑状态,其中包含手柄设计的几何结构和外形尺寸。

步骤 2 创建样式曲线 单击【样式曲线】 ⚛。

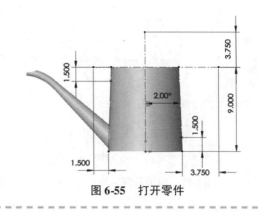

图 6-55 打开零件

6. 13. 1 样式曲线类型

【样式曲线】支持几种不同的【样条曲线类型】(见图 6-56)。在【插入样式曲线】的 PropertyManager 中可以选择贝塞尔曲线或不同度数的 B-样条曲线。贝塞尔曲线会生成尽可能光滑的样条曲线,但不提供控制点。B-样条曲线更贴合创建的多边形,并且更容易贴合一个精确的形状。样条曲线和样式曲线是可互换的。样条曲线可以被转换为一条样式曲线,反之亦然。一条度数为 3°的 B-样条曲线可以直接转换为一条样式曲线。度数越高,B-样条曲线转换得越轻松。

步骤 3 创建贝塞尔曲线 通过放置控制多边形的点来创建一条贝塞尔曲线,其两端连接在构造几何体上,如图 6-57 所示。

图 6-56 样条曲线类型

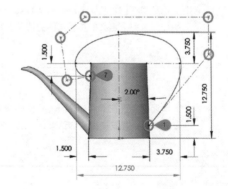

图 6-57 创建贝塞尔曲线

步骤 4 添加几何关系 在样式曲线和构造几何体之间添加【重合】 ⚛ 几何关系,如图 6-58 所示。

步骤 5 添加几何关系到控制多边形 添加【竖直】 |、【水平】 — 和【重合】 ⚛ 几何关系到样式曲线的控制多边形中,如图 6-59 所示。

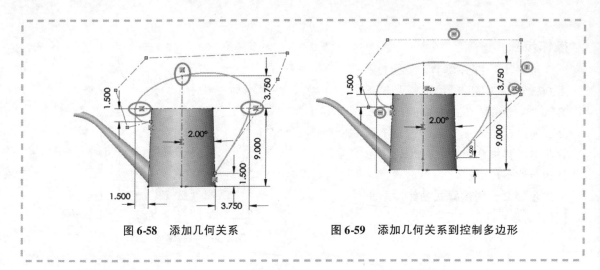

图 6-58　添加几何关系　　　　　　　　图 6-59　添加几何关系到控制多边形

6.13.2　样式曲线工具

样式曲线使用的许多工具与标准样条曲线相同。样式曲线工具见表 6-6。

表 6-6　样式曲线工具

工具	说明
插入控制顶点	在选择的位置上添加额外的顶点到控制多边形 提示：可以通过选择它们并使用 < Delete > 键或快捷菜单中的【删除】✕ 将控制顶点从多边形上移除
转换为样条曲线	为了提供更多的控制，一条样式曲线可以转换为一条标准的样条曲线 提示：使用一个类似的命令【转换为样式曲线】，一条标准的样条曲线也可以转换为一条样式曲线
本地编辑	该选项在【样式曲线】PropertyManager 中，其允许在不影响任何未完全定义的相邻实体的情况下修改样式曲线
曲线度	该选项允许在 PropertyManager 中改变多边形控制点的数量。仅可在样式曲线添加约束条件之前进行修改

步骤6　**插入控制顶点**　为了在手柄前面添加额外的曲率控制，可以添加一个额外的控制顶点。右键单击样式曲线或控制多边形，选择【插入控制顶点】。

在控制多边形上单击以添加一个新的顶点，如图 6-60 所示。按〈Esc〉键或激活【选择】工具完成顶点的添加。在控制多边形中添加【竖直】和【重合】几何关系，如图 6-61 所示。

步骤7　**添加尺寸**　添加尺寸到控制多边形来完全定义样式曲线，如图 6-62 所示。

步骤8　**显示曲率梳形图**　使用【显示曲率梳形图】来评估样式曲线，如图 6-63 所示。

步骤9　**保存并关闭零件**

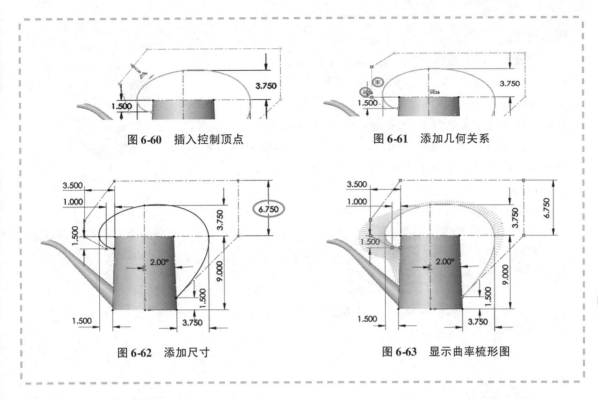

图 6-60 插入控制顶点 　　　图 6-61 添加几何关系

图 6-62 添加尺寸 　　　　图 6-63 显示曲率梳形图

143

6.14 套合样条曲线

知识卡片	套合样条曲线	【套合样条曲线】是另一种用于生成样条曲线的工具，是用于将曲线约束到特定尺寸的最好工具。【套合样条曲线】命令通常用于使用连续的样条曲线描摹多个草图实体。一种创建已被约束的样条曲线的简易方法是，首先绘制一条由完全定义的线和圆弧组成的链，再使用【套合样条曲线】命令将曲线约束到链几何体上。【套合样条曲线】命令对于现有几何体之间的平滑过渡或将多个实体合并为一个实体是非常有用的。
	操作方法	•菜单：【工具】/【样条曲线工具】/【套合样条曲线】 └ 。

技巧 　若从工具栏中较难找到某个命令，可以考虑从命令搜索栏中激活，如图 6-64 所示。

6.15 实例：咖啡杯

在下面的实例中将修改一个咖啡杯模型，为零件创建出光滑连续的面，如图 6-65 所示。

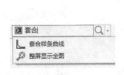

图 6-64 命令搜索 　　　图 6-65 咖啡杯模型 　　　扫码看视频

操作步骤

步骤1 打开零件 从"Lesson06 \ Case Study"文件夹中打开"Coffee_Cup"文件，如图6-66所示。

步骤2 评估几何体 杯体特征的主要面已由线段和切线弧创建。打开【斑马条纹】查看这将如何影响在面上的反射，如图6-67所示。为了使这里的过渡更顺滑，且保持咖啡杯要求的尺寸，将使用【套合样条曲线】工具修改草图。关闭【斑马条纹】。

步骤3 编辑草图 选择杯体特征，单击【编辑草图】。

图6-66 打开零件

> 技巧 用户既可以从 FeatureManager 设计树中选择特征和草图，也可以直接选择特征的面或使用选择导览列工具。使用〈d〉键来移动选择导览列到光标的位置，如图6-68所示。

步骤4 套合样条曲线 单击【套合样条曲线】，从图形区域中选择竖直的线和圆弧，如图6-69所示。

图6-67 评估几何体

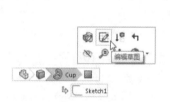

图6-68 编辑草图

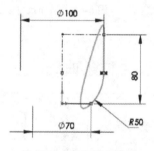

图6-69 套合样条曲线

6.15.1 套合样条曲线参数

在【套合样条曲线】PropertyManager（见图6-70）中，【参数】组框中的详细参数介绍如下：

1）【删除几何体】。将原有的几何体从草图中移除。使用此选项可使样条曲线的任何约束无效。

2）【闭合的样条曲线】。创建一条闭环样条曲线，不管所选择的实体链是否为一个闭环。

3）【约束】。将新的样条曲线约束到草图中，用于套合样条曲线的原有几何体。原有的草图几何体转化为构造线。

4）【解除约束】。原有草图几何体转化为构造线，但并不与新建的样条曲线产生几何关系。

5）【固定】。以固定的方式创建新的样条曲线。原有的草图几何体转化为构造线。

6.15.2 套合样条曲线公差

套合样条曲线的【公差】选项能够定义新建的样条曲线与原有的实体之间的紧密配合程度。可以调整允许公差的数值，但实际公差用灰色表示。

图6-70 套合样条曲线

步骤 5　调整套合样条曲线的参数　取消勾选【闭合的样条曲线】复选框，创建一条开环的样条曲线。如有必要，选中【约束】。

步骤 6　调整套合样条曲线的公差　修改套合样条曲线的【公差】为 "1.00mm"。放宽的公差将使直线和圆弧之间的过渡更加圆滑，如图 6-71 所示。

步骤 7　显示结果　单击【确定】✔。具有套合关系的新样条曲线被约束到原有几何体上，如图 6-72 所示。若直线和圆弧的尺寸发生了更改，样条曲线也将随之更新。

步骤 8　退出草图　单击【退出草图】↳，并重建特征。由于现在是使用单一连续的整体创建杯子的外壁，因此在特征上产生了一个光滑连续的面，如图 6-73 所示。

步骤 9　评估模型　显示【斑马条纹】▧来评估模型的更改，如图 6-74 所示。关闭【斑马条纹】。

图 6-71　调整套合
样条曲线的公差

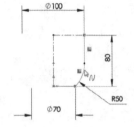

图 6-72　显示结果

图 6-73　光滑连续的面

图 6-74　评估模型

步骤 10　保存并关闭零件　咖啡杯的手柄将在本章的后续练习中完成。

6.15.3　样条曲线总结

不同类型的样条曲线适合不同的设计情形。表 6-7 总结了本章讲解的各样条曲线命令的特征。

表 6-7　各样条曲线命令的特征

命　　令	特　　征
样条曲线 N	• 描摹复杂的曲线时非常有用　　• 可以包括许多拐点 • 具有高度的可更改性　　　　　• 不容易被完全定义
样式曲线 N	• 使用最少的拐点创建光滑曲线 • 容易被完全定义和使用对称 • 若想生成一个确切的形状，操作可能会比较费时
套合样条曲线 L	• 将样条曲线约束到特定尺寸的最简单方法 • 用于将多个草图实体合并为一个 • 用于平滑实体之间的过渡

练习 6-1　百合花

本练习中，将向 SOLIDWORKS 零件中添加一幅图片作为【草图图片】，然后使用样条曲线描摹图片来创建模型轮廓，如图 6-75 所示。

本练习将应用以下技术：
- 使用草图图片。
- 样条曲线。
- 创建和操作样条曲线。
- 添加样条曲线关系。
- 两点样条曲线。

图 6-75　百合花

操作步骤

步骤1 新建零件 用"Part_MM"模板新建零件。

步骤2 绘制草图 在前视基准面上绘制草图。

步骤3 插入草图图片 单击【草图图片】 ，打开"Lesson06 \ Exercises"文件夹下的文件"Fleur-de-lis. jpg"并插入。开始插入时，图片的坐标点（0，0）插入到草图原点，并且初始尺寸为1像素/mm，高宽比例被锁定。图片的分辨率很高，因此图片很大。可以注意到高度为"1600.000mm"，如图6-76所示。

单击【整屏显示全图】 。

步骤4 调整图片尺寸 确保【启用缩放工具】和【锁定高宽比例】复选框被勾选。如图6-77所示，画面中图片上方的线是【缩放工具】，可用于调整图片的尺寸。将缩放工具左边的点拖动到图片轮廓的最高点，拖动右边的箭头，使缩放线竖直且端点与图像轮廓的底部重合，如图6-78所示。如果箭头被删除，则可以修改对话框来定义线的长度，输入"200mm"后单击【确定】 ，图片会随着这条直线缩放。

图6-76 插入草图图片

> **技巧** 用户可以在拖动图片的同时滚动鼠标中键以放大图片。

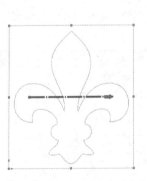

图6-77 缩放工具

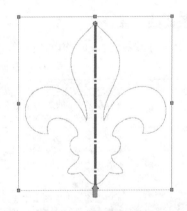

图6-78 调整图片尺寸

> **提示** 拖动【缩放工具】箭头可动态旋转草图图片。如果用户需要重新定义缩放线的长度，可以在PropertyManager中取消勾选【启用缩放工具】复选框，然后再打开，并重复上述步骤。

步骤5 定位图片 为了更好地利用图片的对称性，要将图片中心与草图原点对齐。将图形区域缩小以便可以同时看到图片和零件的原点。按住鼠标左键拖动图片，将缩放线放置在原点上。如图6-79所示，【草图图片】PropertyManager中原点 X 坐标为"-98.300mm"，设置原点 Y 坐标为"-100.000mm"，单击【确定】 。

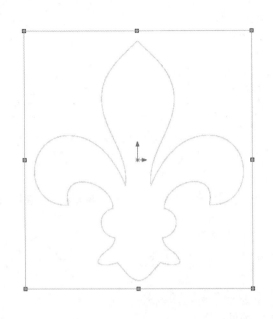 

图 6-79　设置图片位置

步骤6　设置图片背景　用户可以在 PropertyManager 中将图片的白色背景设置成透明。选择【透明度】选项中的【用户定义】，用【滴管】🖋工具选取图片中的白色，并移动【透明度】滑块到最右边。再次单击【滴管】工具将其关闭，以便对草图图片进行其他更改。

步骤7　退出草图　由于仅参考该草图的信息，所以使它与零件实体所用的草图几何体保持分开。退出草图，并将其重新命名为"Picture"。

步骤8　在前视基准面上绘制草图　在前视基准面上绘制草图，通过原点绘制一条竖直中心线，并按图6-80所示添加尺寸以完全定义该直线。

步骤9　绘制样条曲线　单击【样条曲线】Ν，在图像的第一部分绘制一条3点样条曲线，并使其起始于中心线的端点，如图6-81所示。

> 提示　用户有多种方法可以完成这种形状，但由于曲率在顶部扁平，然后是从凸到凹的改变，所以该样条曲线需要至少3个点。

步骤10　显示控制多边形　单击【显示控制多边形】🖌。

步骤11　调整样条曲线　拖动样条曲线和多边形的点来移动样条曲线，并按需要调整样条曲线的曲率大小。可以通过控制多边形以保持最简单形式的样条来操控它。但是，要改变两端的弯曲方向，则需要使用样条曲线控标，如图6-82所示。

步骤12　微调样条曲线　调整每个端点的样条曲线控标，以使其与图片一致，如图6-83所示。

步骤13　重复调整　重复步骤11和步骤12，调整样条曲线以满足需要。

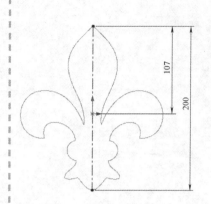

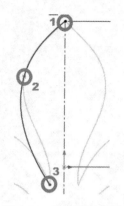

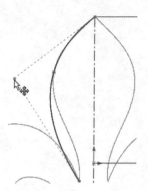

图 6-80　绘制中心线　　　　图 6-81　绘制样条曲线　　　　图 6-82　调整样条曲线

步骤14　绘制其他样条曲线　继续使用样条曲线来描摹图片，一条样条曲线对应图中的一条曲线段，如图 6-84 所示。

步骤15　绘制最后一条曲线段　最后一条曲线段需要一个几何关系，以确保与对称的曲线段过渡平滑。先绘制一条两点样条曲线，然后选择低处的控标，使用 Property-Manager 给控标添加【水平】-关系，如图 6-85 所示。调整样条曲线，使其与曲线段保持一致。

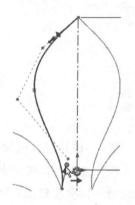

图 6-83　微调样条曲线

步骤16　镜像实体　框选草图中的所有实体，单击【镜像实体】㋡。右键单击草图图片并选择【隐藏】◈，结果如图 6-86 所示。

步骤17　拉伸草图　如图 6-87 所示，拉伸草图，深度为 15mm，拔模角度为 20°。也可给零件的凸边添加 2mm 的圆角。

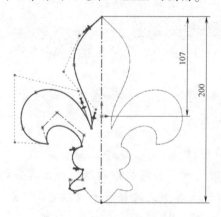

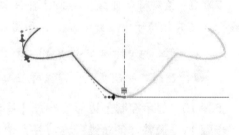

图 6-84　绘制其他样条曲线　　　　图 6-85　绘制最后一条曲线段

步骤18　保存并关闭零件

148

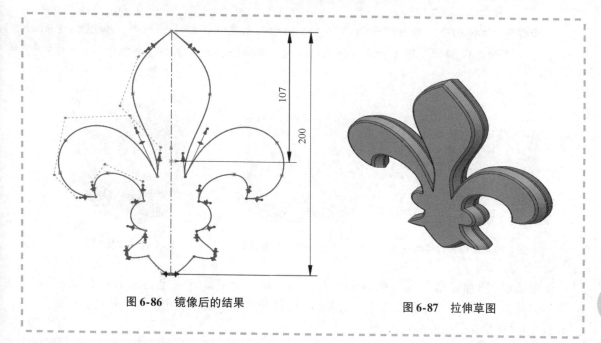

图 6-86　镜像后的结果　　　　　　　　　　图 6-87　拉伸草图

练习 6-2　咖啡杯手柄

在本练习中，将使用【套合样条曲线】来创建咖啡杯（见图 6-65）的手柄，以使手柄保持特定尺寸的光滑连续面。

本练习将应用以下技术：

- 套合样条曲线。
- 与实体相交。

操作步骤

步骤 1　打开零件　从"Lesson06\Exercises"文件夹中打开"Coffee_Cup_Handle"文件。

步骤 2　新建草图　在右视基准面上新建一个草图。

步骤 3　等距偏移侧影轮廓线　单击【等距实体】，使杯子的侧影轮廓线偏移 2.5mm。更改实体的显示样式为【隐藏线可见】，如图 6-88 所示。

步骤 4　创建手柄轮廓　使用一条水平线和两个切线圆弧来创建手柄的轮廓。底部圆弧的端点与等距线的端点重合。相关尺寸如图 6-89 所示。

步骤 5　套合样条曲线　使用【套合样条曲线】工具描摹直线和圆弧，以生成一条连续光滑的样条曲线，如图 6-90 所示。

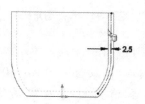

图 6-88　等距偏移侧影轮廓线

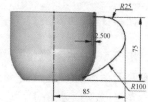

图 6-89　创建手柄轮廓

步骤 6　拉伸薄壁　使用此草图创建薄壁拉伸特征。两侧对称拉伸，深度为 15mm。取消勾选【合并结果】复选框以使创建的特征为一个独立的实体。设置薄壁特征的厚度为 6mm，确保添加的材料处于轮廓的内部，如图 6-91 所示。单击【确定】，并重命名特征为"Handle"。

步骤 7　实体相交　查看杯子的内部，手柄的面创建到了杯子的内部，如图 6-92 所示。使用【相交】命令将两个实体合并在一起，并将手柄的多余部分去除。

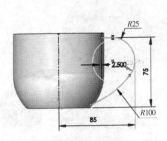

图 6-90　创建套合样条曲线　　图 6-91　拉伸薄壁　　图 6-92　实体相交

步骤 8　添加圆角　在杯子的顶面和手柄的前后面创建【完整圆角特征】，如图 6-93 所示。在杯子内部底面的边线上添加 12mm 的圆角，在杯子外面与手柄交会的线上添加 3mm 的圆角，如图 6-94 所示。

> **提示**　本练习的以下内容是可选步骤，重点讲解如何向模型添加贴图。

步骤 9　添加贴图　可以使用添加贴图的功能在杯子的外壁添加一个标志。在右边的任务窗格中单击【外观、布景和贴图】，然后选择【贴图】。在下面的面板中向下滚动，查看库中可用的贴图。找到 "DS Solidworks Transparent" 图片，如图 6-95 所示，并将其拖动到杯子的外表面上。

图 6-93　添加圆角(1)　　图 6-94　添加圆角(2)　　图 6-95　添加贴图

步骤 10　贴图属性　在 PropertyManager 中选择【映射】，更改【绕轴心】的角度以使图片面向右边。更改【沿轴心】数值为 "-15.00mm"，以使图片沿着面竖直向下移动。在【大小/方向】中，取消勾选【固定高宽比例】复选框，将宽度更改为 "37.50mm"，将高度更改为 "35.00mm"，单击【确定】，如图 6-96 所示。

> **提示**　已存在的贴图可以通过 DisplayManager 进行访问和修改，如图 6-97 所示。

步骤 11　保存并关闭零件

图 6-96 贴图属性

图 6-97 访问贴图

第7章 扫 描

学习目标
- 使用扫描创建凸台和切除特征
- 理解穿透几何关系
- 使用引导曲线创建扫描特征
- 创建一个多厚度的抽壳
- 使用 SelectionManager

7.1 概述

扫描特征通过将轮廓线沿着路径移动形成一个凸台或切除特征，该特征可以简单也可以复杂。扫描实例如图7-1所示。

要生成扫描几何体，系统将通过沿路径中的不同位置复制轮廓创建一系列的中间截面，然后将这些中间截面混合在一起。扫描特征包括一些附加参数，如引导曲线、轮廓方向的选择，并通过扭转创建各种各样的形状。

本章首先使用二维路径和一个简单的草绘轮廓进行简单的扫描，然后将使用三维曲线作为扫描路径或引导曲线绘制复制的扫描特征（见图7-2）。

下面介绍扫描特征的一些主要元素，并描述它们的功能。

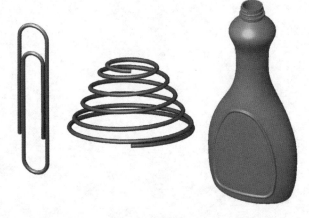

图7-1 扫描实例

1）扫描路径：扫描路径可以是二维或三维的，由草图实体、曲线或模型的边组成。扫描的路径提供了轮廓的方向，默认情况下，还控制特征中的中间截面的方向。大部分情况下，最好先创建扫描特征的路径，这样轮廓草图就可以包含与路径的几何关系了。

2）轮廓：扫描轮廓可以是一个草图轮廓，或一个选择的面，或者按扫描 PropertyManager 要求自动创建的简单圆轮廓。

作为一个草图轮廓，扫描轮廓必须只存在于一张草图中，必须是闭环且不能自相交叉的。但是，草图可以包含多个轮廓，不管这些轮廓是嵌套的还是分离的，如图7-3所示。创建轮廓草图时，最好包含预期扫描路径的几何关系。轮廓和路径之间的几何关系将会在扫描特征的所有中间截面中保留。

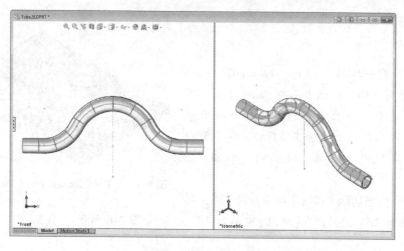

图 7-2　扫描特征

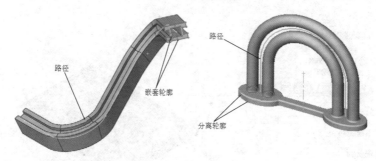

图 7-3　扫描轮廓示例

知识卡片	扫描凸台/基体	• CommandManager:【特征】/【扫描凸台/基体】🪱。 • 菜单:【插入】/【凸台/基体】/【扫描】。
	扫描切除	• CommandManager:【特征】/【扫描切除】🗔。 • 菜单:【插入】/【切除】/【扫描】。

7.2　实例:创建高实木门板

　　传统的高实木门板由 5 个部分组成:两个轨、两梃和一个凸嵌板。通常用中密度板做材料,既可降低成本,又可达到一样的外观。在接下来的示例中,将应用扫描特征在门上创建一个切除门板的设计,如图 7-4 所示。

图 7-4　高实木门板

扫码看视频

扫码看 3D

操作步骤

步骤1 打开零件 打开"Lesson07 \ Case Study"文件夹下的"Faux Raised Panel Door"零件。该零件是由一个长方形的拉伸和一个用户自定义的参考面及两个草绘实线(细实线作为扫描路径,粗实线作为轮廓)组成的,如图7-5所示。

图7-5 "Faux Raised Panel Door"零件

步骤2 扫描切除 单击【扫描切除】🗂,在【轮廓】中添加"Profile",在【路径】中添加"Path",如图7-6所示。单击【确定】✔。

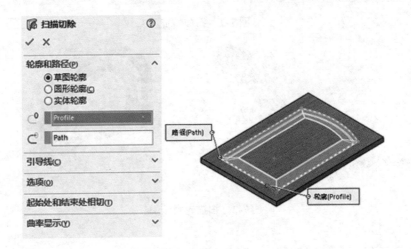

图7-6 扫描切除

步骤3 查看扫描结果 如图7-7所示,简单的扫描特征与拉伸特征相似,不同的是扫描的轮廓可以根据定义的路径沿多个方向创建。

步骤4 保存并关闭零件

图7-7 查看扫描结果

7.3 使用引导线扫描

引导线是扫描特征的另外一个元素,可用来更多地控制特征的形状。扫描可以使用多条用于控制成形实体的引导线。扫描轮廓后,引导线就决定了轮廓的形状、大小和方向。可以把引导线形象化地想象成用来驱动轮廓的参数(如半径)。在本例中,引导线和扫描轮廓连接在一起,当沿路径扫描轮廓时,圆的半径将随着引导线的形状发生变化,如图7-8所示。

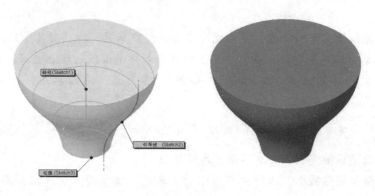

图 7-8　使用引导线进行扫描

7.4　实例：创建塑料瓶

对于复杂外形的建模，创建特征的方法与拉伸和旋转不同。本例将创建图7-9所示的塑料瓶模型。

具体步骤是，先创建实体的基本形状，再添加细节特征。该瓶体的基本横截面是椭圆形，下面将为扫描创建一个简单的竖直路径，并使用一个椭圆作为轮廓，椭圆的形状会随着引导线而改变。这里将根据表示瓶子实体正面和侧面形状的草图图片来创建这条引导线。

图 7-9　塑料瓶

扫码看 3D

155

扫码看视频

操作步骤

步骤1　打开零件　从 "lesson07 \ Case Study" 文件夹中打开 "Bottle Body" 文件。在此零件的前视基准面上和右视基准面上各有一幅草图图片，如图 7-10 所示。

步骤2　草绘扫描路径　选择前视基准面新建草图 。从原点开始，绘制一条垂直线，长度为 9.125in（1in = 25.4mm），如图 7-11 所示。退出草图，将其命名为 "Sweep Path"。

步骤3　绘制第一条引导线　由于希望轮廓草图含有与引导线的几何关系，因此先创建引导线。在前视基准面上新建草图，按照图片 "Picture- Front" 绘制样条曲线作为第一条引导线。

图 7-10　打开零件　　图 7-11　草绘扫描路径

在扫描路径的终点和样条曲线的终点之间添加【水平】—关系，在两者之间添加距离 "0.500in"，如图 7-12 所示。退出草图，并将草图命名为 "First Guide"。

步骤4　绘制第二条引导线　在右视基准面上新建草图，按照图片"Picture-Side"绘制样条曲线作为第二条引导线。在扫描路径的终点和样条曲线的终点之间添加【水平】一关系，再在两者之间添加距离"0.500in"，如图7-13所示。退出草图，并将草图命名为"Second Guide"。

> **提示** 顶部的尺寸将确保扫描结束时呈圆形，并确保瓶颈尺寸合适。

步骤5　隐藏草图　隐藏含有草图图片的草图。

步骤6　创建扫描截面　选择上视基准面，新建一幅草图。在草图工具栏中单击【椭圆】，以原点为中心绘制一个椭圆，如图7-14所示。

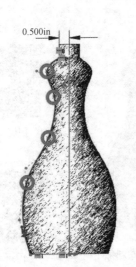

图7-12　绘制第一条引导线

图7-13　绘制第二条引导线

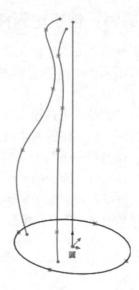

图7-14　创建扫描截面

7.4.1　穿透关系

下面将在轮廓与其他扫描曲线之间添加贯穿扫描特征每个复制部分的草图几何关系。为了使引导线正确地控制扫描中间部分的大小，这里将使用【穿透】关系。【穿透】关系作用于草图里的一个点与跟该草图基准面相交的曲线之间（见图7-15）。该几何关系将使草图点重新定位到曲线与草图基准面相交的位置，完全定义该点。这里的曲线可以是草图实体、曲线特征或模型的边。当曲线在多个位置穿过草图基准面时，在定义穿透的位置时应注意在靠近想要定义穿透的位置选择曲线。注意，跟一条曲线重合是不能完全定义该点的。虽然有【重合】约束，但该点可以位于曲线上的任一位置甚至在其投影上。

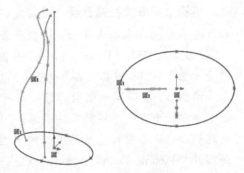

图7-15　穿透几何关系

在本例中，可以通过给椭圆轮廓的点和引导线端点之间添加【重合】关系来完全定义轮廓，但此处并不想将该几何关系包含到扫描特征的中间截面中。【穿透】关系不仅可以完全定义轮廓，由于每个中间截面也被引导线穿透，因此还可以保证每个中间截面随竖直的路径保持合适的尺寸。

步骤 7　添加穿透几何关系　选取椭圆长轴的末端，按住〈Ctrl〉键同时选取第一条引导线，从关联工具栏或 Property Manager 中选择【穿透】 。使用同样的方法在短轴和第二条引导线之间添加【穿透】几何关系，如图 7-16 所示。

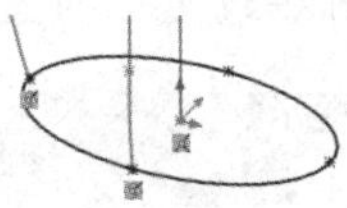

图 7-16　添加穿透几何关系

步骤 8　完全定义草图　现在轮廓已经定义了，其尺寸和方向都由引导线驱动。

步骤 9　退出草图　将草图命名为 "Sweep Profile"，接下来就可以通过扫描创建瓶身实体了。

当生成扫描特征时，引导线控制轮廓草图的形状、大小和方向。在此例中，引导线控制椭圆的长轴和短轴的长度。

步骤 10　创建扫描特征　单击【扫描凸台/基体】 ，开始创建扫描特征。

步骤 11　选择轮廓和路径　在 PropertyManager 的对应区域选择 "Sweep Profile" 和 "Sweep Path" 草图。预览图形显示了使用当前轮廓和路径扫描得到的形状（没有指定引导线），如图 7-17 所示。

步骤 12　选择引导线　展开【引导线】组框，单击【引导线】组框，按图 7-18 所示选择两条引导线。由于使用了引导线，与之相关的几何关系也应该包含在特征中。穿透几何关系使得扫描特征的每个中间椭圆截面的长轴端点被样条曲线穿透，因此椭圆的大小将随路径而改变。选择曲线 "Second Guide"，引导标注仅出现在最后选择的引导线上。

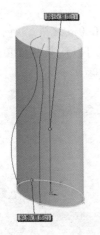

图 7-17　选择轮廓和路径

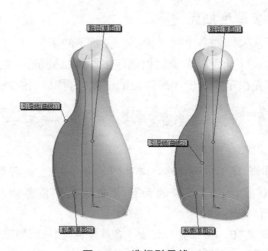

图 7-18　选择引导线

7.4.2　显示中间部分

当创建一个含引导线的扫描特征时，用户可以单击【引导线】组框内的【显示截面】 按钮来查看生成的中间截面形状。系统在计算这些截面时，会有一个选值框显示当前中间截面的编号，用户可以单击向上或向下的箭头以显示不同的截面。

步骤13 显示截面 单击【显示截面】 👁，可显示中间的截面。注意，截面椭圆的形态随引导线变化的关系，单击【确定】 ✔，如图7-19所示。

> 提示 👉 确保【起始处和结束处相切】选项中的设置为【无】。

步骤14 添加瓶颈 选择顶部的面并创建草图，使用【转换实体引用】 🗔 复制该边到当前的草图中，向上拉伸0.625in，如图7-20所示。

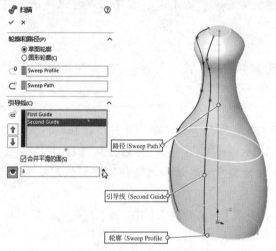

图7-19 截面的变化关系

图7-20 添加瓶颈

7.4.3 多厚度抽壳

接下来要添加一个抽壳特征。在瓶子的实例中，除了瓶颈是0.060in之外，所有的面厚度都是0.020in。【抽壳】命令提供创建多厚度抽壳的选项，多厚度抽壳可以使某些面更厚或者更薄。用户应该先决定实例中大多数面的厚度，再确定较少一部分面的厚度。

> 提示 👉 多厚度抽壳在不同厚度之间需要一条锐利的边来定义边界。

步骤15 抽壳命令 单击【抽壳】 🗋，设置厚度为"0.020in"，在【移除的面】中选择瓶颈顶部的面，如图7-21所示。

步骤16 多厚度 激活【多厚度设定】选择框。

步骤17 选择加厚的面 选择瓶颈外面的面，设置厚度值为"0.060in"。单击【确定】 ✔ 创建壳，如图7-22所示。

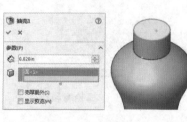

图7-21 抽壳命令

步骤18 在剖视图中查看结果 剖视图显示了两种不同的厚度，如图7-23所示。

步骤19 保存并关闭零件

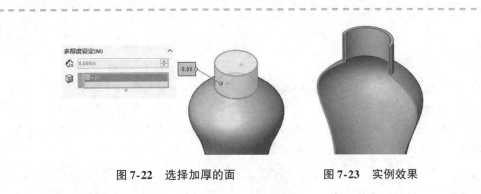

图 7-22　选择加厚的面　　　　　图 7-23　实例效果

7.5　SelectionManager

　　当使用一些需要多个要素的特征时，如扫描、放样及边界特征等，可以使用 SelectionManager 工具来辅助完成所要求的选择。例如，当选择扫描特征的轮廓、路径和引导线时，从图形区域选择一个项目，默认会选择到整个草图。但往往用户只需要选择草图中的部分内容，或者需要将草图实体与其他模型的元素结合起来以实现想要的结果，这时便可以使用 SelectionManager 了，如图 7-24 所示。

图 7-24　SelectionManager

　　SelectionManager 可用于选择草图中的部分内容，或者在多个草图中选择实体，选择多条非相切的边，或将边和草图实体结合起来组成"选择组"。SelectionManager 界面选项见表 7-1。

表 7-1　SelectionManager 界面选项

名称及图标	作　用
确定 ✔	确定选择项
取消 ✘	取消选择并关闭 SelectionManager
清除所有 ✗	清除所有的选择或编辑
选择闭环 ▢	在选择闭环的任意线段时，系统选择整个闭环
选择开环 ↰	在选择任意线段时选择与线段相连的整个开环
选择组 ⬇	选择一个或多个单一的线段，选择可以传播到选定线段之间的切线
选择区域 ▭	选择参数区域，这相当于二维草绘模式中的轮廓选择方式
标准选择 ▷	使用普通的选择方式，其功能相当于不使用 SelectionManager

知识卡片 SelectionManager	• 快捷菜单：在【扫描】、【放样】或【边界】特征 PropertyManager 被激活时，在图形区域右键单击并选择【SelectionManager】。

7.6　实例：悬架

　　在本实例中，悬架（见图 7-25）模型已经具有了用扫描特征将现有机构桥接在一起所需的所有信息，然而，路径曲线和引导线存在于相同的草图中，所以需要使用 SelectionManager 指定特征的不同组件。

扫码看视频

　　对于某些选择类型，SelectionManager 将自动启动，例如在进行路径选择时。对于其他选择类型，则需要从快捷菜单中启动 SelectionManager。

操作步骤

步骤 1　打开零件 "Hanger Bracket"　从 "Lesson07 \ Case Study" 文件夹中打开 "Hanger Bracket" 文件，查看 FeatureManager 设计树，草图 "Sweep Curves" 包含了扫描特征需要的路径曲线和引导线，如图 7-26 所示。下面将用 "Sketch4" 作为扫描的轮廓，该草图与两条曲线都已经建立了穿透几何关系。

> 提示　由于路径曲线和引导线位于同一个基准面上且它们之间拥有几何关系，因而为了方便，将它们创建在了同一张草图中。

步骤 2　扫描凸台　单击【扫描凸台/基体】🐛。

步骤 3　选择扫描轮廓　选择 "Sketch4" 作为轮廓。注意到此时扫描的路径选择框自动变成激活状态。

步骤 4　选择扫描路径　选择构成路径的实体之一，如图 7-27 所示。因为草图包含多个实体，【SelectionManager】会自动启动以指定哪些实体将用于扫描路径。单击对话框中的【选择开环】↪，系统选择所有连接的线段。右键单击或单击【SelectionManager】上的【确定】✔，"开环" 将用于路径选择。

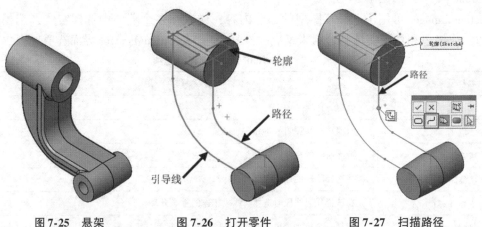

图 7-25　悬架　　　　图 7-26　打开零件　　　　图 7-27　扫描路径

> 提示　因为希望中间截面遵循这条曲线的方向，所以本例使用的是内部区域作为路径。默认情况下，路径曲线的主要功能是提供该特征的方向和控制中间截面的方向，而引导线通常用来调整大小和成形。

步骤 5　尝试选择引导线　激活【引导线】选择框，尝试选择构成引导线的实体之一，如图 7-28 所示。对于这种选择类型，需要使用 SelectionManager，但它不会自动启动。

步骤 6　启动 SelectionManager　在图形区域中单击右键，从快捷菜单中单击【SelectionManager】，在【SelectionManager】和【选择开环】↪选项处于活动状态时，可以选择引导线所需的草图部分，如图 7-29 所示。在【SelectionManager】对话框中单击【确定】✔。在 PropertyManager 中使用一个开环定义引导线。

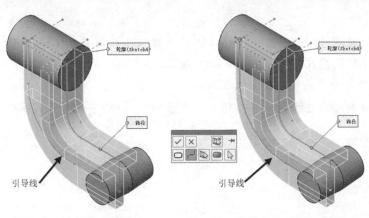

图 7-28　尝试选择引导线　　　　　图 7-29　启动 SelectionManager

步骤7　完成扫描凸台　在扫描【PropertyManager】中单击【确定】✅，扫描特征将两个实体合并，在零件中生成单一实体，如图 7-30 所示。

步骤8　添加穿透孔（可选步骤）　添加图 7-31 所示的两个孔。插入圆角，按图 7-32 所示在红色标注边处添加 3mm 的圆角，完成建模。

提示　　　　通过添加圆角使模型完美。

161

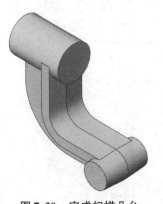

图 7-30　完成扫描凸台

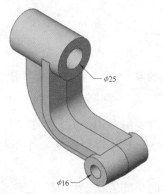

图 7-31　添加穿透孔

图 7-32　插入圆角

步骤9　保存并关闭零件

练习 7-1　创建椭圆形抽屉把手

图 7-33 所示的椭圆形抽屉把手的主要特征为扫描凸台，其路径为一条对称的曲线。下面将使用构造几何体来实现必要的尺寸，并使用样式曲线来完成该对称曲线。

本练习将应用以下技术：
- 样式曲线。
- 扫描。

图 7-33　椭圆形抽屉把手

操作步骤

　　步骤1　新建零件　使用模板"Part＿MM"新建零件，命名为"Drawer Pull"。

　　步骤2　绘制构造几何体　在前视基准面上新建草图，按照图 7-34 所示，绘制指定长度的两条中心线，将中点定义在坐标原点。

　　步骤3　绘制样式曲线　如图 7-35 所示放置控制点绘制一条【样式曲线】 。

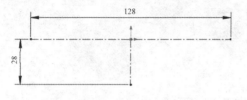

图 7-34　绘制构造几何体

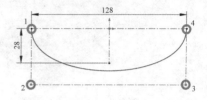

图 7-35　绘制样式曲线

　　步骤4　添加几何关系　如图 7-36 所示，对样式曲线和竖起构造线端点添加【重合】 约束。

　　在控制多边形的左边直线上添加【竖直】|关系。为了使样条曲线对称，添加一个【对称】 关系到两个控制顶点和竖直中心线。这将完全定义样条曲线，如图 7-37 所示。

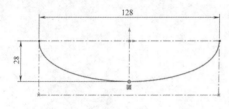

图 7-36　添加【重合】约束

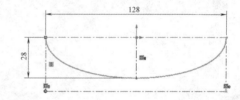

图 7-37　添加几何关系

　　● **对称的样条曲线**　由于样式曲线由多边形几何体控制，因而容易实现对称曲线。如果使用普通样条曲线，对称性可能是一个挑战，但也有一些技巧。

　　1）镜像绘制样条曲线。这是最简单的方法，但因为它创建两个单独的样条曲线，从镜像的样条曲线创建几何体将会在模型面中样条曲线的端点位置产生边线。

　　2）建立对称的构造几何体并将样条曲线绑定到对称框架上，如图 7-38 所示。结果为一个单一的曲线，但复杂的样条曲线可能会非常耗费时间。如果方向控制（样条曲线控标）被激活，样条曲线最终可能并非完全对称。

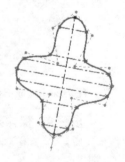

图 7-38　对称构造几何体

　　3）镜像样条曲线，并使用【套合样条曲线】 将两个独立的曲线连成一条样条曲线。这种方法将产生一个连续的曲线，且不需要设置复杂的构造几何体。

　　步骤5　添加控制点　为了修改样式曲线的形状，可以添加一些控制点。右键单击样式曲线或控制多边形，单击【插入控制点】 ，单击控制多边形的位置较低的直线，在对称线的每一侧创建控制顶点。

　　步骤6　添加对称关系　如图 7-39 所示，在新建的点和竖直中心线上添加【对称】 关系。

步骤7 添加重合关系 如图7-40所示，给控制多边形的水平线和竖直中心线的端点添加【重合】八关系，这将使曲线在此区域变平。

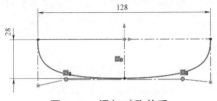

图 7-39 添加对称关系

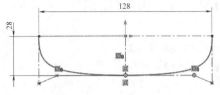

图 7-40 添加重合关系

步骤8 微调样条曲线 移动控制点来调整样条曲线的形状。用户也可以给控制多边形添加尺寸来完全定义该曲线。

步骤9 退出草图

步骤10 绘制轮廓 在前视基准面上新建草图，绘制一个图7-41所示的椭圆，添加尺寸，使中心与样条曲线的端点重合。

> **提示** 为了执行【扫描】命令，必须先退出草图模式。

步骤11 扫描轮廓 沿路径扫描轮廓形成图7-42所示的图形。

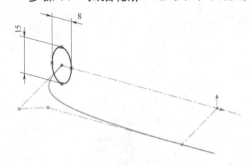

图 7-41 绘制轮廓

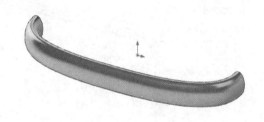

图 7-42 扫描轮廓

步骤12 添加拉伸特征 在前视基准面上新建草图。向外等距偏移轮廓4mm，拉伸草图3mm，如图7-43所示。

步骤13 添加圆角 按图7-44所示在上边添加4mm的圆角，下边添加0.5mm的圆角。

步骤14 镜像特征 以右视基准面为对称平面添加另一侧的把手凸台和圆角，如图7-45所示。

步骤15 关闭并保存零件

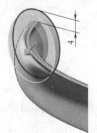

图 7-43 添加拉伸特征

图 7-44 添加圆角

图 7-45 镜像特征

练习 7-2　拆轮胎棒

创建拆轮胎棒模型，如图 7-46 所示。

本练习将应用以下技术：

- 扫描。
- 圆形轮廓扫描。
- 圆顶特征。

图 7-46　拆轮胎棒

操作步骤

步骤 1　新建零件　使用"Part_IN"模板新建一个零件，并命名为"Tire Iron"。

步骤 2　使用提供的工程图创建零件（可选步骤）　使用图 7-47 所示的工程图创建"Tire Iron"零件，或者使用下面的步骤逐步创建。

 提示　　"Tire Iron"的主要实体可以通过【圆形轮廓扫描】创建，并在扫描 PropertyManager 中设置后自动实现。六边形切割的底部使用一个圆顶特征来创建凹面。

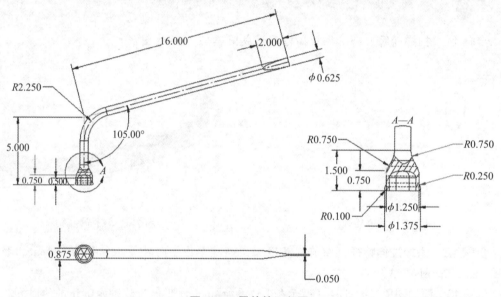

图 7-47　零件的工程图

步骤 3　绘制草图　在上视基准面上创建图 7-48 所示的路径草图。

技巧　　当用户想定义草图中虚拟尖角的尺寸时，应首先考虑创建直线，定义尺寸后再添加圆角。草图圆角将自动创建相切关系，并保持到虚拟交点的尺寸关系。也可以通过选择两条直线并单击【点】■命令来创建一个虚拟交点以标注尺寸。

当扫描特征需要一个在路径中心的圆形轮廓时，可以从扫描 PropertyManager 中自动创建。【圆形轮廓扫描】通常用于创建如管筒、管道和电线之类的特征。如果需要，可以用【薄壁特征】选项来创建一个薄壁圆环轮廓的扫描。由于此扫描特征的轮廓是一个位于路径中心的圆，因而可以通过扫描的 PropertyManager 来自动创建。

步骤4 **插入扫描特征** 单击【扫描凸台/基体】 🐛，单击【圆形轮廓】，选择路径草图。设定圆形轮廓的【直径】 ⌀ 为 "0.625in"。单击【确定】 ✔，如图7-49所示。

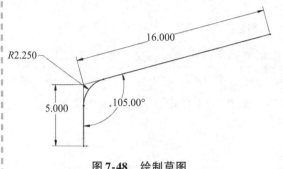

图7-48 绘制草图

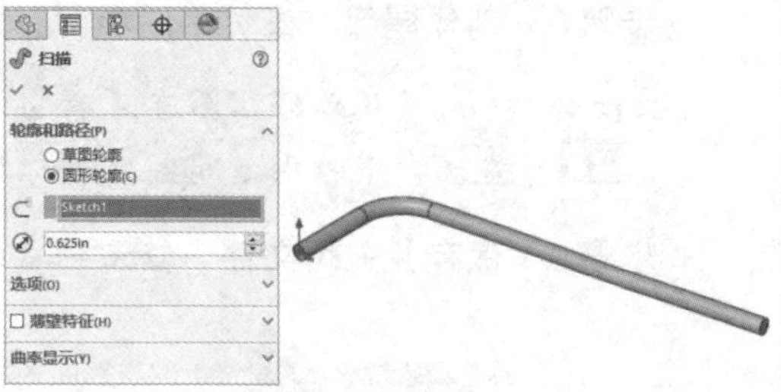

图7-49 插入扫描特征

步骤5 **创建旋转特征** 在上视基准面上创建草图，并用其创建旋转特征，如图7-50所示。

技巧 🔑 用户可以在完成尺寸定义后，再添加一些草图圆角。

步骤6 **创建六边形切除特征** 使用【多边形】 ⬡ 工具创建一个六边形切除特征，如图7-51所示。

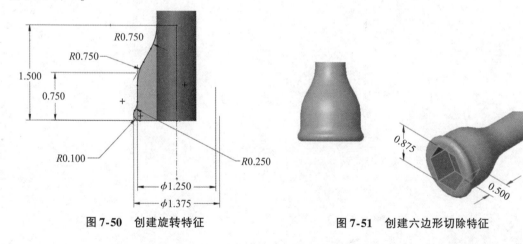

图7-50 创建旋转特征

图7-51 创建六边形切除特征

圆顶特征可以通过创建一个凸形（默认）或凹形来改变模型的面。为了创建圆顶，先选择希望变形的面，然后定义距离和方向（可更改）。圆顶的默认创建方向与选择面的方向一致，用户可以选择质心朝向面外的面，如此可以将圆顶应用到不规则的面上。

知识卡片	圆顶	• 菜单:【插入】/【特征】/【圆顶】 🌓。

技巧 🔑 当从工具栏中查找某一个命令较困难时，可以通过命令搜索功能来激活它，如图7-52所示。

图7-52 搜索【圆顶】命令

步骤 7　**使用圆顶特征圆滑切除特征的底部**　单击【圆顶】❸命令，选择六边形切除的底部面，设定【距离】为"0.2in"。单击【反向】↙使圆顶凹陷，取消勾选【连续圆顶】复选框，单击【确定】✔，结果如图 7-53 所示。

步骤 8　**创建尾部**　使用草图和贯穿切除，创建零件的扁平尾部，如图 7-54 所示。

技巧　　　使用路径草图在正确的方向上创建一个新的平面，使用草图中的中心线在上、下轮廓之间创建对称特征。

步骤 9　**保存并关闭文件**　查看创建的零件，如图 7-55 所示。保存并关闭文件。

图 7-53　使用圆顶特征圆滑
　　　　　切除特征的底部

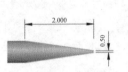

图 7-54　创建尾部

图 7-55　查看零件

第 8 章 曲　　线

8.1　曲线特征

本章将介绍 SOLIDWORKS 中的几种曲线特征。这里介绍的不是草图环境下的曲线特征，使用曲线特征创建的二维和三维曲线几何体很难用草图下的命令来实现。这些曲线对于创建复杂的特征是十分实用的，而且可以直接用作扫描的路径和引导线。曲线特征见表 8-1。

表 8-1　曲线特征

名称及图标	作　　用
螺旋线/涡状线	该特征用于创建三维螺旋线或二维涡状线。这是一个基于草图的特征,需要在曲线的起始平面创建一个草图圆用作曲线的起始直径
投影曲线	该特征将一个草图投射到面,或草图投射到草图来创建一条曲线。该工具对创建可用正交视图描述的复杂三维曲线非常有用
组合曲线	该特征将不同的曲线连接起来创建成一条曲线。组合曲线可以将多个草图、曲线特征及边线连接起来形成一条连续的曲线
通过 XYZ 点的曲线	该特征创建一条通过指定 XYZ 坐标的曲线。坐标数据可以存成外部文件以供重用,也可以通过插入 SOLIDWORKS 曲线文件或文本文件获取坐标信息
通过参考点的曲线	该特征创建一条通过用户定义点或已存在的顶点的曲线。该特征还提供了创建闭合曲线的选项
分割线	该特征通过创建额外的边来分割模型的面。该命令可以利用投影草图几何、面、表面、平面、相交产生的边来分割模型的面,或给轮廓边添加分割线等

8.2　实例：创建弹簧

在本实例中，将创建图 8-1 所示的螺旋弹簧。这里将利用该零件对称的特点，先创建弹簧的一半，然后再对其进行镜像，来完成整个弹簧。扫描是这个零件的主要特征，用若干个曲线特征作为路径，而中间部分则用一个 3D 草图来生成。

8.3　沿 3D 路径扫描

本教程已介绍了使用 2D 路径扫描的简单实例。本

图 8-1　螺旋弹簧

扫码看视频

扫码看 3D

章将介绍一个比较复杂的实例——使用 3D 路径扫描。用户可以通过 3D 草图、投影曲线、螺旋线和已存在的模型边线来创建 3D 路径。

8.4 绘制 3D 草图

与 2D 草图实体不同的是，3D 草图中的实体不局限于一个单一平面中，这使得 3D 草图在某些应用(如扫描和放样)中十分有用。然而，有时候绘制 3D 草图比较困难。为成功地绘制 3D 草图，了解 3D 草图环境下屏幕的提示和一些关系很关键。

8.4.1 使用参考平面

使用模型中的面来控制 3D 草图中的实体是一种简易的方法。在一个 3D 草图中，可以通过切换已存在模型的面来创建 3D 草图实体。如果想在模型的默认面之间切换，那么可以在草图工具被激活时按住〈Tab〉键。光标的反馈将显示正在操作草图的基准面，如图 8-2 所示，*XY* 表示平行于前视基准面绘制，*YZ* 表示平行于右视基准面绘制，而 *XZ* 则表示平行于上视基准面绘制。在绘制 3D 草图时，通过按住〈Ctrl〉键并单击模型中已经存在的面或平面，可以把它们作为草图绘制的面，如图 8-3 所示。

图 8-2 平行于前视基准面

图 8-3 在面或平面上绘制草图

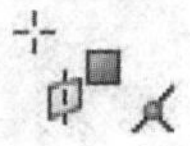

8.4.2 其他技术

在一个 3D 草图中使用 2D 平面的其他技术，包括"激活"一个平面或创建一个平面到 3D 草图内部。

8.4.3 空间控标

除了光标反馈，SOLIDWORKS 在 3D 草图环境中还提供了一个图形化的辅助工具来帮助用户保持方向，称为"空间控标"。空间控标显示为红色，它的轴指示当前选择的面或平面的方向。空间控标遵循放置在 3D 草图中的点，帮助用户识别方位及推理线，以及自动捕捉关系，如图 8-4 所示。

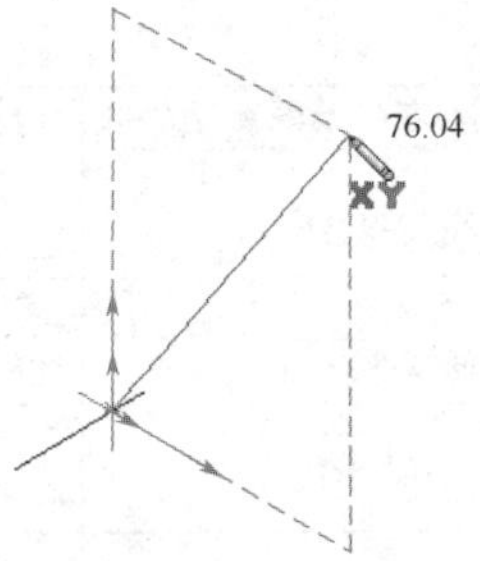

8.4.4 草图实体和几何关系

相对于 2D 草图而言，3D 草图中少了很多可用的实体和草图几何关系。在 3D 草图工作时，可以使用【沿 X 轴】、【沿 Y 轴】和【沿 Z 轴】来替代水平或竖直的关系。由于 3D 草图环境中不止两个维度，这些关系可以通过使实体与模型的坐标轴对齐的方式来完全定义它的方向。

图 8-4 空间控标

知识卡片	3D 草图	• CommandManager:【草图】/【草图弹出菜单】 ▾/【3D 草图】。 • 菜单:【插入】/【3D 草图】。

弹簧路径的第一部分将使用 3D 草图创建，首先使用一些构造几何体来辅助草图的定位，如图 8-5 所示。

操作步骤

步骤 1 新建零件 使用模板"Part_MM"新建一个零件，命名为"Spring"。

步骤 2 创建新的 3D 草图 单击【3D 草图】。

168

步骤3　绘制中心线　单击【中心线】 ⁄，按〈Tab〉键，直到光标显示为"YZ"符号 。如图8-6所示，从原点开始沿Y轴 绘制大约3mm长的中心线，保持该线在模型空间中与Y轴重合；沿Z轴 绘制第二条大约3mm长的中心线，保持该线在模型空间中与Z轴重合；分别标注中心线的尺寸为"3.25mm"和"3mm"。

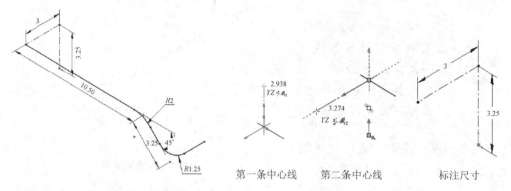

图8-5　用3D草图创建弹簧路径　　　　　　　　图8-6　绘制中心线

步骤4　绘制第一条直线　单击【直线】 ⁄，按〈Tab〉键，直到光标显示为"XY"符号。按图8-7所示，从第二条中心线的终点开始沿X轴 绘制大约10mm长的直线，保持该线在模型空间中与X轴重合。

步骤5　绘制第二条直线　绘制第二条直线，长度约为3mm，与水平线的夹角约为45°。如图8-8所示，光标后的符号 表示正在绘制的草图与XY平面平行，但缺少黄色背景表明这仅是参考指示，并没有添加几何关系。我们将在步骤10中添加【平行】几何关系。

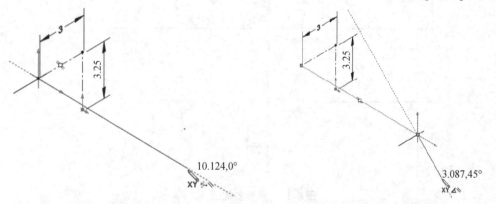

图8-7　绘制第一条直线　　　　　　　　　　图8-8　绘制第二条直线

步骤6　切换草图平面　按〈Tab〉键，切换到YZ平面。如图8-9所示，沿Z轴 绘制大约3mm长的直线，保持该直线在模型空间中与Z轴重合。

步骤7　查看多视图　在等轴测视图中不能清楚地显示3D草图，当用户拖动草图对象时就很难知道移动的距离，多视图有助于解决此问题。在前导视图工具栏中单击【视图定向】 ，然后单击【四视图】 ，如图8-10所示。

提示　　　　视窗可以显示为第三视角（见图8-10）或第一视角。选择【选项】 ／【系统选项】／【显示/选择】，在【四视图视口的投影类型】选项的下拉菜单中可以设置视窗的视角。

步骤8　拖动端点　拖动两条直线的公共端点，在多视图中很清楚地显示第二条带角度的直线偏离了前视基准面，如图 8-11 所示。

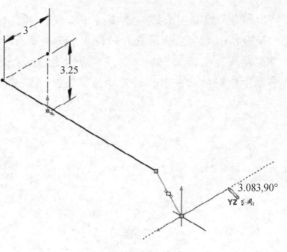

图 8-9　切换草图平面

技巧🔑　　　标准正交视图也可以用来限制拖曳动作。例如在前视图中，用户只能拖曳实体在 X 和 Y 轴方向移动。

步骤9　单一视图　进入【视图定向】📷，单击【单一视图】▭回到一个视图。

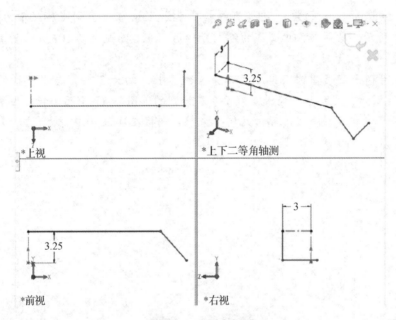

图 8-10　查看多视图

步骤10　添加几何关系和尺寸　选择前视基准面和第二条直线，添加【平行】╲几何关系。选择前视基准面和第三条直线的终点，该直线与 Z 轴平行，添加【在平面上】▣几何关系。如图 8-12 所示，标注尺寸。

步骤11　添加圆角　单击【绘制圆角】⌐，分别添加半径为 2mm 和 1.25mm 的圆角，如图 8-13 所示。

提示👆　　　在 2D 草图中是无法添加不同方向的多个圆角的。

步骤12　退出 3D 草图

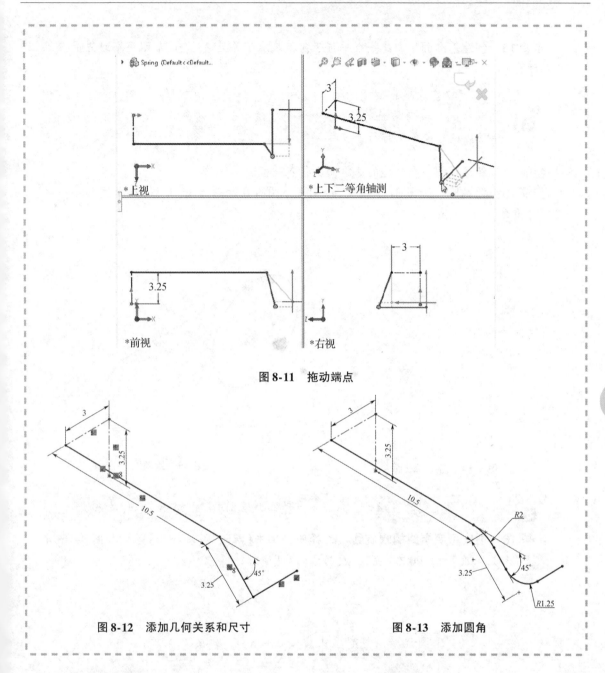

图 8-11 拖动端点

图 8-12 添加几何关系和尺寸

图 8-13 添加圆角

8.5 螺旋曲线

创建弹簧扫描路径的下一部分是一条有变螺距和直径的螺旋曲线。先在螺旋曲线的起始处创建一个平面，并绘制所需的草图圆，然后用螺旋属性来定义螺旋曲线。

知识卡片	螺旋线/涡状线	【螺旋线/涡状线】用于创建一条基于一个圆和定义数值(如螺距、圈数和高度)的 3D 曲线或 2D 涡状线。草图中的圆定义了曲线的起始直径和起始位置。
	操作方法	• CommandManager:【特征】/【曲线】 /【螺旋线/涡状线】。 • 菜单:【插入】/【曲线】/【螺旋线/涡状线】。

步骤13 创建基准面 创建一个平行于前视基准面并且通过3D草图一个端点的基准面，如图8-14所示。

> 技巧 创建基准面的快捷方式：选择平面以使其在图形区域预览可见。按住〈Ctrl〉键并拖动平面的边框，将会创建该平面的一个副本，然后在 PropertyManager 中定义平面的更多参数。

步骤14 新建草图 在创建的基准面上插入一幅新草图。

步骤15 绘制圆 如图8-15所示，绘制一个圆心在原点的圆，并与3D草图的一个端点添加【重合】几何关系。

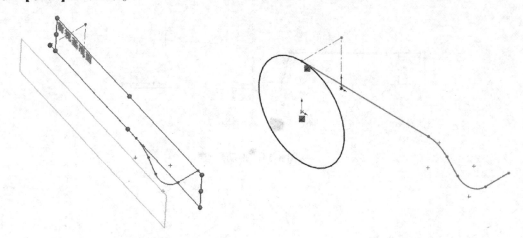

图 8-14 创建基准面   图 8-15 绘制圆

> 技巧 在确定圆的直径时，系统将自动添加与3D草图【重合】几何关系。

步骤16 创建可变螺距的螺旋线 选择圆，单击【螺旋线/涡状线】。如图8-16所示，设定【起始角度】为"90.00度"，旋转方向为【逆时针】。

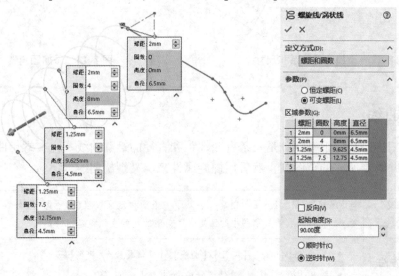

图 8-16 可变螺距的螺旋线

用户可以使用螺旋线 PropertyManager 中的第一个下拉框来选择定义方式，以及是否使用涡状线。下面将定义弹簧螺旋线的【螺距】和【圈数】。这里螺旋线的螺距和直径是变化的，因此选择【可变螺距】来修改曲线的这些参数。在一张表格中定义整个曲线的螺距，以及各圈的直径。表格的第一行显示为灰色（不可编辑），因为这些参数由草图圆决定。而高度值不能编辑，因为选择的曲线定义方式为【螺距和圈数】，它的值将由表格中添加的其他值来驱动。在【区域参数】中设定【圈数】、【直径】和【螺距】，见表8-2。

表8-2　区域参数数值

圈数	直径/mm	螺距/mm	圈数	直径/mm	螺距/mm
0	6.5	2	5	4.5	1.25
4	6.5	2	7.5	4.5	1.25

表8-2的前两行表示从第0圈到第4圈的螺距固定为2mm，直径为6.5mm。第4圈到第5圈曲线则过渡至螺距为1.25mm，直径为4.5mm，然后一直保持这些参数直到第7.5圈。预览将随着值和标签的变化而更新，以反映螺旋线的尺寸定义情况。用户还可以直接在图形区域的标签上更改这些值。

【反向】复选框控制螺旋线从草图面出发的方向。在本例中，方向为正 Z 方向。从顶部草图圆开始的【起始角度】设定为90°，设定旋转方向为【逆时针】。单击【确定】 ✔，【隐藏】 ◉ "基准面1"。完成的螺旋线如图8-17所示。

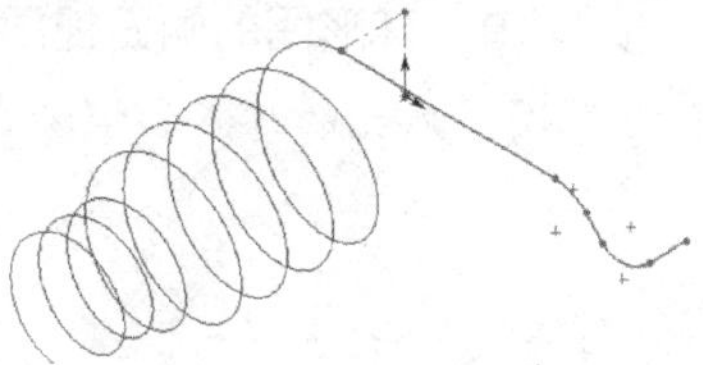

图 8-17　完成的螺旋线

8.6　从正交视图创建 3D 曲线

弹簧的终端是环形圈，该环是在两个不同方向上的弯曲，可以在正交视图中清楚显示。图8-18显示弹簧终端环形圈的完整视图。从前视图可以看出，环形圈和螺旋线终端的直径一致，从右视图可以看到，环形圈呈倒 U 形。

8.7　投影曲线

投影曲线命令适合于创建所需的扫描路径的曲线。已知环形圈的两个正交视图，这里将创建一个代表这些视图的草图，然后互相投影做出 3D 曲线。该命令也可以用来将草图投射到一个复杂的面通过相交创建曲线，这将在后续章节中介绍。

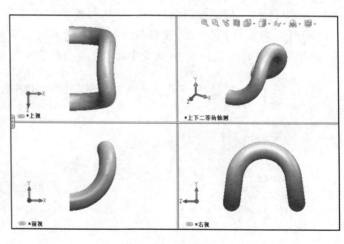

图 8-18　环形圈

知识卡片	投影曲线	【投影曲线】特征可以通过以下两种方法创建3D曲线： ●面上草图：把一幅草图投射到模型中的一个或多个面上。 ●草图上草图：两个草图相互投射形成曲线，如图8-19所示。这两个草图的基准面通常是垂直的，但这并不是必需的。	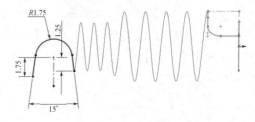 图8-19　草图上草图投影
	操作方法	●CommandManager：【特征】/【曲线】/【投影曲线】。 ●菜单：【插入】/【曲线】/【投影曲线】。	

步骤17　环形圈的前视图　在前视基准面上插入一幅新草图。如图8-20所示，绘制一个半圆，并标注尺寸。

步骤18　退出草图

步骤19　环形圈的侧面视图　在右视基准面上插入一幅新草图，绘制环形圈的侧面视图，在草图最右面的终点和螺旋线的末端之间添加【穿透】几何关系，如图8-21所示。

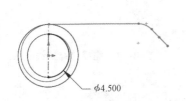

图8-20　环形圈的前视图

图8-21　环形圈的侧面视图

提示　由于螺旋曲线在多个位置穿透右草图平面，那么在创建穿透关系时在打算要穿透的位置附近选择曲线很重要。

步骤20　退出草图

步骤21　创建投影曲线　选择环形圈的前视图和侧面视图的草图，单击【插入】/【曲线】/【投影曲线】。在【投影曲线】中选择【草图上草图】选项，如图8-22所示。用户将看到投影曲线的预览。单击【确定】，完成的投影曲线如图8-23所示。

技巧　如果用户预选项目，SOLIDWORKS将试图选择合适的投影类型。

图8-22　投影曲线

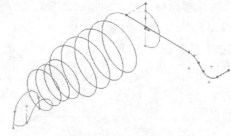

图8-23　完成的投影曲线

8.8　组合曲线

　　扫描路径的一个要求就是，它必须是一个单一实体：模型边、草图实体或者一个曲线特征。因此，为了将整个弹簧扫描成一个单一的特征，需要将 3D 草图、螺旋线和投影曲线相结合。实现该目标的方法之一是使用【组合曲线】。

| 知识卡片 | 组合曲线 | 【组合曲线】可以把参考曲线、草图几何体和模型边合并为一条曲线。组合的所有曲线必须首尾相连，没有断裂和交叉。生成的曲线可用作扫描或放样的路径或导引线。 |
| | 操作方法 | ● CommandManager：【特征】/【曲线】ひ/【组合曲线】ﬁ。
● 菜单：【插入】/【曲线】/【组合曲线】。 |

　　步骤22　组合曲线　单击【插入】/【曲线】/【组合曲线】ﬁ，选择 3D 草图、螺旋线和投影曲线，如图 8-24 所示。单击【确定】✔。

　　步骤23　扫描圆形轮廓　由于该特征的轮廓是圆心在路径上的简单圆，它可以被扫描特征的 PropertyManager 自动创建。单击【扫描】ﬖ，选择【圆形轮廓】。选择组合曲线作为路径。设置圆形轮廓的直径⌀为"1.000mm"，如图 8-25 所示。

图 8-24　组合曲线

图 8-25　扫描圆形轮廓

　　步骤24　评估几何体　如图 8-26 所示，可以看到螺旋的一端过渡处相切得不是很自然。这是 3D 草图的一个问题，因为它不能像 2D 草图那样做出圆角。

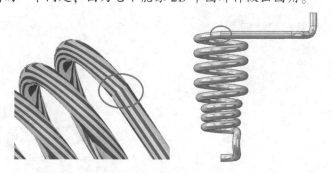

图 8-26　评估几何体

8.9　平滑过渡

　　因为 3D 曲线不能像 2D 草图那样生成圆角，所以螺旋线的末端过渡处不是很光滑。使过渡处光滑的一种方法是使用【套合样条曲线】命令，将组合曲线转换成一条单一的样条曲线，因为样条曲线是一种"插值"实体(SOLIDWORKS 软件可以在样条曲线的点之间通过"插值"的方式进行填充计算，使相切处变得光滑)。但是样条曲线是"插值"的几何体，也就是说样条曲线是近似的，不会与原有的实体完全吻合。用户可以像在 2D 草图中使用【套合样条曲线】命令一样对 3D 实体使用，不过这时的曲线首先必须转换成草图实体。

步骤25　将组合曲线转换成草图实体　删除特征"扫描 1"。插入一幅新的 3D 草图 3D，从 FeatureManager 设计树中选择组合曲线，单击【转换实体引用】，如图 8-27 所示。

组合曲线可以转换成几个不同类型的实体：直线、圆弧和样条曲线。下面将把所有的实体转换成一条单一样条曲线。

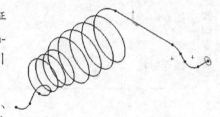

图 8-27　转换实体引用

步骤26　套合样条曲线　在图形区域中选择 3D 草图中的所有草图实体，然后单击【套合样条曲线】。

如图 8-28 所示，取消勾选【闭合的样条曲线】复选框。选中【约束】选项，将套合样条曲线以参数方式链接到原有实体。

如图 8-29 所示，改变【公差】值，注意预览【公差】值对样条曲线套合原有实体的影响。如果样条曲线不能足够精确地套合原有实体，就需要减小【公差】值。

图 8-28　套合样条曲线

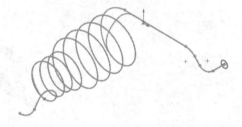

图 8-29　公差对样条曲线的影响

设定【公差】值为"0.100mm"，单击【确定】，退出 3D 草图，【隐藏】组合曲线，如图 8-30 所示。

步骤27　重新创建扫描特征　将圆作为扫描轮廓，套合样条曲线作为扫描路径，重新创建扫描特征，如图 8-31 所示。

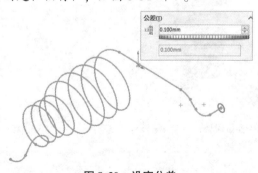

图 8-30　设定公差

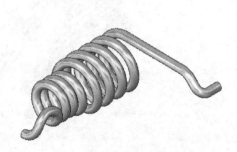

图 8-31　重新创建扫描特征

176

⚠️ **注意**　　扫描生成一个连续的面，而不是像之前那样被分成几个面，同时转换后的区域也比原先的光滑。

步骤28　镜像弹簧　将与前视基准面重合的端面作为【镜像面】，镜像扫描生成的实体，勾选【合并实体】复选框，结果如图 8-32 所示。

👆 **提示**　　图 8-32 所示的模型具有抛光钢的零件外观并采用【上色】 🧊 显示类型。

步骤29　保存并关闭零件

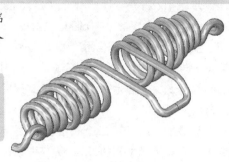

图 8-32　镜像弹簧

练习 8-1　多平面 3D 草图

本练习的主要任务是按下面步骤，创建图 8-33 所示的零件。

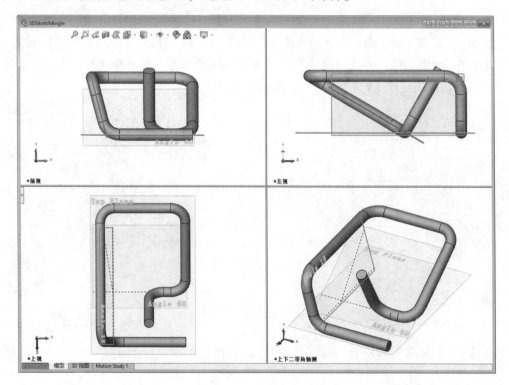

图 8-33　多平面 3D 草图

本练习将应用以下技术：

● 3D 草图。　　● 使用参考平面。　　● 扫描。

绘制 3D 草图时，除了 3 个默认的基准面外，有时还需要其他的基准面。在开始绘制 3D 草图前应先创建这些面，与构造几何体一样，需要提前计划。只要所需的参考已经存在，基准面 🪟 也可以在 3D 草图中创建。

操作步骤

步骤1 打开零件 打开 "Lesson08\Ex-ercises" 文件夹下的 "3DSketchAngle" 零件。

步骤2 新建基准面 创建与右视基准面夹角为 15°的基准面，并穿过最左侧 100mm 长的构造线，命名为 "Angle 15"，如图 8-34 所示。

步骤3 创建第二个基准面 创建与前视基准面夹角为 60°的基准面，并穿过最后侧 150mm 长的构造线，命名为 "Angle 60"，如图 8-35 所示。

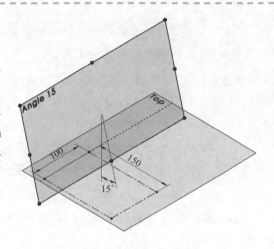

图 8-34 新建基准面

> 技巧 平面是无限延伸的，但在图形区域，预览时可以调整大小或重新定位。用户可以在选中平面后，当光标显示抓取手柄时拖动平面来重新定位，或拖动边框重新调整大小。

步骤4 新建3D草图 创建一幅【3D 草图】，并切换到【等轴测视图】。

步骤5 绘制直线 单击【直线】工具，从原点开始沿 X 轴绘制直线，使该直线的终止点与构造线的终点【重合】，如图 8-36 所示。

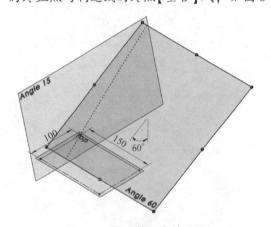

图 8-35 创建第二个基准面

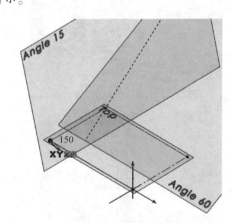

图 8-36 绘制直线

步骤6 切换草图基准面 按住〈Ctrl〉键并单击基准面 "Angle 15"。此时空间控标与该基准面对齐。

>
> 提示 当用户在选择的面或基准面上绘制草图时，光标显示为，会自动在直线和所选的实体之间添加【在平面上】几何关系。这些几何关系与 2D 草图几何关系相似，如竖直和水平。

步骤7 **绘制直线** 利用推理线和光标反馈在激活的平面上创建下一条竖直线，如图 8-37 所示。

步骤8 **继续绘制直线** 利用【水平】—关系绘制直线，保持该直线在模型空间中与 X 轴重合，如图 8-38 所示。

步骤9 **添加几何关系** 取消【直线】工具。在直线的终点和基准面 "Angle 60" 之间添加【在平面上】几何关系，如图 8-39 所示。

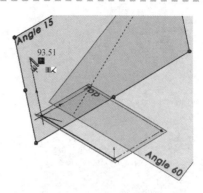

图 8-37 切换草图基准面

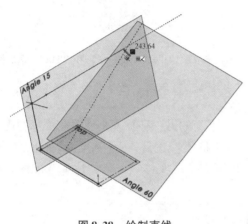

图 8-38 绘制直线

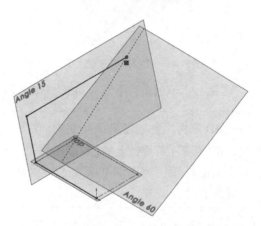

图 8-39 添加几何关系

● **激活基准面** 在 3D 草图中利用已存在平面的另一种技术是 "激活" 基准面。可以通过双击可视平面的预览来激活该平面。当在 3D 草图中激活平面时，在平面的预览中会显示一个网格。当一个基准面被激活后，在 3D 草图中创建的所有实体将通过【在平面上】几何关系绑定到这个面上，而 2D 草图中的实体则可以通过添加水平或竖直关系进行约束。通过双击平面预览之外的区域，可以取消该平面的激活状态。

> **提示** 【水平】和【竖直】是相对于激活的草图基准面而言的，并不是模型空间。

步骤10 **激活基准面 "Angle 60"** 双击基准面 "Angle 60" 激活该基准面，会有网格显示。

步骤11 **绘制两条直线** 绘制一条【水平】—直线，使其起点与上一条直线的终点重合。绘制一条【竖直】直线，并使其终点与 "Setup" 草图重合，如图 8-40 所示。

> **技巧** 用户可以通过 "唤醒" 之前的草图来推测端点。将光标悬停在想要参考的草图区域即可将其唤醒。另外，添加一条【水平】—直线，使其终止于草图 "Setup" 中直线的中点。

179

> 提示🖐　　为了显示清晰，可以隐藏"Angle 15"和"Top"基准面，如图 8-41 所示。

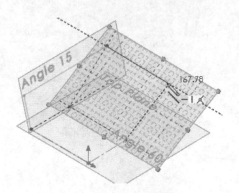

图 8-40　绘制两条直线

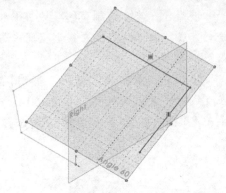

图 8-41　隐藏"Angle 15"和"Top"基准面

步骤 12　取消激活平面　在图形窗口中双击空白区域，可取消激活参考面"Angle 60"。

● **在 3D 草图中创建基准面**　在 3D 草图中使用 2D 平面的另一种技术是创建一个草图内部的基准面。在【草图】工具栏上的【基准面】▥命令使用与【特征】工具栏上【基准面】▤命令一样的 PropertyManager，用于创建新的基准面作为激活的 3D 草图内部实体。一旦创建了基准面，它将会自动被激活。

知识卡片	在 3D 草图中创建基准面	● CommandManager：【草图】/【基准面】▥。 ● 菜单：【工具】/【草图绘制实体】/【基准面】。 ● 在 3D 草图中单击右键，单击【草图绘制实体】，选择【基准面】。

步骤 13　在 3D 草图中创建基准面　下面将在 3D 草图中创建一个平面，来控制该草图中的最后一条直线的方向。使用【草图】工具栏上的【基准面】▥命令来定义基准面，使其与最后一条直线的端点重合，且与右视基准面平行，如图 8-42 所示。

步骤 14　绘制另一条直线　基准面在创建后会自动变成激活状态。在最后一个端点处创建一条与"Angle 60"基准面【垂直】⊥的直线，如图 8-43 所示。在图形区域内双击空白区域以取消激活该基准面。这个基准面也是该草图的一部分。

步骤 15　标注尺寸　按如图 8-44 所示标注尺寸，完全定义该草图。

步骤 16　创建圆角　在 6 个拐角处创建半径为 30mm 的圆角，如图 8-45 所示。

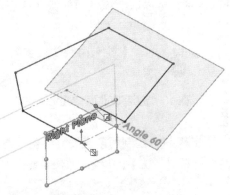

图 8-42　创建基准面

步骤 17　创建圆形扫描特征　单击【扫描凸台/基体】🖌，单击【圆形轮廓】，对于【路径】↻，选择 3D 草图。设置圆形轮廓的【直径】⌀为"20mm"，单击【确定】✔，如图 8-46 所示。

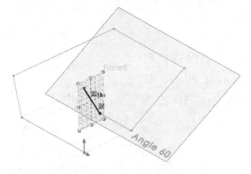

图 8-43 绘制另一条直线

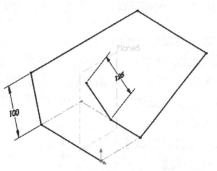

图 8-44 标注尺寸

图 8-45 创建圆角

图 8-46 创建圆形扫描特征

步骤 18 保存并关闭零件

练习 8-2 手电筒弹簧

本练习将使用螺距和直径可变的螺旋线创建一个手电筒弹簧，如图 8-47 所示。

本练习将应用以下技术：

- 创建螺旋线。
- 圆形轮廓扫描。

图 8-47 手电筒弹簧

操作步骤

步骤 1 新建零件 使用 "Part_MM" 模板新建零件，并命名为 "Flashlight_Spring"。

步骤 2 创建螺旋线 按表 8-3 的弹簧参数创建螺旋线。

步骤 3 扫描弹簧 将步骤 2 创建的螺旋线作为扫描路径，其中金属丝的直径为 1.25mm。

步骤 4 保存并关闭零件

表 8-3 弹簧参数

螺距/mm	圈数	直径/mm
0.5	0	40
2.0	1	40
5.0	2	35
5.0	4.5	22.5
0.002	6	15

练习8-3 水壶架

本练习将使用扫描特征创建自行车水壶架的金属线部分。扫描路径将代表该弯曲线的中心线。水壶架在垂直方向上必须保持恒定的直径来容纳水瓶，已知前视图下水壶架的形状如图8-48所示。有了这些信息，可以创建两个正交的草图，并互相投影来生成3D曲线作为扫描路径。

本练习将应用以下技术：

- 样条曲线。
- 操作样条曲线。
- 投影曲线特征。
- 圆形轮廓扫描。

图8-48 水壶架

操作步骤

步骤1 新建零件 使用"Part_MM"模板新建零件，并命名为"Water Bottle Cage"。

步骤2 绘制草图 在上视基准面上绘制草图，如图8-49所示，并标注尺寸。垂直中心线表示水壶架的最小开口。在接下来的草图中将参考这个几何尺寸。

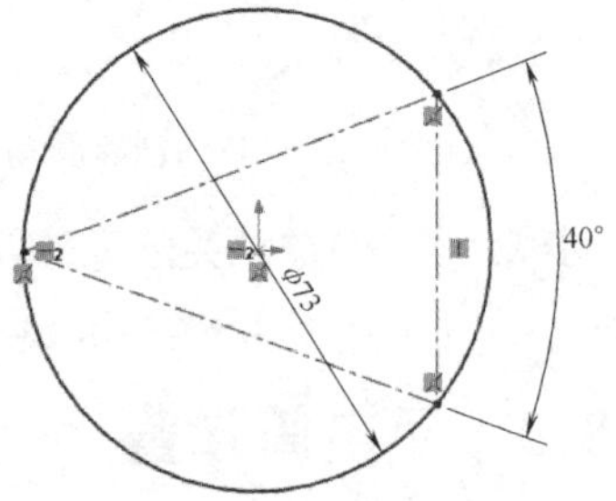

步骤3 绘制第二幅草图 在前视基准面上绘制第二幅草图。

步骤4 构造几何体 如图8-50所示创建构造几何

图8-49 绘制草图

体。使用【穿透】⊘几何关系约束第三条直线。这些直线将用来控制样条曲线的轮廓。

步骤5 绘制第二个轮廓 如图8-51所示，草图由原点起始处一个很短的水平直线、相切弧和一条样条曲线组成。此处可以使用样条曲线或样式曲线。

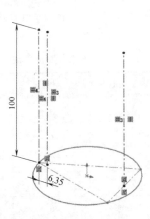

图8-50 构造几何体

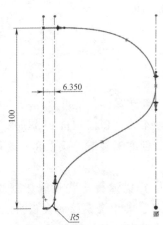

图8-51 绘制第二个轮廓

步骤6 **投影曲线** 用两个草图绘制投影曲线，如图8-52所示。

步骤7 **创建圆形扫描轮廓** 单击【扫描】🖋，单击【圆形轮廓】，对于【路径】↺，选择3D草图。设置圆形轮廓的【直径】⊘为"4.75mm"，单击【确定】✔。

步骤8 **套合样条曲线**（可选步骤） 平滑过渡扫描的路径，并使用【套合样条曲线】Ⅼ命令在模型中生成一个连续平滑面，如图8-53所示。

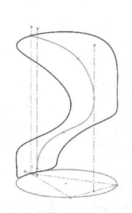

图 8-52 绘制投影曲线

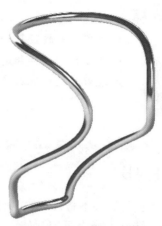

图 8-53 查看扫描结果

技巧 曲线首先需要被转化为草图实体。

步骤9 **保存并关闭零件**

第9章　放样和边界

9.1　复杂特征对比

由于一些复杂形体的轨迹不是线性的，曲线可能也不连续，如一些消费类产品，因此简单直线、曲线、拉伸和旋转已不能满足实际使用。SOLIDWORKS 提供了一些如扫描、放样和边界等特征来完成这些工作。这些复杂的特征都具有特定的优势和局限性，复杂特征对比见表 9-1。

表 9-1　复杂特征对比

名称及图标	优缺点	图　　示
扫描	只能使用一个简单的轮廓草图。它能根据引导线做出不同大小的形体，但无法将圆变成正方形	
放样	允许将不同形状的多个轮廓混合在一起。放样可以利用引导曲线来形成轮廓之间的特征，或利用中心线来提供轮廓之间的方向。约束可以被添加到该特征的开始处和结束处，但是无法用约束来对中间轮廓进行控制，且轨迹方向（引导曲线）上的曲率控制有一定的限制	

（续）

名称及图标	优缺点	图　示
边界	边界虽然和放样类似，但它可以在特征中定义任何的限制，且不限于仅仅在开始和结束处。它还允许对任何轮廓的方向和二次曲线的方向进行曲率控制。然而，边界特征不能用于中心线控制，而且重建时间往往会比放样更长	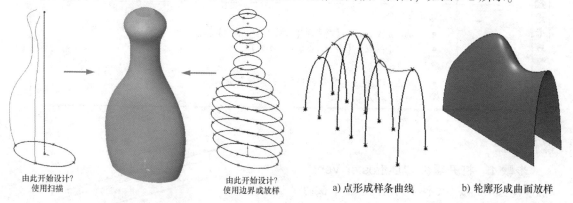

　　有了这 3 个各有所长的特征，设计人员几乎可以创建所有的复杂形体，选用哪种特征取决于所有的输入数据类型以及各种限制。下面仍然以瓶为例。

　　关于瓶子的特定横截面的信息，则更适合采用"放样"或"边界"。但从草图上看，瓶子上下的轮廓只是尺寸的不同，而又能够很容易地对侧面和正面轮廓创建曲线，因此采用"扫描"是更有效的方法，如图9-1所示。

9.2　放样和边界的工作原理

　　如果把拉伸和旋转类比为直线和圆弧，把放样和边界类比为样条曲线，将有助于读者理解。样条曲线是在点之间插入曲线，而放样和边界是在轮廓之间插入曲面，如图9-2所示。

185

由此开始设计?
使用扫描

由此开始设计?
使用边界或放样

a) 点形成样条曲线　　　b) 轮廓形成曲面放样

图 9-1　方法选择　　　　　　　　　　　　 图 9-2　放样原理

　　这个例子解释了当采用放样时，使用图 9-3 所示的 4 个轮廓创建的结果为图 9-4 所示模型，而不是图 9-5 所示模型。

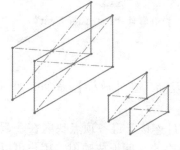

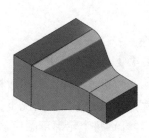

图 9-3　轮廓草图　　　　　　　　 图 9-4　放样结果　　　　　　　　 图 9-5　错误结果

9.3 实例：除霜通风口

【边界】与【放样】很相似，但也有一些不同。下面将使用两种技术创建一个"Defroster Vent"模型（见图9-6），以帮助用户理解和认识两者的不同之处，进而决定在不同的建模情况下使用哪种工具。

a) 应用放样建模   b) 应用边界建模   扫码看 3D   扫码看视频

图 9-6 放样和边界的比较

下面首先介绍使用【放样】特征生成这个模型的方法。

9.4 放样特征

知识卡片	放样	【放样】特征可用多个横截面轮廓来定义。为了获得最佳结果,轮廓应该由数量相同的实体组成,并从图形区域中靠近对应点选取。使用引导曲线在轮廓之间相连创建特征,使用中心线在轮廓之间提供方向,还可以在第一个和最后一个轮廓上添加约束。
	操作方法	放样凸台/基体: • CommandManager:【特征】/【放样凸台/基体】🔩。 • 菜单:【插入】/【凸台/基体】/【放样】。 放样切除: • CommandManager:【特征】/【放样切除】🗔。 • 菜单:【插入】/【切除】/【放样】。

操作步骤

步骤 1 打开零件"Defroster Vent" 从"Lesson09\Case Study"文件夹中打开已存在的"Defroster Vent"文件，该零件包含3个轮廓草图及一个参考草图，如图9-7所示。

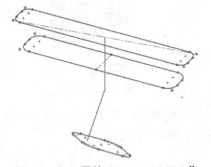

图 9-7 打开零件"Defroster Vent"

9.4.1 准备轮廓

与边界一样，采用放样时必须注意绘制轮廓草图的方式，以及随后在【放样】命令中如何选择它们。在一般情况下，有两个规则应该遵循。

1）每个轮廓草图应该有相同数量的线段。如图9-8所示，通过连接点将各顶点映射在一起形成轮廓。当轮廓所包含实体的数目相同时，系统可以很容易地在各点之间形成映射。用户可以根据需要手动操作控制点以产生想要的结果，也可以通过添加额外的顶点来分割草图实体。

"Defroster Vent"的每个轮廓有4条线段和4个圆弧。

2）选择每个草图轮廓上相同的对应点。系统会连接用户指定的点，因此应在各轮廓上选择想要映射在一起的点。选择适当的点可以防止或减少特征变得扭曲，如图9-9所示。

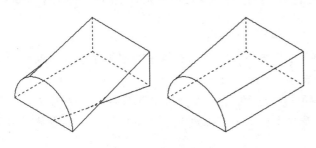

图9-8　选择轮廓

图9-9　扭曲的特征

技巧
> 如果草图是圆，而不像矩形那样有端点，选择相应的点时便会非常棘手。在这种情况下，需要在每个圆上作一个草图点以便选择。

步骤2　插入一个放样　单击【放样凸台/基体】。

步骤3　设置放样参数　按顺序在对应点附近单击并添加轮廓，如图9-10所示。

提示
> 当对3个或更多的轮廓草图进行放样操作时，这些轮廓必须有适当的顺序。如果列表中所显示的顺序错误，可以单击列表旁边的【上移】和【下移】作适当调整。

步骤4　放样连接　在选择草图时，系统会预览放样的效果，显示操作中草图的哪些顶点将被连接。应仔细查看预览效果，因为系统会显示创建的特征是否被扭曲，同时允许用户通过拖动控标来修正扭曲或错误。图形区域中会出现一个标注来标明所选择的轮廓，如图9-11所示。

步骤5　创建薄壁特征　单击【薄壁特征】，设置【厚度】为"0.090in"，注意厚度应该添加在轮廓的外侧。在【选项】中勾选【合并切面】复选框。单击【确定】，创建特征，如图9-12所示。

187

图9-10　设置放样参数

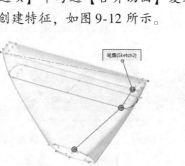

图9-11　放样连接

图9-12　创建薄壁特征

9.4.2 合并切面

如果轮廓中有相切的线段，【合并切面】选项可以将生成的相应曲面合并起来，而不是用边分开。这将生成平滑过渡的面，而不是边缘相切。虽然与轮廓近似但稍有不同，和使用【套合样条曲线】后的效果类似。

> **步骤6 显示曲率** 单击【视图】/【显示】/【曲率】，注意颜色显示了零件中放样面上的曲率是平滑过渡的，如图 9-13 所示为合并切面的结果。
>
> **步骤7 编辑特征** 编辑【放样】特征，在【选项】组中取消勾选【合并切面】复选框，单击【确定】✔。注意，现在特征中出现了边缘以及多个不同的面，颜色显示出了相切点曲率的跳跃，如图 9-14 所示。
>
>
>
> 图 9-13 合并切面的结果   图 9-14 不合并切面的结果
>
> **步骤8 关闭曲率显示**

9.4.3 起始和结束约束

在放样时，用户可以通过选项设定放样的起始处和结束处的处理方式，从而控制结束处的形状，用户还可以控制每个结束影响的长度和方向。开始约束作用于轮廓列表中的第一个轮廓，而结束约束则作用于列表中的最后一个轮廓。用户可以用【垂直于轮廓】约束使创建的面垂直于轮廓，或用【方向向量】使其方向沿指定的方向，或使用【默认】的约束，也可以将约束设定为【无】。【默认】约束的情况近似于在第一个和最后一个轮廓之间绘制一条抛物线。这条抛物线的切线会引导放样曲面的生成，形成一个比未指定匹配条件的情况下更合理、更自然的形状，如图 9-15 所示。

图 9-15 起始和结束约束

当放样的某一端存在其他的模型几何体时，放样还会提供额外的选项与已存在的面建立【相切】或【曲率】约束。

> **技巧** 如果需要对放样进行除上述约束外更多的控制，那么可以考虑添加引导线和（或）中心线。

> **步骤9 编辑特征** 编辑放样特征，勾选【合并切面】复选框以重新启用该选项。
> **步骤10 设置起始/结束约束** 展开【起始/结束约束】选项组。为了在"Defroster Vent"两端的匹配部分创建更好的过渡，可以将【开始约束】和【结束约束】改为【垂直

于轮廓】，相切矢量如图 9-16 所示。如果方向不正确，可单击【反向】🗘调整。相切的长度值可以用来修改对放样形状的影响。在本例中，使用默认值"1"。单击【确定】✔，放样结果如图 9-17 所示。

> 提示　如果选择【垂直于轮廓】选项，设定【拔模角度】🗘 0.00deg，可以在起始/结束轮廓处产生相对于端面的拔模角度。如果选择【方向向量】选项，那么拔模角度可参照此方向的矢量来设定。

图 9-16　设置起始/结束约束

图 9-17　放样结果

步骤 11　保存零件

9.5　边界特征

模型 "Defroster Vent" 的轮廓还可以用于创建【边界】特征。该特征是为那些拥有两个方向曲线的特征或需要约束中间轮廓的特征而设计的。然而，由于【边界】特征的计算方法不同，结果会略有不同，因此它们可以作为放样的一个替代。下面将保存 "Defroster Vent" 零件为一个副本，使用【边界】特征进行重建，并比较结果。

知识卡片	边界	【边界】特征通过轮廓草图或有选择性地使用方向 2 曲线创建凸台或切除特征。当使用边界特征时，轮廓和方向 2 曲线对特征的形状影响程度相同。而对于放样来说，轮廓则是形状的主要影响。【边界】特征可以控制特征中的任何轮廓及任一方向。
	操作方法	边界凸台/基体： ● CommandManager：【特征】/【边界凸台/基体】🗇。 ● 菜单：【插入】/【凸台/基体】/【边界】。 边界切除： ● 菜单：【插入】/【切除】/【边界】🗇。

步骤 12　另存为副本并打开　单击【文件】/【另存为】，在弹出的对话框中选择【另存为副本并打开】，命名为 "Defroster Vent_Boundary"，单击【保存】，在消息框中选择【保持原始文档打开】。副本文件将打开并作为当前文件。

步骤 13　删除放样特征

步骤 14　设置边界特征　单击【边界凸台/基体】🗇，在选择【方向 1】的轮廓时，与创建放样特征时一样，按顺序在对应的顶点附近选择。勾选【薄壁特征】复选框，设置【厚度】值为 "0.090in"，添加在轮廓的外侧，如图 9-18 所示。

189

到目前为止，所有的操作与放样几乎完全相同，两者最大的不同在于如何给轮廓添加约束。边界特征在【方向1】和【方向2】的列表下方提供了下拉框，而放样则是在【起始/结束约束】的选项组内操作，下拉框中所选的约束将会被应用到列表中选中高亮的轮廓上。另外，也可以通过图形区域中的下拉框进行选择设置，如图 9-19 所示。

步骤15 添加约束 给起始和结束的轮廓添加【垂直于轮廓】约束，【相切长度】使用默认的"1.000"，如图 9-20 所示。单击【确定】✔。

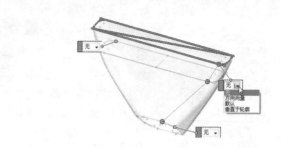

图 9-19 选择约束

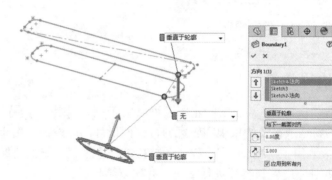

图 9-18 设置边界特征

图 9-20 添加约束

步骤16 比较结果 如图 9-21 所示，平铺窗口以更好地比较两种方法下创建的零件。如图 9-22 所示，平铺的右边窗口中为零件"Defroster Vent_Boundary"，左边为零件"Defroster Vent"。

图 9-21 平铺窗口

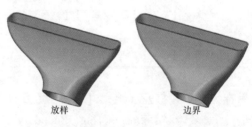

放样   边界

图 9-22 比较结果

当边界和放样仅由轮廓组成时，尤其是当轮廓数不多时，如本例中有 3 个轮廓，两者的结果几乎没有区别。最明显的区别是在放样特征中，开始处和结束处的相切条件影响更大。但这可以在边界特征中通过延长相切长度进行调整。当一个特征由两组曲线（轮廓及放样中的引导线）时，放样和边界之间的差别会更明显。通常来说，面的质量可以通过使用【曲率】和【斑马条纹】进行评估。读者可以尝试用任意一种方法来比较这两个模型的几何形状，如图 9-23 所示。

　　哪个结果正确呢？其实都正确，具体选择由设计人员决定。当结果是用于模拟特征而不是用于分析时，可以使用拉伸和旋转，或者横截面之间插值等方法来创建，也就会有无数种答案。

图 9-23　使用曲率或斑马条纹比较

9.5.1　曲面边界

　　边界特征是曲面造型中的一个强有力的工具。由于两个边界曲线有相等的权重，因而连续条件可以应用到任一侧边或轮廓上。在曲面模型中修补开放区域时，边界曲面是一个非常有效的工具，如图 9-24 所示。

191

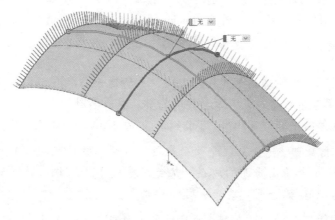

图 9-24　曲面边界特征

9.5.2　放样和边界特征中的 SelectionManager

　　与扫描特征相同，SelectionManager 工具（见图 9-25）在放样和边界特征时也是可用的。使用 SelectionManager 时，多个轮廓和中心线可以存在于同一幅草图中。用户可以打开已有的零件"Defroster Vent-3D Sketch"，这是一个从使用单个三维草图中的所有轮廓来生成放样特征的示例，如图 9-26 所示。

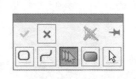

图 9-25　SelectionManager 工具

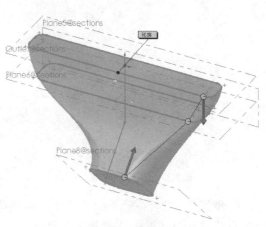

图 9-26　3D 放样

> 技巧 🔑 由于实体模型要求闭合线段，因此选择放样的轮廓时，应在 SelectionManager 工具栏上单击打开【选择闭环】▭ 。

练习 9-1　放样花瓶

按照提供的信息和尺寸创建如图 9-27 所示的花瓶。

本练习将应用以下技术：

- 放样。
- 准备轮廓。

图 9-27　花瓶

操作步骤

步骤 1　新建零件　使用模板 "Part_MM" 创建一个零件，命名为 "Vase"。

步骤 2　为零件添加外观（可选步骤）　在任务窗格中单击【外观、布景和贴图】🔘，展开 "外观（color）" 和 "玻璃"，选择 "厚高光泽" 文件夹。双击 "蓝色厚玻璃" 外观，如图 9-28 所示。

图 9-28　蓝色厚玻璃

步骤 3　创建第一个轮廓　在 "Top Plane" 上新建一个草图。使用【多边形】⬡工具创建如图 9-29 所示的轮廓。退出草图。

步骤 4　新建参考平面　在距离 "Top Plane" 为 325mm 的位置创建一个平面。

> 技巧 🔑 快捷创建一个偏置平面：在图形区域选择已经存在的可见平面，按住〈Ctrl〉键并拖动平面的边界，就会创建一个 "复制" 的平面。使用平面的 PropertyManager 可以进一步定义平面。

步骤 5　创建第二个轮廓　在新建的参考平面上创建一个草图，绘制一个更大的多边形，如图 9-30 所示。

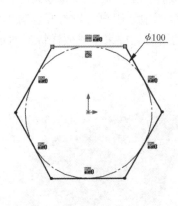

图 9-29　多边形轮廓

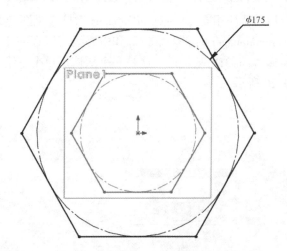

图 9-30　创建第二个多边形轮廓

步骤 6　放样　使用轮廓进行【放样凸台/基体】🔽，选择相应点附近的轮廓正确地映射连接点，如图 9-31 所示。

步骤 7　添加抽壳特征　添加一个【抽壳】特征，设置【厚度】为"2mm"，删除顶面，如图 9-32 所示。

步骤 8　编辑特征　选择"Loft1"并【编辑特征】，如图 9-33 所示。

图 9-31　放样

图 9-32　添加抽壳特征

图 9-33　编辑特征

提示　特征可以从 Feature Manager 设计树上选择，也可以通过选择一个特征的面，或者使用快速导览列。使用快捷键〈d〉可以移动快速导览列到用户的光标位置。

步骤 9　添加扭转　拖动顶部轮廓上的连接点到图 9-34 所示的位置。

步骤 10　添加起始/结束约束　为了生成一条更加满意的曲线，在底部轮廓添加一个【垂直于轮廓】的【起始/结束约束】，单击【确定】，如图 9-35 所示。

193

步骤 11　保存并关闭该零件（见图 9-36）

图 9-34　添加扭转

图 9-35　添加起始/结束约束

图 9-36　结果

练习 9-2　创建过渡

为玻璃瓶创建一个如图 9-37 所示的放样和边界过渡，并比较结果。

本练习将应用以下技术：

- 放样。
- 分析实体几何体。
- 边界。

图 9-37　玻璃瓶

操作步骤

　　步骤1　打开零件"Glass Bottle"　从"Lesson9\Exercises"文件夹下打开已存在的零件，其中包含两个实体。

　　步骤2　使用面进行放样　单击【放样凸台/基体】🔻，选择模型的平面作为轮廓进行放样，单击它们的相似区域，如图9-38 所示。

　　步骤3　添加起始/结束约束　【起始】和【结束】约束都选择【与面相切】，单击【确定】✔，如图9-39 所示。

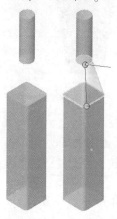

图 9-38　使用面进行放样

图 9-39　添加起始/结束约束

　　步骤4　评估几何体　使用【曲率】◣和【斑马条纹】◪来评估零件平面之间的过渡。为了创建一个平滑的过渡，需要修改起始和结束约束，如图9-40 所示。

　　步骤5　编辑特征　编辑放样特征，改变曲线到面的起始约束和结束约束。

　　步骤6　重新评估几何体　使用【曲率】和【斑马条纹】来评估零件平面之间的过渡，如图9-41 所示。作为替代选择，边界特征将被用于过渡，并与结果进行比较。

图 9-40　评估几何体

图 9-41　重新评估几何体

　　步骤7　另存为和打开　单击【文件】/【另存为】。在【保存】对话框中单击【另存为副本并打开】按钮，命名文件为"Defroster Glass Bottle_Boundary"，单击【保存】。复制的文件被打开并变为活动的文档。

　　步骤8　删除放样特征

步骤9　**定义边界特征**　单击【边界凸台/基体】，选择模型的平面作为轮廓，单击它们相似的区域。使用图形区域中的标记来定义每一个轮廓的【与面的曲率】约束。单击【确定】，如图9-42所示。

步骤10　**比较零件**　为了比较两个版本的零件，平铺打开文档的窗口。使用【曲率】和【斑马条纹】来评估零件，并决定继续使用哪个版本，如图9-43所示。可以尝试修改实体特征的约束和几何形状来找到所需要的结果。

步骤11　**添加多厚度抽壳**　添加一个【抽壳】，将初始的厚度设置为"3mm"，删除顶部的面。使用【多厚度设定】添加一个厚度为"5mm"的瓶底，如图9-44所示。

步骤12　**保存并关闭零件**　图9-45所示的为显示于Photo-View360中渲染的模型。

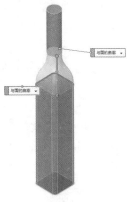

图 9-42　定义边界特征

图 9-43　比较零件

图 9-44　添加多厚度抽壳

图 9-45　瓶子效果

195

第10章 理 解 曲 面

学习目标
- 理解实体与曲面的异同点
- 创建拉伸曲面与平面
- 剪裁曲面与解除剪裁曲面
- 缝合曲面
- 由曲面生成实体
- 在实体或曲面中删除面
- 理解 NURBS 曲面以及 ISO-参数(U-V)曲线的属性
- 熟悉常见的曲面类型

10.1 实体与曲面

在 SOLIDWORKS 中，实体与曲面是非常相似甚至接近相同的，这也是为什么可以轻松地利用两者来进行高级建模的原因。理解实体与曲面两者的差异以及相似之处，非常有利于正确地创建曲面或者实体。

- **几何与拓扑** 实体和曲面中包含了两类不同的信息：几何信息和拓扑信息。

1) 几何信息：几何信息描述的是"形状"。三维模型的几何形状可以通过它的形状、大小和几何元素（如点、线和平面）的位置来描述，如图 10-1 所示。例如，模型的几何元素可以是扁平或者翘曲，直线形或弯曲状。点的特定且唯一的位置也是模型几何形状的一个元素。

2) 拓扑信息：拓扑信息描述的是"关系"。三维模型的拓扑信息描述了几何元素的边界（形成拓扑元素），以及它们之间是如何相互关联的。拓扑元素是由顶点、边和面组成的，如图 10-2 所示。描述模型拓扑信息的一些例子如下：

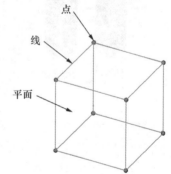

图 10-1 几何信息

- 实体的内部或者外部。
- 哪些边相交于哪些顶点。
- 哪些面的分界线形成哪些边线。
- 哪些边是两个相邻面的共同边线。

对于一个简单的立方体来说，"几何信息"是由空间中的 8 个点组成的，这些点由 12 条线连接，这 12 条线定义了 6 个平面。而"拓扑信息"定义为 6 个面在 12 条边线处相交，这些边线定义了 8 个顶点。

用户可以在保持一个模型拓扑信息不变的同时修改它的几何

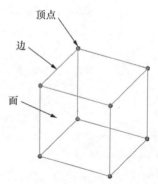

图 10-2 拓扑信息

信息。例如，图 10-3 所示的实体都有相同的拓扑信息（面、边和顶点之间的关系），但却有不同的几何信息（形状）。

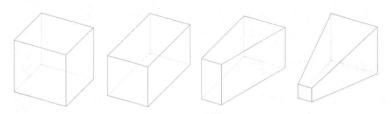

图 10-3　几何形状与拓扑信息（1）

图 10-4 所示为两个实体的图片，用户可以在文件夹"Lesson10\Case Study"中打开它们。它们都是由 6 个面、12 条边和 8 个顶点组成的。从拓扑信息来看，它们都是一样的。但是，很明显其几何外形是完全不一样的。左侧的实体完全由平面和直线组成，右侧的实体则不是。

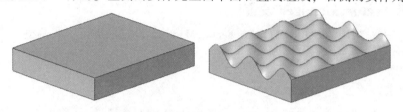

图 10-4　几何形状与拓扑信息（2）

两类信息之间的相互对应关系见表 10-1。

表 10-1　几何信息和拓扑信息的对应关系

拓 扑 信 息	几 何 信 息
面	平面或表面
边	曲线，如直线、圆弧或者样条曲线
顶点	曲线的端点

10.2　实体

用户可以通过下面的规则来区分实体或者曲面：对于一个实体，其中任意一条边线同时属于且只属于两个面。

也就是说，在一个曲面实体中，其中一条边线可以是仅属于一个面的。图 10-5 所示的曲面中含有 5 条边线，每条边线都仅属于一个单一的面。这也是为什么在 SOLIDWORKS 中不可以创建图 10-6 所示单一实体的原因。图中所指边线同时属于 4 个面。

图 10-5　曲面示例

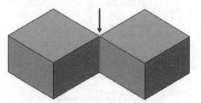

图 10-6　不能创建单一实体

提示

上面所示的模型可以在"Lesson10\Case Study"文件夹中找到。

● **欧拉公式** 欧拉公式 $V - E + F = 2$ 定义了实体的顶点、边和面之间的关系。该方程用于证明一个实体拓扑信息的正确性。要使实体有效，必须满足欧拉公式。

对于一个立方体来说，有 8 个顶点、12 条边、6 个面（8 − 12 + 6 = 2），满足欧拉公式，立方体是一个有效的实体。

图 10-7 圆柱体模型

10.3 SOLIDWORKS 的后台操作

当 SOLIDWORKS 生成实体模型时，其后台其实是这样操作的：首先通过面的建模任务生成许多曲面，然后再将这些曲面集合起来形成一个封闭的实体单元。所有实体特征都是这样生成的，也可以手动来完成系统自动完成的任务，这样可以使用户较好地掌握其原理。

下面将以一个简单的圆柱体模型为例（见图 10-7），展示实体和表面建模之间的关系，并介绍一些基本的曲面工具。

扫码看视频

10.3.1 调整 FeatureManager 设置

在开始之前先对默认的 SOLIDWORKS FeatureManager 设置项进行一些调整，这些设置有助于在整个课程中执行操作。

操作步骤

步骤 1 新建零件 使用模板 "Part_MM" 创建一个新的零件。

步骤 2 在 FeatureManager 中显示文件夹 单击【选项】⚙/【系统设置】/【FeatureManager】。将【隐藏/显示树项目】中的【实体】🔲和【曲面实体】🔲两个文件夹设置为【显示】，如图 10-8 所示。

图 10-8 显示文件夹设置

步骤 3 查看结果 在 FeatureManager 中出现了新的文件夹，如图 10-9 所示。这些文件夹表示模型中的实体类型，并可以方便地选择它们。

步骤 4 拉伸形成圆柱体实体 在上视基准面上绘制一个圆形草图，直径为 25mm，圆心置于原点。单击【拉伸凸台/基体】📦，并拉伸草图 25mm。三个面被生成，包括两个端平面以及一个连接它们的圆柱面，如图 10-10 所示。

图 10-9 查看结果

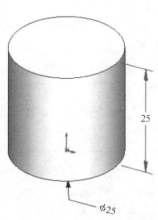

图 10-10 拉伸形成圆柱体实体

步骤 5 以 "Solid" 为文件名保存零件

10.3.2 拉伸曲面

SOLIDWORKS 在启动拉伸凸台特征时完成的第一步，是从草图实体中拉伸一个曲面。这里将使用【拉伸曲面】命令来模拟这个步骤。

知识卡片	拉伸曲面	【拉伸曲面】命令类似于【拉伸凸台/基体】命令，只不过它生成的是曲面而不是实体，其端面不会被盖上，同时也不要求草图是闭合的。
	操作方法	● CommandManager：【曲面】/【拉伸曲面】。 ● 菜单：【插入】/【曲面】/【拉伸曲面】。

要访问 CommandManager 中的曲面建模命令，要开启【曲面】选项卡。

步骤6　开启【曲面】选项卡　右键单击一个 CommandManager 选项卡，在可用的选项卡列表中单击【曲面】。

步骤7　新建零件　使用模板"Part_MM"创建一个新的零件。

步骤8　拉伸曲面　在上视基准面上绘制一个圆形草图，直径为 25mm，圆心置于原点。单击【拉伸曲面】，并拉伸草图 25mm，如图 10-11 所示。

步骤9　以"Surface"为文件名保存零件

步骤10　平铺窗口　选择菜单中的【窗口】/【纵向平铺】，以同时显示实体模型窗口和曲面模型窗口，如图 10-12 所示。零件的圆柱面是相同的，但"Surface"零件的边缘是开放的。开放边缘只绑定一个面，默认情况下边缘显示为蓝色。开放边缘是曲面实体的象征。

图 10-11　拉伸曲面

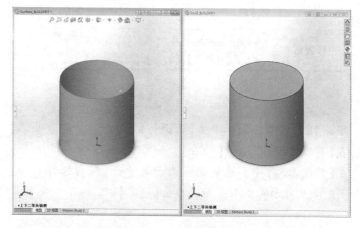

图 10-12　纵向平铺窗口

10.3.3 平面区域

知识卡片	平面区域	组成拉伸凸台特征的下一步是创建覆盖该特征末端的面。如果可能，SOLIDWORKS 将为端盖创建四边曲面，然后将它们修整好。四边曲面对于后续的操作，如抽壳和等距更加有效。这里将使用【平面区域】特征来模拟这一步。用户可以利用一个不相交的封闭轮廓草图、一组封闭的边线、多条共有平面的分型线或一对平面实体(如曲线或边线)来创建平面区域。
	操作方法	● CommandManager：【曲面】/【平面区域】。 ● 菜单：【插入】/【曲面】/【平面区域】。

步骤 11　**创建平面区域**　在"Surface"零件的上视基准面上新建一个草图，用【多边形】◉工具绘制一个四边形。在内切圆和拉伸曲面边缘之间添加【全等】◗的几何关系。

向草图中的一条边线添加【水平】—或【竖直】|的几何关系，以完全定义草图文件。单击【平面区域】▮，单击【确定】✔，如图 10-13 所示。

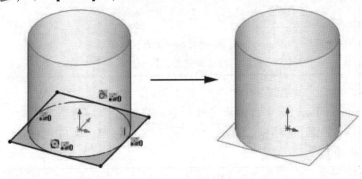

图 10-13　平面区域

10.3.4　剪裁曲面

知识卡片	剪裁曲面	为了能够剪裁曲面以适合圆柱面，这里要使用【剪裁曲面】命令。该命令允许用户使用一个曲面、平面或者草图来裁剪另一个曲面。在【剪裁类型】中，有两个选项： 1）【标准】：使用一个曲面、平面或者草图作为剪裁工具。 2）【相互】：多个曲面之间相互剪裁。 　　其中，【标准】剪裁生成的是分离的曲面实体，【相互】剪裁能将生成的曲面缝合。在对剪裁的对象进行选择时，可以调整选项为【保留选择】或【移除选择】。
	操作方法	● CommandManager：【曲面】/【剪裁曲面】◈。 ●菜单：【插入】/【曲面】/【剪裁曲面】。

步骤 12　**剪裁曲面**　单击【曲面】选项卡上的【剪裁曲面】◈。在【剪裁类型】中选择【标准】，如图 10-14 所示。

在【剪裁工具】中，选取圆柱曲面再单击【保留选择】。选择如图 10-15 所示的圆形平面，单击【确定】✔。

> 提示　在其他一些模型中，可能会发现使用【移除选择】直接选择那些需要被删除的面会更方便些。

● **平面区域快捷方式**　为了密封住圆柱体的另一端，将使用快捷方式。下面将演示【平面区域】命令的一些其他功能。

步骤 13　**选择第二个平面区域**　切换至【等轴测】◼视图方向。单击【平面区域】▮，选择圆柱顶面的圆形边线。单击【确定】✔，如图 10-16 所示。

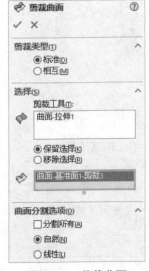

图 10-14　剪裁曲面

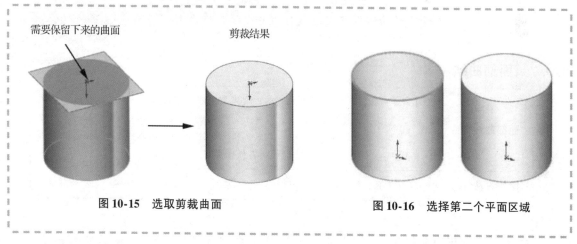

需要保留下来的曲面　　　　　　　　剪裁结果

图 10-15　选取剪裁曲面　　　　　　图 10-16　选择第二个平面区域

10.3.5　解除剪裁曲面

得到的平面与在圆柱面底部创建的平面相同。但它仅使用了一个操作即可完成，而不是通过两个步骤来完成。为了展示系统实际上创建了一个四边曲面并在后台对其进行了剪裁，下面将使用另一个曲面特征【解除剪裁曲面】命令进行演示。

知识卡片	解除剪裁曲面	使用【解除剪裁曲面】命令可以将曲面恢复至其原始边界状态。它可以用来删除内部边缘以修补曲面，或者扩展曲面的边界。使用该命令可以是生成一个新的曲面，也可以是替代原始曲面。
	操作方法	● CommandManager：【曲面】/【解除剪裁曲面】◈。 ●菜单：【插入】/【曲面】/【解除剪裁曲面】。

201

步骤 14　解除剪裁曲面　单击【曲面】选项卡上的【解除剪裁曲面】◈。选择步骤 13 中创建的平面区域。通过预览视图，可以查看系统自动创建的由圆形边线生成的矩形面，如图 10-17 所示。单击【取消】✖，退出【解除剪裁曲面】命令。

图 10-17　解除剪裁曲面

10.3.6　面部曲线和网格预览

可视化曲面自然边线的另一种方法是使用【面部曲线】命令。SOLIDWORKS 中的所有曲面都可以用"曲线网格"来描述，如图 10 – 18 所示。当生成一些特征时，如【圆顶】、【填充曲面】、【自由形】、【边界】和【放样】，用户可以预览这个网格，以帮助评估创建的表面的质量。除此之外，用户还可以使用【面部曲线】命令从网格创建草图实体。

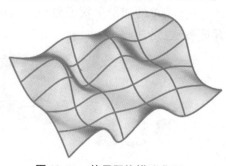

图 10-18　使用网格描述曲面

> **提示** 在一个面上的曲线网格有时被称为 ISO 参数或者 U-V 曲线。

10.3.7 面部曲线

知识卡片	面部曲线	使用【面部曲线】命令可以沿所选择的曲面方向生成草图曲线。用户可以指定曲线网格的密度，也可以在曲面特定的位置或点上创建曲线。当该工具在当前激活的草图之外使用时，每条曲线都会在模型中作为一个单独的 3D 草图被创建。另外，在当前激活的 3D 草图中使用该工具时，所有曲线都将包含在草图中。
	操作方法	●菜单：【工具】/【草图工具】/【面部曲线】❋。

步骤15 应用面部曲线 单击【面部曲线】❋。选择圆柱体的顶面。垂直曲线的预览说明，这个曲面原来是四条边的，并且被修整为圆形，如图 10-19 所示。

单击【取消】❌退出命令，不添加面部曲线作为草图。

图 10-19 面部曲线

10.3.8 曲面的类型

曲面的结构可以帮助用户认识到，当问题发生时用户应该注意的地方。如本书后面所讨论的，使用【面部曲线】和其他评估工具，可以帮助用户找到问题的范围。除此之外，【面部曲线】还可以帮助用户识别正在使用的曲面类型。

曲面几何体可以分成很多类，下面仅列出了其中最主要的几类。

1）代数曲面。代数曲面可以用简单的代数公式来描述，这类曲面包括平面、球面、圆柱面、圆锥面、环面等。代数曲面中的面部曲线都是一些直线、圆弧或者圆周，如图 10-20 所示。

2）直纹曲面。直纹曲面上的每个点都有直线穿过，且直线位于曲面上，如图 10-21 所示。

3）可展曲面。可展曲面是直纹曲面的子集，它们可以在没有被拉伸的状态下自由展开。这类曲面包括平面、圆柱面和圆锥面等，如图 10-22 所示。由于钣金功能只能展开这类曲面，因此可展曲面在 SOLIDWORKS 中显得非常重要。除了钣金外，可展曲面在造船业中也有广泛的应用（简单的成形平板或玻璃纤维板），在商标应用方面（标签在非展开状态下曲面的伸展或者折叠）也是如此。

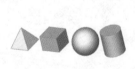

图 10-20 代数曲面

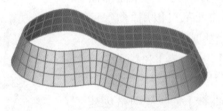

图 10-21 直纹曲面

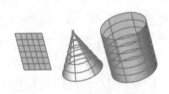

图 10-22 可展曲面

4）NURBS 曲面。NURBS(非均匀有理 B 样条)作为一种曲面技术被广泛地应用于 CAD 行业以及计算机绘图软件中。NURBS 曲面通过参数化的面部曲线来定义。这些面部曲线都是样条曲线，在这些样条曲线间进行插值以形成曲面，如图 10-23 所示。

代数曲面、直纹曲面和可展曲面都可归为"解析曲面"中的一类，而 NURBS 曲面通常被称为"数值曲面"。

 提示   这些曲面类型的示例可以在"Lesson10 \ Case Study\Surface Types"文件夹中找到。

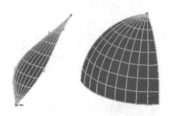

图 10-23   NURBS 曲面

10.3.9 四边曲面

在 SOLIDWORKS 中，曲面往往显示为垂直曲线网格，表示一个四边曲面。很明显，SOLIDWORKS 模型曲面中也有不是四边的，以下两种情形会导致这种情况的产生。

1）将一个原始的四边曲面剪裁成所需要的形状。在可能的情况下，SOLIDWORKS 在构建实体特征的面时会使用这种技术。四边曲面一般不会对后续特征（如抽壳）产生太大的问题，因为系统会先等距底层的四边曲面，然后对其进行剪裁，如图 10-24 所示。

2）一个曲面有一条或多条长度为 0 的边。某些特征也许不能允许系统将它们延展为四边曲面并进行裁剪。当曲面的一条或多条边长度为 0 时，该方向的曲线相交于一个称为"奇点"的点。这些曲面被称为"退化曲面"，在圆角、抽壳或等距操作时可能会产生问题，如图 10-25 所示。

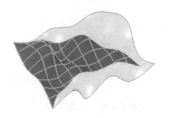

图 10-24   四边曲面

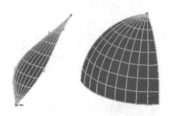

图 10-25   退化曲面

 提示   退化曲面的示例可以在"Lesson10\Case Study"文件夹中找到。

到目前为止，实体模型和曲面模型看起来几乎是一样的，如图 10-26 所示。然而，曲面模型零件只是三个独立曲面的集合，如图 10-27 所示。完成实体【拉伸凸台】特征的下一步操作是将单独的曲面整合在一起，这里可以使用【缝合曲面】命令来模拟这种情况。

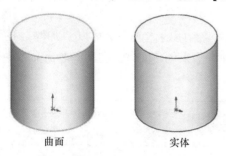

曲面   实体

图 10-26   曲面模型和实体模型

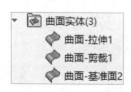

图 10-27   曲面实体

10.3.10 缝合曲面

知识卡片	缝合曲面	【缝合曲面】命令可以将多个分离的曲面缝合并生产一个单一的曲面。要将曲面缝合在一起，其边缘必须相互接触，或在缝隙控制的公差范围之内。【缝合曲面】命令还可以用于从实体中复制面，其结果将是在零件中形成一个新的曲面实体。 在【缝合曲面】时两个边缘合并成的边是数学表达，所以模型中的边可能在某些地方不能完全匹配，存在小缝隙。为了允许这些小开口被缝合，可以用【缝隙控制】来指定多大的缝隙应该关闭或保持开口。
	操作方法	● CommandManager：【曲面】/【缝合曲面】🗐。 ● 菜单：【插入】/【曲面】/【缝合曲面】。

步骤16 缝合曲面 单击【曲面】选项卡上的【缝合曲面】🗐，选择图10-28所示的3个曲面。取消勾选【创建实体】复选框。单击【确定】✔。

步骤17 检查结果 3个独立的曲面体缝合在一起成为一个单一的实体，如图10-29所示。由于每条边都是两个面的边线，因而已经不存在开放的边了。

图10-28 缝合曲面

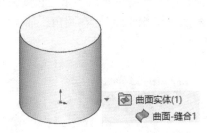

图10-29 曲面实体

> 提示👆 【缝合曲面】命令中有一个【创建实体】的选项，当被缝合曲面能够形成一个闭合体时，可以生成一个实体模型。在本例中，由于还需要完成其他操作，因而不使用该选项。

10.4 从曲面创建实体

要从曲面创建一个实体，这些曲面必须形成一个完全封闭的体或一个可以"加厚"的开放曲面。对于一个封闭的曲面，比如上述的示例，有两种方法来创建实体，在某些曲面命令中可用的【创建实体】选项或添加【加厚】特征。

知识卡片	创建实体	在使用某些曲面工具时，如果由该特征创建的表面形成一个封闭的体，那么【创建实体】选项将可以使用。勾选后，这个封闭的体将被转换为实体。
	操作方法	● 【剪裁曲面】的 PropertyManager：【创建实体】。 ● 【缝合曲面】的 PropertyManager：【创建实体】。 ● 【填充曲面】的 PropertyManager：【创建实体】。

知识卡片	加厚	【加厚】通过加厚一个或多个相邻的曲面创建一个实体。在加厚之前，曲面必须先缝合在一起。如果表面形成一个封闭的体，【从闭合的体积生成实体】的选项将会是可用的。
	操作方法	● CommandManager：【曲面】/【加厚】📦。 ● 菜单：【插入】/【凸台/基体】/【加厚】。

　　步骤 18　曲面转实体　单击【曲面】选项卡上的【加厚】📦，选取曲面。勾选【从闭合的体积生成实体】复选框，如图 10-30 所示，单击【确定】✔。

　　步骤 19　检查结果　曲面已被转换为实体，并出现在 FeatureManager 中对应的文件夹中，如图 10-31 所示。

图 10-30　加厚

图 10-31　"实体"文件夹

　　实体模型和曲面模型的几何形状是一样的，虽然其特征树相差甚远（见图 10-32）。

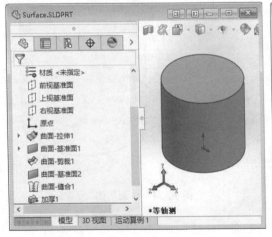 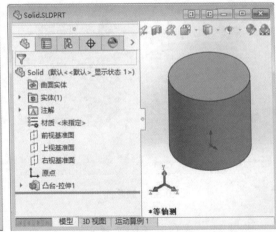

图 10-32　对比零件

　　　　总而言之，创建实体特征是一种自动的曲面建模方法。实体特征可以自动创建曲面，如果需要，可以对曲面进行剪裁，将它们缝合在一起，并将它们转换成一个实体。

　　现在，为了证明曲面与实体之间的互通性，下面将讲解如何将实体零件转换为曲面。

205

10.5 实体分解成曲面

由于目前还没有一个专门与【缝合曲面】功能相逆的命令，因此就不能简便地将实体直接转换成曲面。但是，下面几个技巧在实际应用中还是非常有用的。

1）删除实体的一个面，可以将实体还原至曲面状态。

2）复制一个实体的面，可以生成一个曲面。

知识卡片	删除面	使用【删除面】工具可以移除模型的一个或多个面，【删除面】命令中的选项包括： ●删除：移除面，并在模型中留下开放的边。这将生成一个曲面实体。 ●删除并修补：移除面，并通过扩展相邻面的边界对开放区域进行修补。 ●删除并填充：移除面，并用新的面填充缝隙。可以创建与相邻面相切的新面。
	操作方法	●CommandManager：【曲面】/【删除面】。 ●菜单：【插入】/【面】/【删除】。 ●快捷菜单：右键单击一个面，并在【面】类别中单击【删除】。

步骤20 激活"Solid"零件

步骤21 删除面 单击【曲面】选项卡上的【删除面】。选择模型的上顶面。在【选项】下面选择【删除】，并单击【确定】，如图10-33所示。

步骤22 检查结果 实体现在是一个曲面实体。在圆柱体的顶部有一个开口，如图10-34所示。

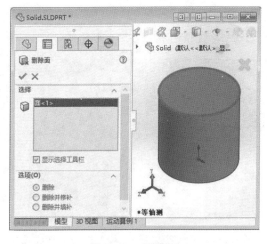

图10-33 删除面

图10-34 曲面实体

步骤23 保存并关闭所有文件

10.6 其他曲面概念

实体和曲面是密切相关的，除了理解两者之间的互通性之外，用户还应该熟悉在使用曲面进行工作的过程中的一些相关概念。这些概念会在下面进行讨论。

 提示　本节中描述的模型可以在"Lesson10\Case Study"文件夹中找到。

206

10.6.1　布尔运算

实体和曲面之间一个很大的不同点是，对曲面不可以像对待实体一样对它进行布尔运算操作。在实体环境下，假如想要在现有实体上添加一个基体，可以通过简单的绘制草图并拉伸来实现。SOLIDWORKS 会自动剪裁那些新生成的面，并且将新特征生成的实体合并到现有实体中，如图 10-35 所示。对于曲面中那些相互交叉的面，只能对它们进行手工剪裁或缝合。

10.6.2　边线和孔的对比

一般地，存在于实体模型中的孔，实际上是面或曲面的边，如图 10-36 所示。

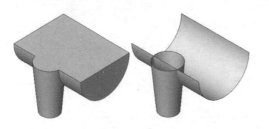

图 10-35　布尔运算

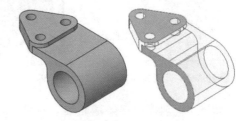

图 10-36　边线和孔的对比

在曲面中工作，用户不能添加切除特征或异型孔向导特征，但可以对曲面进行"剪裁"来创建新的边。就像在本节中使用的【拉伸凸台】特征一样，【拉伸切除】特征可以自动完成从【剪裁曲面】开始的多个曲面建模任务。

练习 10-1　剪裁曲面

按照以下步骤来创建图 10-37 所示的零件。

本练习将应用以下技术：

- 移动/复制实体。
- 剪裁曲面。
- 缝合曲面。

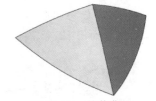

图 10-37　剪裁曲面

207

操作步骤

　　步骤 1　打开零件　打开"Lesson10\Exercises"文件夹下的"Trim_Exercise"零件。

　　步骤 2　新建基准轴　创建一条基准轴，使之通过接近上视基准面的曲面上的两个顶点，命名为"Axis1"，如图 10-38 所示。

　　步骤 3　旋转曲面实体　使用【移动/复制实体】⚙ 命令绕"Axis1"轴旋转(不是复制)曲面，旋转角度为 −35°，如图 10-39 所示。

图 10-38　基准轴

技巧🔓　　由于定义基准轴时选取顶点的顺序有差异，使得用户在设定旋转角度时可能需要调整值的"正、负"，以便使模型旋转的位置正确。

　　步骤 4　创建第二条基准轴　创建一条通过前视及右视基准面交线的基准轴，命名为"Axis2"。

　　步骤 5　复制曲面实体　使用【移动/复制实体】⚙ 命令绕"Axis2"轴旋转并复制曲面，复制数为"2"，间隔角为"120°"，如图 10-40 所示。

步骤6　新建草图　视角切换至右视基准面。在右视基准面上新建草图并绘制如图 10-41 所示的草图点。标注尺寸至上视及前视基准面。退出草图。

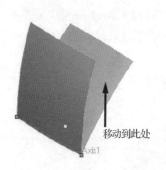

移动到此处

复制的曲面

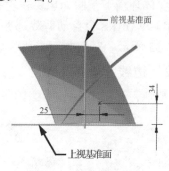

前视基准面

上视基准面

| 图 10-39　旋转曲面实体 | 图 10-40　复制曲面实体 | 图 10-41　新建草图 |

步骤7　创建第三条基准轴　利用草图点及右视基准面来创建另一条基准轴，命名为"Axis3"。

步骤8　复制曲面实体　旋转并复制最初的曲面实体，绕轴"Axis3"旋转 136°，如图 10-42 所示。

步骤9　剪裁曲面　单击曲面工具栏上的【剪裁曲面】。在【剪裁类型】中，选择【相互】，在【选择】项目的【曲面】框中选择所有曲面。单击【保留选择】，然后选择 4 个需要保留的曲面，勾选【创建实体】复选框，剪裁后的结果如图 10-43 所示。

复制的曲面

图 10-42　复制曲面实体

提示　剪裁操作自动将所有的曲面缝合成单一曲面实体，勾选【创建实体】复选框会根据创建的曲面形成一个实体。

步骤10　保存并关闭零件　完成的零件如图 10-44 所示。

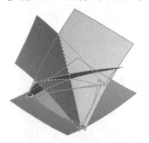

图 10-43　剪裁曲面

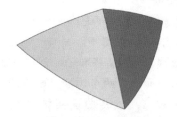

图 10-44　完成的零件

练习 10-2　剪裁与缝合曲面

由曲面模型生成如图 10-45 所示的实体模型。

本练习将应用以下技术：

- 平面区域。
- 剪裁曲面。
- 缝合曲面。

图 10-45　实体模型

208

操作步骤

步骤1　打开零件　打开"Lesson10\Exercises"文件夹下的"Surface_Model.sldprt"零件。该零件是由3个独立的曲面组成的，如图10-46所示。

步骤2　剪裁曲面　单击【剪裁曲面】。在【剪裁类型】中选择【相互】。在【选择】/【曲面】方框中选择2个相交的曲面。单击【保留选择】并选择如图10-47所示的2个面。

步骤3　缝合曲面　单击【缝合曲面】，将顶面和剪裁过的曲面进行缝合。

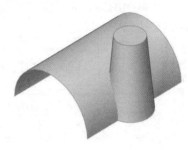

图 10-46　零件 "Surface _Model"

步骤4　添加圆角　在图10-48所示的位置添加半径为2.5mm的圆角。

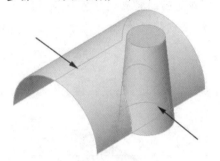

图 10-47　剪裁曲面

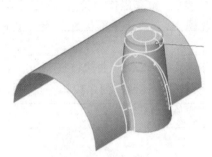

图 10-48　添加圆角

步骤5　加厚　使用【加厚】特征添加一个1.5mm的壁厚，如图10-49所示。

步骤6　评估模型　切换到模型的前视图并评估零件的底面。如图10-50所示，从这个角度来看，很明显底部的面是不平整的。这对于某些设计可能是可以接受的，但是对于这一练习，将考虑另一种方法。

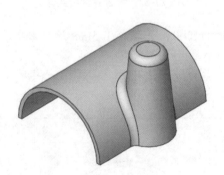

图 10-49　加厚

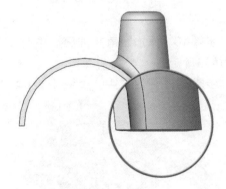

图 10-50　评估模型

步骤7　删除特征　删除该零件的最后3个特征："曲面-缝合1""圆角1"和"加厚1"。

在添加【加厚】特征时，零件中的面将进行等距。当面是翘曲的状态时，这种等距操作会产生本例中看到的结果。为了确保这个零件的底面是平整的，并且壁厚是正确的，可以使用另一种方法来创建一个实体零件，然后添加一个【抽壳】特征。

为了使这个模型成为一个可以被抽壳的实体，需要一个额外的平面来封闭这个开放区域，使它成为一个封闭的体。为了创建平面区域特征，下面将使用【通过参考点的曲线】命令在圆柱面的两端创建边线。

知识卡片	通过参考点的曲线	【通过参考点的曲线】通过选定的草图点、顶点或以上两者，来创建曲线特征。
	操作方法	• CommandManager：【特征】/【曲线】 ⟲ /【通过参考点的曲线】 。 •菜单：【插入】/【曲线】/【通过参考点的曲线】。

步骤8　创建平面的边线　单击【通过参考点的曲线】 ，从圆柱面选择顶点来创建如图 10-51 所示的曲线。

步骤9　重复操作　使用【通过参考点的曲线】 在曲面的对面创建另一条边线。

步骤10　创建平面区域　使用【平面区域】 命令创建 3 个面，使之成为一个封闭的体。

步骤11　隐藏 曲线特征

步骤12　缝合并创建实体　使用【缝合曲面】 特征并勾选【创建实体】复选框，来创建一个实体，如图 10-52 所示。

图 10-51　创建平面的边线

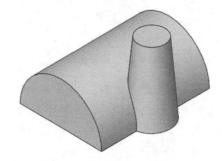

图 10-52　缝合并创建实体

步骤13　添加圆角并抽壳　添加 2.5mm 半径的圆角，并添加 1.5mm 厚的抽壳，如图 10-53所示。

步骤14　评估零件　切换到前视图，零件的底面现在是平整的，如图 10-54 所示。

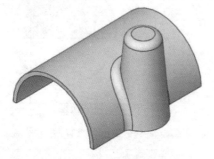

图 10-53　添加圆角并抽壳

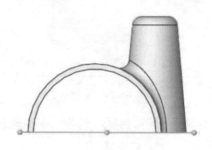

图 10-54　评估零件

步骤15　保存并关闭所有文件

第11章 曲面入门

学习目标
- 创建旋转曲面
- 创建扫描曲面
- 创建圆角曲面
- 创建延展曲面
- 使用相交命令

11.1 实体建模与曲面建模的相似处

虽然曲面建模有着许多特有的命令，但其实许多命令与实体建模中用到的非常类似，例如：

1) 实体建模中的【插入】/【凸台/基体】/【拉伸】命令等同于曲面建模中的【插入】/【曲面】/【拉伸曲面】命令。

2) 实体建模中的【插入】/【凸台/基体】/【旋转】命令等同于曲面建模中的【插入】/【曲面】/【旋转曲面】命令。

3) 实体建模中的【插入】/【凸台/基体】/【扫描】命令等同于曲面建模中的【插入】/【曲面】/【扫描曲面】命令。

4) 实体建模中的【插入】/【凸台/基体】/【放样】命令等同于曲面建模中的【插入】/【曲面】/【放样曲面】命令。

5) 实体建模中的【插入】/【凸台/基体】/【边界】命令等同于曲面建模中的【插入】/【曲面】/【边界曲面】命令。

11.2 基本曲面建模

本章的主要目的是介绍并演示一些基本曲面建模命令的用法。为了更好地演示这些命令的用法，以下的步骤是专门为读者学习曲面建模命令而特意设计的。

本章不会演示该模型的整个建模过程，在曲面建模部分内容完成后，它仍将作为实体建模的一个练习，如图 11-1 所示。

为了创建此模型，首先创建一个超大的可定义模型外轮廓的曲面，之后剪裁掉多余的部分，直到形成想要的形状。使用过大尺寸的曲面可以保证在裁剪过程中存在交叉点。

图 11-1 基本曲面建模实例

扫码看 3D

扫码看视频

操作步骤

  步骤 1　打开零件　打开 "Lesson11\Case Study" 文件夹下的 "Bezel" 零件。

  步骤 2　编辑第一个轮廓　编辑草图 "Sketch for Extruded Surface"，如图 11-2 所示。

  步骤 3　拉伸曲面　单击【曲面】选项卡上的【拉伸曲面】，设置终止条件为【两侧对称】，拉伸深度为 "90mm"，如图 11-3 所示。

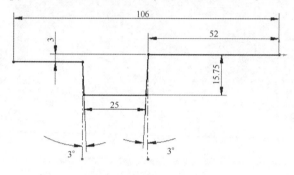

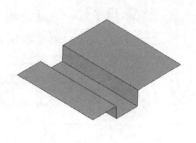

图 11-2　草图（1）　　　　　　　　　　　　图 11-3　拉伸曲面

  步骤 4　编辑第二个轮廓　编辑草图 "Sketch for Revolved Surface"，如图 11-4 所示。

  步骤 5　套合样条曲线　单击菜单【工具】/【样条曲线工具】/【套合样条曲线】。

> **技巧**　对于工具栏上不易访问的命令，可以使用命令搜索功能，如图 11-5 所示。

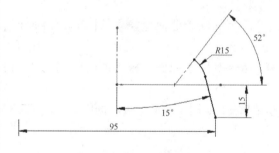

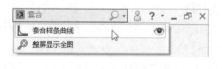

图 11-4　草图（2）　　　　　　　　　　　　图 11-5　命令搜索

  在【参数】组框中，取消勾选【闭合的样条曲线】复选框。使用【约束】选项并选取图形区域的直线及圆弧段，单击【确定】。

> **技巧**　用样条曲线替换直线和圆弧，得到的是 C2 连续，而不是 C1 连续。这将为该特征生成一个平滑的面，而不是相切的面。

11.2.1　旋转曲面

知识卡片	旋转曲面	【旋转曲面】命令与实体旋转特征非常类似，只不过它生成的是曲面而不是实体。它不会生成闭合端面，也不要求必须是闭合的草图轮廓。
	操作方法	• CommandManager：【旋转曲面】。 • 菜单：【插入】/【曲面】/【旋转曲面】。

212

　　步骤 6　旋转曲面　单击【曲面】选项卡上的【旋转曲面】，选取竖直中心线，角度设置为 "360°"，单击【确定】，如图 11-6 所示。

　　步骤 7　扫描轮廓　编辑草图 "Sweep Profile"，注意轮廓草图和路径之间的【穿透】几何关系。

　　步骤 8　套合样条曲线　单击【套合样条曲线】，生成样条曲线以替换原有的直线及圆弧，如图 11-7 所示。

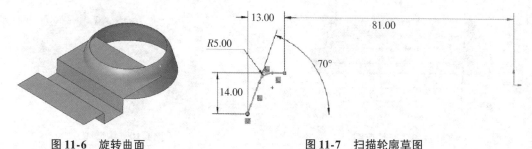

图 11-6　旋转曲面　　　　　　　图 11-7　扫描轮廓草图

　　步骤 9　退出草图

11.2.2　扫描曲面

知识卡片	扫描曲面	【扫描曲面】命令与实体扫描特征非常类似，只不过它生成的是曲面而不是实体，它不会生成闭合端面，也不要求必须是闭合的草图轮廓。
	操作方法	• CommandManager：【曲面】/【扫描曲面】。 • 菜单：【插入】/【曲面】/【扫描曲面】。

　　步骤 10　扫描曲面　单击【扫描曲面】，选择 "Sweep Profile" 和 "Sweep Path" 草图来定义扫描。在【选项】中勾选【合并切面】复选框，并单击【确定】，如图 11-8 所示。

图 11-8　扫描曲面

步骤11　新绘草图　在前视基准面上，绘制图 11-9 所示的草图轮廓。

提示　这些线关于竖直中心线【对称】☑。

如图 11-10 所示，构造线的长度为 65mm，且与图中高亮显示的由拉伸曲面得到的边线共线。

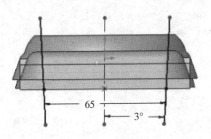

图 11-9　新绘草图

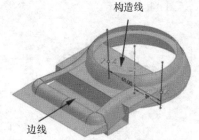

图 11-10　构造线

步骤12　拉伸曲面　单击【曲面】选项卡上的【拉伸曲面】💠，终止条件为【成形到一顶点】，顶点位置如图 11-11 所示。

步骤13　第一次相互剪裁　单击【曲面】选项卡上的【剪裁曲面】💠，在【剪裁类型】中单击【相互】，在【曲面】中，选取图 11-12 所示的 3 个拉伸曲面。单击【移除选择】，图 11-12 中箭头所指的曲面部分将被删除。单击【确定】✔。

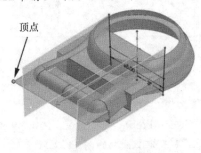

图 11-11　拉伸曲面

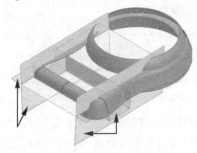

图 11-12　第一次相互剪裁

步骤14　检查"曲面实体"文件夹　相互剪裁操作同样也会将剪裁后的多个曲面缝合成单一曲面，如图 11-13 所示。

步骤15　第二次相互剪裁　在前次剪裁后得到的曲面与扫描曲面之间进行相互剪裁，单击【保留选择】。如图 11-14 所示，箭头所指的曲面部分将被保留。单击【确定】✔。

图 11-13　"曲面实体"文件夹

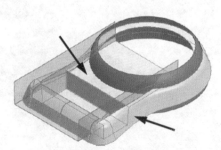

图 11-14　第二次相互剪裁

214

步骤 16　第三次相互剪裁　在第二次剪裁后得到的曲面与旋转曲面间进行相互剪裁，单击【移除选择】。如图 11-15 所示，箭头所指的曲面部分将被删除，单击【确定】✔。

步骤 17　显示结果　三次剪裁操作后将得到图 11-16 所示的曲面实体。

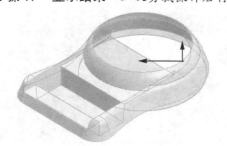

图 11-15　第三次相互剪裁

图 11-16　显示结果

11. 2. 3　曲面圆角

曲面圆角与实体圆角使用的是相同命令，但两者之间还是存在细小的差异（见图 11-17），此差异取决于曲面是否是分离、不连续的曲面，或者是否已经被缝合。

下述规则将有利于更好地掌握圆角曲面命令。

1）假如曲面已被缝合，可以选择边线来执行圆角命令，就好像对实体进行圆角操作一样，这是最简单的情形。

2）假如曲面尚未缝合，可以在曲面体间使用【面圆角】。

3）假如曲面尚未缝合，当执行圆角操作后，生成的曲面将自动被缝合，得到单一的曲面。

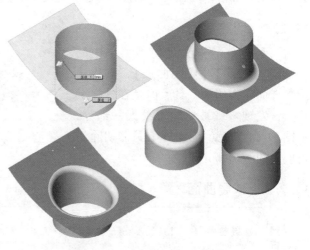

图 11-17　曲面圆角的不同结果

4）当执行【面圆角】命令时，被选择面的一侧均会显示预览箭头，预示了曲面的某侧将执行圆角操作。在未剪裁曲面上进行圆角操作时，可能会有多种结果。单击【反转正交面】↗可以反转箭头的方向。如图 11-17 所示，在圆柱面与曲面间执行圆角操作，可以得到 4 种完全不同的结果，这取决于圆角生成于曲面的哪一侧。

步骤 18　添加圆角　单击【曲面】选项卡上的【圆角】◻，选择【恒定大小圆角】，选择如图 11-18 所示的两条边线，设定圆角半径为 3mm。

步骤 19　加厚　单击【曲面】选项卡上的【加厚】◻，设定厚度为 "1.00mm"，加厚方向确认为向曲面实体的内侧，加厚结果如图 11-19 所示。

图 11-18　添加圆角

215

步骤20   查看剖面视图   创建一个平行于前视基准面的剖面视图，具体的偏移尺寸大小不做严格要求，只要能清楚地看到如图 11-20 所示的由加厚特征生成的底边即可。关闭剖面视图。

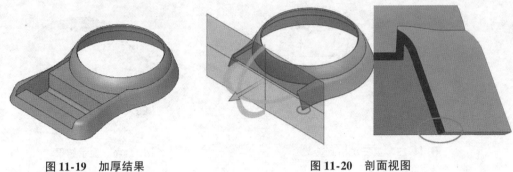

图 11-19   加厚结果   图 11-20   剖面视图

系统加厚曲面，首先是偏移曲面，然后对前后边线进行放样得到放样曲面，再缝合所有曲面并转换成实体。因为执行了偏移操作，使得零件的底边并不平整。

11.2.4   切除底面

一种近似的方法是使用菜单中的【插入】/【切除】/【使用曲面】，然后选取参考面作为切除工具。但是在这样操作后，发现零件被切除了很大一部分，如图 11-21 所示，而实际上只需切除沿着底边的一小部分即可。

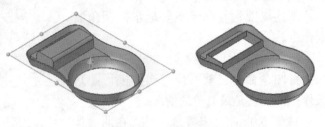

图 11-21   切除底面

11.2.5   延展曲面

知识卡片	延展曲面	【延展曲面】命令通过延伸实体或曲面的边线来生成曲面，方向为平行于所选择的面。
	操作方法	• 菜单：【插入】/【曲面】/【延展曲面】🌐。

技巧🔑   对于工具栏上不易访问的命令，可以使用命令搜索功能，如图 11-22 所示。

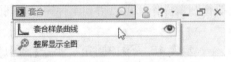

图 11-22   命令搜索

步骤21   延展曲面   单击【插入】/【曲面】/【延展曲面】🌐。选取图 11-23 所示的面作为【延展方向参考】，延展后得到的曲面将平行于前面所选择的面。在【要延展的边线】中，选取零件最外侧的一条边线，勾选【沿切面延伸】复选框。如有需要，单击【反转延展方向】↗，使得曲面朝零件内侧延展。设置【延展距离】为 "5mm"，单击【确定】✔。

步骤22   查看结果   延展曲面的结果如图 11-24 所示。

图 11-23　延展曲面

图 11-24　延展曲面结果

11.2.6　使用曲面切除

知识卡片	使用曲面切除	【使用曲面切除】命令使用曲面来切除实体模型，曲面必须延伸并完全穿过实体。
	操作方法	• CommandManager：【曲面】/【使用曲面切除】 ▤。 • 菜单：【插入】/【切除】/【使用曲面】。

步骤23　**使用曲面切除**　单击【使用曲面切除】 ▤，选取延展曲面作为切除工具。检查切除方向是否正确。单击【确定】 ✔，如图 11-25 所示。

步骤24　**隐藏延展曲面**　在 FeatureManager 设计树中右键单击特征"曲面-延展1"，并选择【隐藏】 ◎。

步骤25　**查看剖面视图**　再次使用【剖面视图】命令，验证零件的底部边界是否平整，如图 11-26 所示。

图 11-25　使用曲面切除

图 11-26　查看剖面视图

步骤26　**添加完整圆角**　在图 11-27 所示的开口处添加一个完整圆角。

步骤27　**保存并关闭零件**　完成的零件如图 11-28 所示。

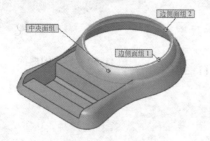

图 11-27　添加完整圆角

图 11-28　完成的零件

217

11.3 剪裁、缝合与加厚

正如前面的示例中所看到的，用手动剪裁曲面来创建实体的步骤非常烦琐。在某些情况下，【相交】工具可以在很大程度上简化操作流程。只要形成封闭区域，就可以使用【相交】命令作为剪裁曲面的替代方法。

知识卡片	相交	以下是【相交】工具的几个例子： 1) 从开放的曲面创建实体。本质上是把多个【剪裁曲面】的特征结合到一个简单的命令中。 2) 当使用【相交】找到多个相交的区域时，可以先选择任意几个区域，然后在模型中增加选择的具体细节。 3)【相交】命令类似于【分割】，但是增加了【消耗曲面】的选项，使零件变得整洁。 4) 从一个负空间中创建实体。假如有一个模具的三维模型，则可以很方便地从负空间(模具凸模与凹模之间的空间)中创建实体模型。 5) 在一个命令中可以使用布尔操作(布尔加和布尔减)。 在接下来的例子中将学习这几种用法。
	操作方法	● CommandManager：【特征】/【相交】🔲。 ●菜单：【插入】/【特征】/【相交】。

1) 使用导入的曲面创建实体。在下一个例子中，曲面集合的内部区域将用于生成实体。与执行多个剪裁操作不同，此任务可以通过一个【相交】特征完成，如图 11-29 所示。

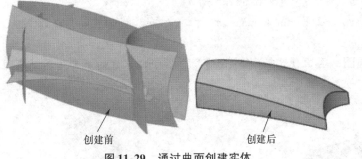

创建前　　　　　　创建后

图 11-29　通过曲面创建实体

扫码看视频

操作步骤

步骤 1　打开零件　打开 "Lesson11\Case Study" 文件夹下的零件 "Imported_Surface_Model"，该零件有 6 个导入的曲面，如图 11-30 所示。这组曲面将用于构造一个塑料件的薄壁。

步骤 2　曲面相交　单击【相交】🔲，在图形显示区框选所有的 6 个曲面，如图 11-31 所示。在 Property Manager 中单击【相交】按钮，生成结果如图 11-32 所示。

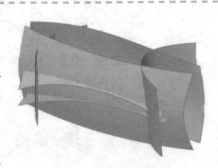

图 11-30　导入的曲面

提示

在本示例中没有【要排除的区域】。

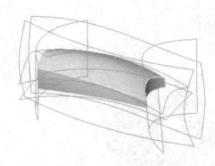

图 11-31   选择所有的曲面   图 11-32   6 个曲面相交的结果

步骤 3   消耗曲面   在【选项】组框中，勾选【消耗曲面】复选框，如图 11-33 所示。此选项将从特征的结果中移除曲面实体。

步骤 4   单击【确定】✔

步骤 5   查看结果   内部区域被转换成实体并且曲面从零件中移除，如图 11-34 所示。同样的效果，如果使用剪裁、缝合并创建实体，则需要更长的时间。

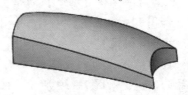

图 11-33   消耗曲面   图 11-34   查看结果

步骤 6   保存并关闭零件

219

2）使用曲面更改实体。在这个模型中，一个曲面代表了用户希望添加到实体中的新面。这里将使用【相交】工具从重叠的实体产生的区域创建实体，如图 11-35 所示。

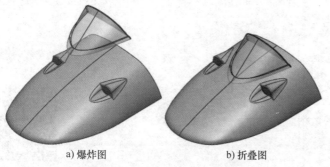

a) 爆炸图   b) 折叠图
图 11-35   使用曲面更改实体   扫码看视频

操作步骤

步骤 1   打开零件   打开 "Lesson11\Case Study" 文件夹下的零件 "Snowmobile_Hood"。该零件是摩托雪橇的发动机罩，上面有开放曲面作为仪表盘，如图 11-36 所示。

步骤2　**曲面和实体相交**　单击【相交】📦，然后选择曲面和实体，在 PropertyManager 中单击【相交】按钮，如图 11-37 所示。

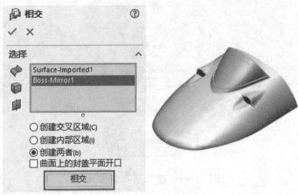

图 11-36　零件 "Snowmobile_Hood"

图 11-37　曲面和实体相交

提示👆　在本示例中没有【要排除的区域】。

步骤3　**设置选项**　在【选项】组框中，勾选【消耗曲面】复选框，如图 11-38 所示。

图 11-38　设置选项

步骤4　单击【确定】✔

步骤5　**查看结果**　曲面包围的区域与实体区域合并，形成一个连续的实体，如图 11-39 所示。使用【相交】工具代替了剪裁、缝合和创建实体等操作。

步骤6　**保存并关闭所有文件**

图 11-39　查看结果

3）重新创建模型。从遗留数据中重新创建一个模型（见图 11-40）。所谓的遗留数据，是指模具型腔与型芯之间的形状。

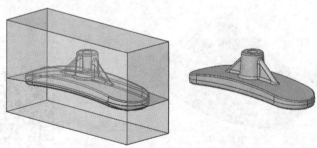

图 11-40　从遗留数据中创建模型

扫码看视频

由于此处所需的结果仅是交叉处的内部区域，因此选择模具主体作为要从特征结果中排除的区域。

220

操作步骤

  步骤1　打开零件　打开 "Lesson11\Case Study" 文件夹下的零件 "Legacy_Mold"，该零件显示的是模具的上、下两部分。

  步骤2　型芯和型腔相交　单击【相交】🔖，选择型芯、型腔，在 PropertyManager 中单击【相交】，如图 11-41 所示。

> **提示**👆　【相交】PropertyManager 包括【创建内部区域】选项，用于生成模型零件。但使用此选项不会从结果中删除工具实体。

  步骤3　设置要排除的区域　在图形区域或【区域列表】中选择两个输入的实体作为【要排除的区域】，如图 11-42 所示。

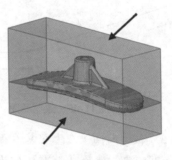

  图 11-41　设置相交　　　　　　　　图 11-42　设置要排除的区域

> **提示**👆　图 11-42 中的【预览选项】已调整为【显示包含和排除的区域】🐾。

  步骤4　查看结果　单击【确定】✔，结果如图 11-43 所示。

  步骤5　保存并关闭零件

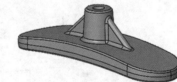

图 11-43　查看结果

练习 11-1　基础曲面建模

  本练习的任务是利用曲面建模命令创建一个薄壁实体模型（见图 11-44）。

  本练习的主要目的是使读者练习使用曲面建模命令，事实上本零件并非必须使用曲面建模技术。为了使读者进一步了解曲面建模的操作，如下的步骤是专门为读者学习曲面建模命令而特意设计的。

  本练习将应用以下技术：

- 拉伸曲面。　　• 删除面。
- 剪裁曲面。　　• 旋转曲面。
- 延伸曲面。　　• 扫描曲面。
- 缝合曲面。　　• 圆角曲面。
- 加厚。

图 11-44　薄壁实体模型

221

操作步骤

    步骤1　新建零件　使用"Part_MM"模板建立一个新零件，命名为"Baffle"。

    步骤2　绘制拉伸曲面的草图　在前视基准面上绘制草图，76mm长的直线处于水平位置，如图11-45所示。

    步骤3　拉伸曲面　使用【两侧对称】条件创建拉伸曲面，深度为127mm，如图11-46所示。

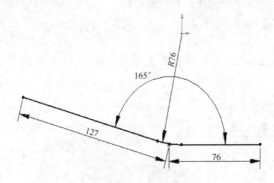

图 11-45　绘制草图

图 11-46　拉伸曲面

    步骤4　裁剪曲面　在上视基准面上绘制一个草图，如图11-47所示。单击【裁剪曲面】，如有必要，选择【标准】作为【剪裁类型】，并选择草图作为【裁剪工具】。单击【保留选择】，选择内部曲面，单击【确定】，如图11-48所示。

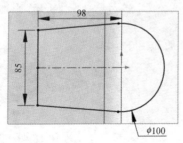

图 11-47　绘制草图并裁剪曲面

    步骤5　旋转曲面　在前视基准面上绘制草图，并创建旋转曲面，如图11-49所示。

图 11-48　选择保留部分

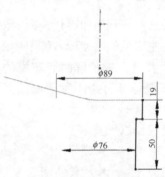

图 11-49　旋转曲面

知识卡片	延伸曲面	利用【延伸曲面】命令可以将曲面沿所选的边或所有边扩大，形成一个延伸曲面。所建立的延伸面可以是沿已有几何体的延伸，也可以是相切于原来的曲面来延伸。
	操作方法	• CommandManager：【曲面】/【延伸曲面】 ✥。 • 菜单：单击【插入】/【曲面】/【延伸曲面】。

使用【同一曲面】选项可以尝试推断现有曲面的曲率。若应用到解析曲面中，该选项非常有用并且可以做到无缝延伸现有曲面。若应用到数值曲面中，该选项仅适用于短距离的延伸。

【线性】选项(切线延伸)可以应用到所有类型的曲面中，但是它往往会生成断边。

步骤6 延伸曲面 延伸旋转曲面的顶部边，使旋转曲面能够超出拉伸曲面，如图 11-50 所示。

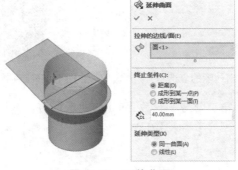

图 11-50 延伸曲面

步骤7 剪裁曲面 剪裁拉伸曲面和旋转曲面，只保留如图 11-51 所示的部分。

技巧 可以使用【相互】类型的剪裁。

步骤8 扫描曲面 创建一个垂直于曲面边的参考平面，并绘制如图 11-52 所示的直线。使用 12mm 长的直线段作为扫描轮廓，曲面的边界作为扫描路径，创建如图 11-53 所示的曲面。

图 11-51 剪裁曲面 　　图 11-52 绘制直线 　　图 11-53 扫描曲面

步骤9 缝合曲面 使用【缝合曲面】命令，合并所有的剪裁曲面和扫描曲面，形成一个单一的曲面。

对于【缝隙控制】，勾选列出缝隙对应的复选框，如图 11-54 所示。这将调整缝合公差以缩小缝隙。

223

技巧 | 选择列表中的缝隙，可以查看其在模型上的位置，如图 11-55 所示。

图 11-54　勾选列出缝隙的复选框

图 11-55　查看模型上的缝隙

步骤 10　添加曲面圆角　创建半径为 3mm 的曲面圆角，如图 11-56 所示。

步骤 11　加厚曲面　单击【插入】/【凸台/基体】/【加厚】，向内加厚曲面 1.5mm，如图 11-57 所示。

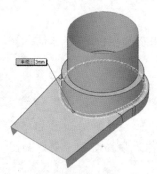

图 11-56　添加曲面圆角

图 11-57　加厚曲面

步骤 12　创建缓冲板　使用【平面区域】和【加厚】命令，创建两个对称的缓冲板，模型的剖面视图如图11-58所示。

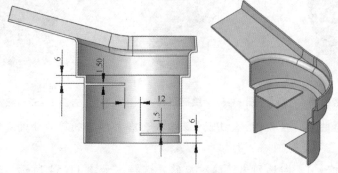

图 11-58　创建缓冲板

步骤 13　保存并关闭零件

练习 11-2　导向机构

本练习的任务是利用曲面建模命令创建如图 11-59 所示的模型。

本练习将应用以下技术：

- 扫描曲面。
- 剪裁曲面。
- 平面区域。
- 缝合曲面。
- 圆角曲面。
- 加厚。

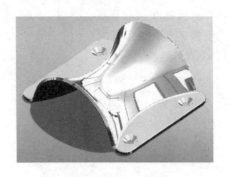

图 11-59　导向机构模型

操作步骤

步骤 1　新建零件　使用"Part＿MM"模板创建一个新零件，命名为"Halyard Guide"。

步骤 2　绘制第一条引导线　在右视基准面上打开草图，绘制如图 11-60 所示的圆弧。

步骤 3　创建等距基准面　使用上视基准面向下创建一个等距 6.5mm 的基准面，如图 11-61 所示。

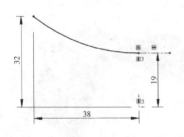

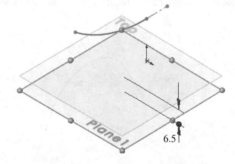

图 11-60　绘制第一条引导线　　　　　　　图 11-61　创建等距基准面

步骤 4　绘制第二条引导线　在所创建的等距基准面（Plane1）上新建草图，绘制如图 11-62 所示的圆弧，并命名为"Guide2"。

步骤 5　绘制扫描路径　在上视基准面上新建草图，从原点开始绘制一条竖直线。添加几何关系，使直线的长度由第二条引导线来控制，如图 11-63 所示。将草图命名为"Path"。

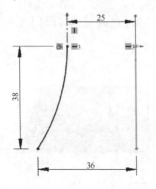

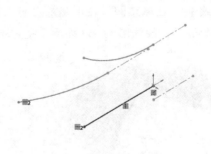

图 11-62　绘制第二条引导线　　　　　　　图 11-63　绘制扫描路径

225

步骤 6　绘制扫描轮廓　在前视基准面上新建草图，以原点为圆心绘制一段圆弧，绘制两条与圆弧相切的直线，如图 11-64 所示。从原点处草绘一条竖直中心线。

步骤 7　添加几何关系(1)　在中心线和两端相切直线之间添加【对称】几何关系，如图 11-65 所示。

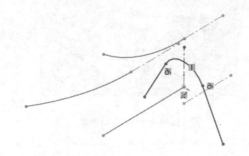

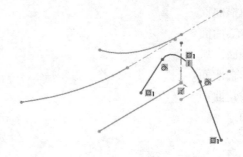

图 11-64　绘制扫描轮廓　　　　　　　图 11-65　添加几何关系(1)

步骤 8　添加几何关系(2)　在切线的端点、第二条引导线之间建立【穿透】的几何关系。在圆弧和第一条引导线端点之间添加【重合】关系，现在草图已经被完全定义了，将草图命名为"Profile"，如图 11-66 所示。

步骤 9　扫描曲面　使用扫描轮廓、扫描路径和 2 条引导线创建扫描曲面，如图 11-67 所示。

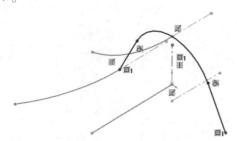

图 11-66　添加几何关系(2)　　　　　　图 11-67　扫描曲面

⚠ **注意**　需要设置起始处相切的类型为【路径相切】。

步骤 10　剪裁曲面　使用上视基准面作为剪裁工具，剪裁扫描曲面，保留扫描曲面的上半部分，如图 11-68 所示。

步骤 11　绘制草图　在上视基准面上创建一个草图，用【转换实体引用】命令转换剪裁曲面的边界，按照图 11-69 所示尺寸完成草图。

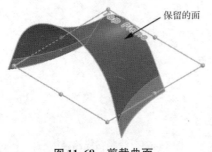

保留的面

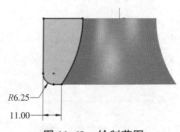

R6.25

11.00

图 11-68　剪裁曲面　　　　　　　　　图 11-69　绘制草图

步骤 12　**平面区域**　单击【平面区域】▮，使用当前的草图创建平面区域。

步骤 13　**创建第二个平面区域**　镜像第一个平面曲面，创建另一侧的平面区域，如图 11-70 所示。

步骤 14　**缝合曲面并倒圆角**　将 3 个曲面缝合在一起，创建半径为 4mm 的曲面圆角，如图 11-71 所示。

图 11-70　创建第二个平面区域

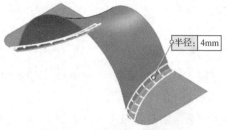

图 11-71　缝合曲面并倒圆角

步骤 15　**加厚曲面**　通过加厚曲面创建模型的第一个实体特征，设定厚度为"2.5mm"。注意曲面加厚的方向，如图 11-72 所示。

步骤 16　**镜像实体**　镜像实体并合并结果，如图 11-73 所示。

图 11-72　加厚曲面

图 11-73　镜像实体

步骤 17　**边线倒圆角**　选择零件的边，创建半径为 0.5mm 的圆角，如图 11-74 所示。

步骤 18　**创建锥形沉头孔**　添加 4 个锥形沉头孔，选择模型平面并单击【异形孔向导】。孔的标准为"Ansi Inch"，类型为"M4 平头机械螺钉"，如图 11-75 所示。

> **技巧**　孔阵列以零件的原点为中心。

步骤 19　**保存并关闭零件**

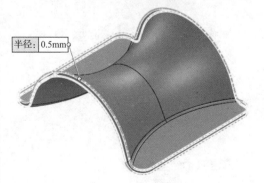

图 11-74　边线倒圆角

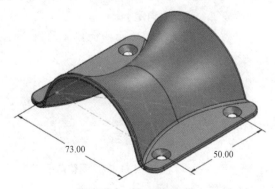

图 11-75　锥形沉头孔

练习 11-3　使用相交特征

本练习将使用相交特征作为替代技术来完成"练习 10-1　剪裁曲面"的模型，如图 11-76 所示。

本练习将应用以下技术：

●相交。

单位：mm。

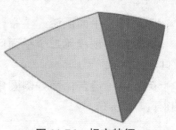

图 11-76　相交特征

操作步骤

　　步骤 1　打开零件　打开文件夹"Lesson11 \ Exercises"中的零件"Intersect_Exercise"，如图 11-77 所示。

　　步骤 2　相交特征　单击【相交】，选择全部 4 个曲面，如图 11-78 所示。在 PropertyManager 中单击【相交】。

技巧 在图形区域拖动光标以框选曲面，或从曲面实体文件夹中选择曲面。

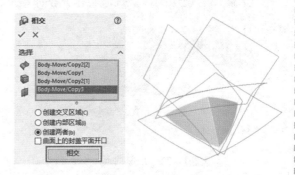

图 11-77　零件"Intersect_Exercise"　　　　　图 11-78　相交特征

提示 在本示例中没有【要排除的区域】。

　　步骤 3　调整选项　在【选项】组框中，勾选【消耗曲面】复选框，如图 11-79 所示。此选项将从特征的结果中移除曲面实体。

　　步骤 4　单击【确定】

　　步骤 5　查看结果　由曲面定义的内部区域被转换成了实体，如图 11-80 所示。

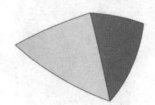

图 11-79　调整选项　　　　　图 11-80　查看结果

　　步骤 6　保存并关闭所有文件

练习11-4 创建相机实体模型

本练习将在模具的遗留数据中重新创建一个相机实体模型（见图11-81）。

本练习将应用以下技术：

● 相交。

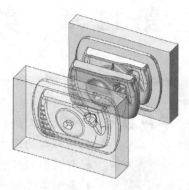

图11-81 在遗留数据中创建相机实体模型

操作步骤

步骤1 新建零件 使用模板"Part_MM"创建一个新的零件，命名为"Camera_Body"。

步骤2 导入型芯 单击【插入】/【特征】/【输入的】🗁，在"Lesson11 \ Exercises"文件夹下选择"Parasolid"文件"Mold_Core. x_b"并单击【打开】，如图11-82所示。

步骤3 导入型腔 重复上一步骤，打开"Parasolid"文件"Mold_Cavity. x_b"。

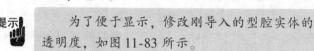

提示 为了便于显示，修改刚导入的型腔实体的透明度，如图11-83所示。

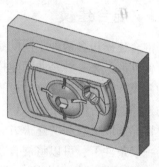

图11-82 导入型芯

步骤4 创建相机实体 使用【相交】命令，从模具负空间（型腔与型芯之间的空间）中创建相机实体，结果如图11-84所示。

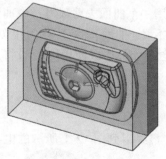

图11-83 导入型腔并修改透明度

图11-84 创建相机实体

步骤5 保存并关闭文件

第12章 实体—曲面混合建模

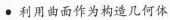

学习目标
- 使用曲面编辑实体
- 实体与曲面之间的相互转换
- 利用曲面作为构造几何体
- 复制实体模型外表面用于曲面建模
- 使用曲面展平命令

12.1 混合建模

混合建模包含两种不同的建模方法：一种是实体建模，可以用来创建棱柱形或者带有平直端的几何外形；另一种是曲面建模，适用于一次创建一个面的情况。一般来说，假如仅使用其中的一种建模方法去建模，这个过程将变得很艰难而且效率也会很低，因此将两者结合起来使用是最好的选择。读者需要正确认识这两种建模方法各自的长处及不足，然后在建模过程中，根据实际建模情况选取更有利的建模方式。

一般条件下，可以将混合建模划分成以下几类：

1）利用曲面修改实体。这类特征有【替换面】和【使用曲面切除】等，包括特征的终止条件，如【成形到一面】和【到离指定面指定的距离】。【填充曲面】还具有将曲面本身集成到现有实体中的功能。

2）实体与曲面间的相互转换。这类特征有【删除面】（实体转换成曲面）、【加厚】（曲面转换成实体）、【缝合曲面】以及【等距曲面】（用来复制实体面）。

3）曲面作为构造几何体。这类技术有【交叉曲线】，用一个曲面去剪裁另一个曲面，生成直纹曲面以作为确定在分型线周围的拔模角度参考，或者在【填充曲面】命令中作为相切参考。

4）直接由曲面创建实体。这类技术如使用曲面实体创建实体，或使用【加厚】将开环曲面直接转换成实体。

12.2 使用曲面编辑实体

本章将学习利用已有的曲面几何体来编辑实体模型，最终得到图 12-1 所示的电吉他的实体模型。

这里将介绍能得到相同结果的几种方法，然后将这些模型进行对比。所应用到的技术如下：

1）使用【成形到一面】的终止条件。

2）使用【使用曲面切除】命令。

3）使用【替换面】命令。

4）使用【删除面】命令将模型的面分解为曲面实体。

图 12-1 电吉他实例

通过混合建模，可以使用不同的方法来达到相同的目的。在设计消费类产品时，经常会用到上面提到的各种方法。至于哪种方法更佳，要具体问题具体分析。

操作步骤

步骤 1 打开零件 打开 "Lesson12\Case Study" 文件夹下的 "Gui-tar_Body" 零件。该零件已创建了一个曲面实体以及吉他外形草图，如图 12-2 所示。

步骤 2 拉伸至曲面 最简单有效的混合建模方法就是拉伸实体至曲面。选取草图 "Guitar Body Outline"，单击【特征】选项卡上的【拉伸凸台/基体】🗔，使用【成形到一面】的终止条件(也可以选择【成形到实体】)，然后选取曲面实体 "Top Surface Knit"，如图 12-3 所示。

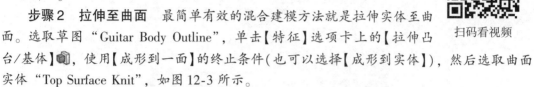

扫码看视频

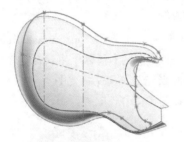

图 12-2 "Guitar _Body" 零件

图 12-3 拉伸至曲面

提示 【拉伸切除】特征也可以使用【成形到一面】或【成形到实体】的终止条件。

12.2.1 显示

拉伸特征结束后，可以看到在曲面与实体重合的面上，显示出杂乱的颜色，如图 12-4 所示。这是由同一个位置上不同的面显示不同的颜色所导致的。为了避免这种情况，用户可以将曲面隐藏。

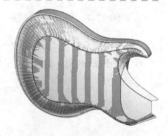

图 12-4 显示

231

步骤 3 隐藏曲面和草图 【隐藏】◎曲面和草图后如图 12-5 所示。

步骤 4 另存为副本并继续 保存这个版本的模型，以便之后将它与其他版本进行比较。单击【另存为】🖳，选中【另存为副本并继续】，将其命名为 "Guitar_Body_Up to Surface"，如图 12-6 所示。

步骤 5 编辑实体特征 在零件 "Guitar_Body" 中编辑特征 "凸台-拉伸1"，将终止条件改为【给定深度】，设置深度为 "4in"，如图 12-7 所示。

图 12-5 隐藏曲面和草图

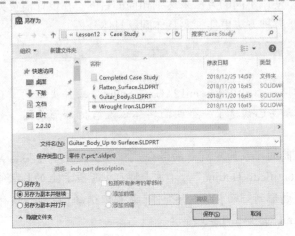

图 12-6　另存为副本并继续

步骤6　使用曲面切除　选择"曲面实体"文件夹中的曲面"Top Surface Knit"。单击【曲面】选项卡中的【使用曲面切除】🔩，或者选择菜单中的【插入】/【切除】/【使用曲面】。箭头所指方向的那部分实体将被移除，如图 12-8 所示。单击【确定】✔。

步骤7　检查结果　得到了和之前一样的实体，如图 12-9 所示。

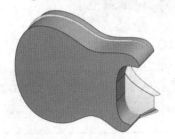

图 12-7　编辑实体特征　　　　图 12-8　使用曲面切除　　　　图 12-9　检查结果

步骤8　另存为副本并继续　单击【另存为】🖼，选中【另存为副本并继续】，将其命名为"Guitar_Body_Cut with Surface"，如图 12-10 所示。

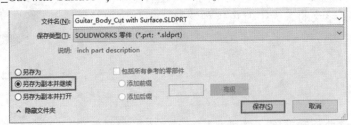

图 12-10　另存为副本并继续

12.2.2　替换面

知识卡片	替换面	【替换面】是一种非常有用的混合建模技术，是为数不多的在单一操作中具有添加或移除材料的功能。【替换面】可以替换实体或曲面的面，但替换面的实体必须是曲面实体。替换面实例如图 12-11 所示。
	操作方法	• CommandManager：【面】/【替换面】🖨。 • 菜单：【插入】/【面】/【替换】。

图 12-11　替换面实例

步骤 9　**删除特征"使用曲面切除 1"**　在零件"Guitar_Body"中,【删除】✖特征"使用曲面切除 1"。

步骤 10　**显示曲面实体**　在"曲面实体"文件夹中选择曲面"Top Surface Knit",并单击【显示】👁。

步骤 11　**编辑"凸台-拉伸 1"**　为了展示【替换面】特征以及添加和删除材料的功能,编辑"凸台-拉伸 1"并将深度更改为 2in,如图 12-12 所示。

步骤 12　**替换面**　单击【曲面】选项卡中的【替换面】📦。在上侧的【替换的目标面】选项框中,选取实体平面,这个面将被移除。在下侧的【替换曲面】选项框中,选取曲面"Top Surface Knit"。单击【确定】✔,如图 12-13 所示。

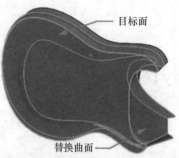

图 12-12　编辑"凸台-拉伸 1"　　　　　　　　　图 12-13　替换面

步骤 13　**隐藏曲面实体**　如图 12-14 所示【隐藏】🫥曲面实体。

步骤 14　**另存为副本并继续**　单击【另存为】📄,选中【另存为副本并继续】,将其命名为"Guitar_Body_Replace Face",如图 12-15 所示。

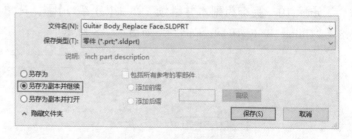

图 12-14　隐藏曲面实体　　　　　　　　图 12-15　另存为副本并继续

12.3　实体与曲面间的相互转换

在处理复杂的面时,对单个曲面进行修改会比对实体进行修改更加容易。正如"第 10 章

理解曲面"中所提到的：【删除面】命令是一种将实体分解为曲面的技术（更多信息请参阅
"10.5   实体分解成曲面"）。

步骤 15   删除特征"替换面 1"   在零件"Guitar_Body"中，【删除】✕特征"替换面 1"。

步骤 16   显示曲面实体   在"曲面实体"文件夹中选择曲面"Top Surface Knit"，并单击【显示】◉。

步骤 17   实体转换为曲面   单击【曲面】选项卡中的【删除面】🗔，使用【删除】选项，并选择图 12-16 所示的面。此步骤将实体分解成曲面。

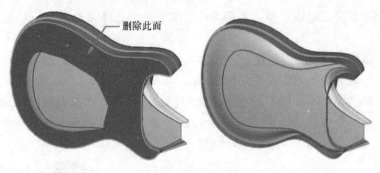

删除此面

图 12-16   删除面

步骤 18   剪裁曲面   使用【剪裁曲面】的【相互】选项来剪裁曲面，如图 12-17 所示。勾选【创建实体】复选框，将被剪裁的曲面转换成实体。单击【确定】✔。

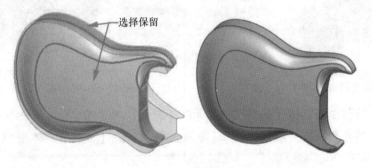

选择保留

图 12-17   剪裁曲面

步骤 19   另存为副本并继续   单击【另存为】🖼，选中【另存为副本并继续】，将其命名为"Guitar_Body_Delete Face"，如图 12-18 所示。

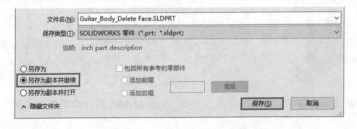

文件名(N):	Guitar_Body_Delete Face.SLDPRT	
保存类型(T):	SOLIDWORKS 零件 (*.prt; *.sldprt)	
说明:	inch part description	

○ 另存为　　　　　　　□ 包括所有参考的零部件
◉ 另存为副本并继续　　○ 添加前缀
○ 另存为副本并打开　　○ 添加后缀　　　　　　高级
∧ 隐藏文件夹　　　　　　　　　　　保存(S)　取消

图 12-18   另存为副本并继续

步骤 20   保存并关闭所有文件

12.4　性能比较

虽然以上每一种技术最终都能得出相同的结果，但在系统性能及重建时间方面却体现出了或多或少的差异。

为了评估不同技术的性能，这里将打开保存的"Guitar_Body"的4个副本，并对比它们的重建时间。

步骤21　打开零件　打开"Guitar_Body"模型的4个副本，如图12-19所示。

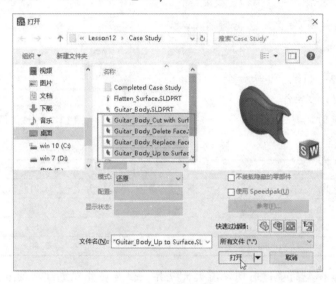

图 12-19　打开零件

步骤22　平铺窗口　在【窗口】菜单中，单击【横向平铺】 ，如图12-20所示。

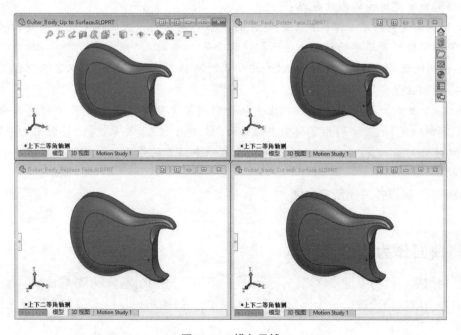

图 12-20　横向平铺

235

步骤23　**性能评估**　激活文件窗口"Guitar_Body_Up to Surface"。在键盘上按组合键〈Ctrl + Q〉执行【强制重建】**⊖!**。单击【评估】/【性能评估】**⊘**并记下重建时间，如图12-21所示。

图12-21　性能评估

提示　可以看到每台计算机上的时间都不一样。影响重建时间的因素有很多，包括计算机硬件和其他正在运行的程序等。

步骤24　**重复操作**　为每一个"Guitar_Body"重复步骤23的操作。

各副本的重建时间见表12-1。

表12-1　重建时间比较

副本	时间
Guitar_Body_Up to Surface	1.81s
Guitar_Body_Cut with Surface	1.78s
Guitar_Body_Replace Face	2.69s
Guitar_Body_Delete Face	2.80s

虽然这个简单模型的重建时间没有太大差异，但是在处理更复杂的零件时，重建时间可能是一个重要的考虑因素。为了确保大型模型的最佳性能，最好能记下不同的建模技术是如何影响重建时间的。

能够影响重建时间的因素包括：

1）特征的复杂程度。像【替换面】这样的复杂功能需要较长时间才能重新建模。需要考虑是否可以使用更简单的特征来达到相同的效果。

2）特征的数量。虽然【删除面】技术中使用的特征不像【替换面】那么复杂，但是执行特征和功能的数量会增加重建时间。

3）父/子关系。与独立的特征相比，包含引用关系的特征需要更长的时间来重新建模。【成形到一面】的技术引用了模型中的曲面，创建了父/子关系。【使用曲面切除】的技术不会构建任何新的父/子关系，所以即使这是一个额外的步骤，也可能需要更少的时间来重新构建。

步骤25　**保存并关闭所有文件**

12.5　将曲面作为构造几何体

建立任何扫描特征的关键步骤之一，是形成一条用于扫描的路径或引导线曲线。这个例子中的模型是沿一条曲线路径扫描一个圆形轮廓而得到的，扫描路径是两个参考曲面交叉形成的曲线，如图12-22所示。

创建这个模型的主要步骤如下：

1）创建一个旋转曲面。旋转曲面需要绘制一条样条曲线。

2）创建一个螺旋曲面。沿一条直线路径扫描一条直线，并利用扭转选项进行控制。

3）形成交叉曲线。找到两个参考面的交叉线作为扫描的路径。

4）扫描其中的一个"辐条"。利用一个圆形轮廓沿交叉曲线进行扫描。

5）阵列"辐条"。利用圆周阵列复制"辐条"，完成零件。

图 12-22　扫描实例

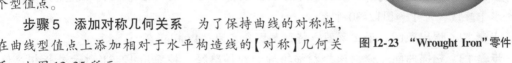

操作步骤

步骤 1　打开零件　打开"Lesson12\Case Study"文件夹下的"Wrought Iron"零件，该零件已经建立了这个模型的底座，同时还包含一个草图，如图 12-23 所示。

步骤 2　隐藏实体　右键单击旋转特征，从快捷菜单中选择【隐藏】。

扫码看视频

步骤 3　编辑草图　编辑草图"spline_grid"。

步骤 4　创建样条曲线　单击【样条曲线】N，绘制一条样条曲线。其大体形状如图 12-24 所示。该样条曲线有 7 个型值点。

步骤 5　添加对称几何关系　为了保持曲线的对称性，在曲线型值点上添加相对于水平构造线的【对称】几何关系，如图 12-25 所示。

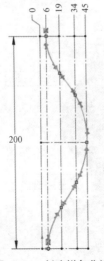

图 12-23　"Wrought Iron"零件

步骤 6　添加竖直几何关系　选择样条曲线顶部的端点控标（箭头），添加一个【竖直】几何关系。对底部的端点进行同样的操作，如图 12-26 所示。

237

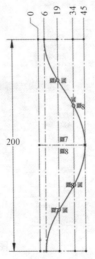

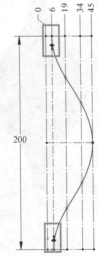

图 12-24　创建样条曲线　　　　图 12-25　添加对称几何关系　　　　图 12-26　添加竖直几何关系

步骤7　标注尺寸　使用竖直尺寸链为型值点添加尺寸，如图 12-27 所示。

步骤8　旋转曲面　选择基准 0 处的竖直中心线，单击曲面工具栏上的【旋转曲面】 🔄，设置【旋转角度】为 "360°"。单击【确定】✔，如图 12-28 所示。

步骤9　绘制扫描路径　在前视基准面上新建草图，显示旋转曲面中用到的草图。选取竖直中心线，并单击【转换实体引用】，如图 12-29 所示。

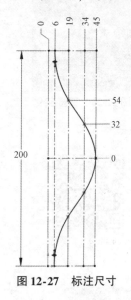

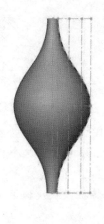

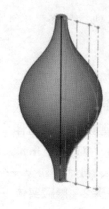

图 12-27　标注尺寸　　　　图 12-28　旋转曲面　　　　图 12-29　绘制扫描路径

步骤10　退出草图　退出草图并将该草图命名为 "Path"。

步骤11　绘制扫描轮廓　在上视基准面上新建草图，从扫描路径底部端点开始绘制一条水平直线，尺寸如图 12-30 所示。

步骤12　退出草图　退出草图，将该草图命名为 "Profile"。

步骤13　扫描曲面　分别选择扫描轮廓和扫描路径，按照图 12-31 所示进行相应设置。此处不用引导线就可以实现螺旋扫描。

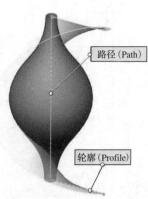

图 12-30　绘制扫描轮廓　　　　　　图 12-31　扫描曲面

238

步骤 14 交叉曲线 按住〈Ctrl〉键选择图 12-32 所示的两个曲面,单击【交叉曲线】📚。该操作将使用两个曲面的交线生成一个 3D 草图,并自动进入【编辑草图】模式。

步骤 15 退出草图 退出 3D 草图,将该草图命名为 "Path 2"。

步骤 16 显示实体 右键单击特征 "Revolve1",选择【显示】👁。选中两个曲面右键单击,并单击【隐藏】✎。

步骤 17 绘制扫描轮廓 使用【圆形轮廓】选项创建扫描体,设置直径为 6mm。勾选【与结束端面对齐】和【合并结果】两个复选框,保证扫描凸台能够与旋转凸台合并,如图 12-33 所示。

图 12-32 交叉曲线

步骤 18 创建圆周阵列 创建一个圆周阵列,等间距复制 6 个扫描体,如图 12-34 所示。

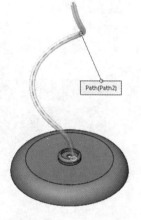

图 12-33 绘制扫描轮廓   图 12-34 创建圆周阵列

步骤 19 保存并关闭零件

12.6 展平曲面

第 10 章中提到 SOLIDWORKS 软件既可以创建可展曲面,也可以创建不可展曲面。虽然可展曲面可以在不变形的情况下展平,但不可展曲面需要伸展或缩小某些区域后才能形成平面。可以使用【曲面展平】命令来展平不可展的曲面。此特征仅存在于 SOLIDWORKS Premium 中。

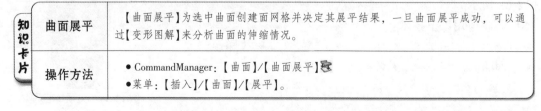

知识卡片	曲面展平	【曲面展平】为选中曲面创建面网格并决定其展平结果,一旦曲面展平成功,可以通过【变形图解】来分析曲面的伸缩情况。
	操作方法	● CommandManager:【曲面】/【曲面展平】🗠 ● 菜单:【插入】/【曲面】/【展平】。

操作步骤

步骤1 打开零件 打开文件夹"Lesson12\Case Study"中的文件"Flatten_Surface"。

步骤2 展平曲面 单击【曲面展平】，在【要展开的面/曲面】中，右键单击零件的一个外部面，然后单击【选择相切】，选择曲面。在【要从其展平的边线上的顶点或点】中，选择图 12-35 所示的顶点。单击【确定】。

步骤3 查看结果 生成了一个表示该零件展平模式的曲面实体，如图 12-36 所示。

步骤4 进一步分析结果 右键单击结果曲面，并选择【变形图解】，如图 12-37 所示。

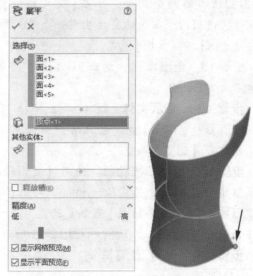

图 12-35 展平曲面

图 12-36 查看结果

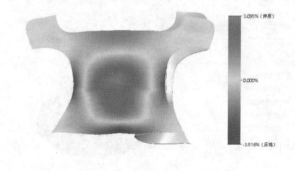

图 12-37 进一步分析结果

> **提示** 精度越高表示展平过程能得到更好的面网络和更精确的变形图解，但是也会影响【曲面展平】的性能。

步骤5 保存并关闭零件

练习 创建尖顶饰包覆体

本练习将在尖顶饰底部接合处使用圆周阵列来创建该包覆体，如图 12-38 所示。

本练习将应用以下技术：

- 包覆。
- 加厚。
- 放样。
- 延伸曲面。
- 替换面。

图 12-38 尖顶饰包覆体

操作步骤

步骤1　打开零件　打开"Lesson12\Exercises"文件夹下的"Finial_Wrap"零件。该零件已包含了一个实体以及两个草图。使用所提供的草图来建模可以保证得到一致的结果。在该零件中还有两个保存好的视图"Alt_Front"和"Alt_Iso",它们对零件进行了定向。

步骤2　创建两个复制曲面　如图12-39所示,使用【等距曲面】或者【缝合曲面】命令(参看图中高亮显示的圆柱曲面)创建两个独立的复制面。

> **提示**　　　这里要创建两个复制面,因为接下来要生成两个【包覆】特征,每个特征将会使用其中一个复制面。

步骤3　隐藏实体　隐藏除其中一个复制面以外的所有其他曲面及实体。

步骤4　包覆特征　在FeatureManager设计树中选择"Wrap_Sketch1"草图,单击【包覆】🔘。如图12-40所示,选择【刻画】🔲选项,在目标面上生成草图轮廓;选择复制面作为【包覆草图的面】(目标面)。如图12-41所示,图中显示的矩形代表了圆柱曲面在草图面上展平后的状态。单击【确定】✔。

图12-39　复制曲面

图12-40　包覆命令

步骤5　删除面　使用【删除面】🔘的【删除】选项删除刻画后的外侧圆柱曲面,如图12-42所示。单击【确定】✔,删除后的剩余部分如图12-43所示。

图12-41　包覆

图12-42　删除面

图12-43　剩余部分

步骤6　重复操作　重复步骤4、步骤5,使用草图"Wrap_Sketch2"刻画另一个复制面(可以先将另一个复制面显示出来)。同样删除外侧面,如图12-44所示。

图 12-44　重复操作

步骤7　加厚曲面实体　分别在两个曲面实体上创建两个【加厚】特征。设置第一个【加厚】特征的【厚度】为 "1.25mm"，取消勾选【合并结果】复选框，其结果如图 12-45 所示。

设置第二个【加厚】特征的【厚度】为 "1mm"，勾选【合并结果】复选框。在【特征范围】选项框中选中【所选实体】，并选取实体 "加厚1"，其结果如图 12-46 所示。

图 12-45　加厚曲面(1)

图 12-46　加厚曲面(2)

步骤8　创建分割线　在上视基准面上新建草图，按图 12-47 所示绘制直线。在实体的外表面上生成一条分割线。

步骤9　改变视图方向　切换到后视图，然后在键盘上按 3 次向下箭头以使视角向下旋转45°，结果如图 12-48 所示。

步骤10　放样曲面　在分隔线与两个实体交叉处的边线之间进行曲面放样，如图 12-49 所示。

图 12-47　创建分割线

图 12-48　改变视图方向

图 12-49　放样曲面

为了确保曲率与模型中对应的面相关联，高亮显示的面会表示将向哪个面添加约束。要修改面的选择，可以使用 PropertyManager 中的【下一个面】按钮或图形区域中的箭头。

步骤11　查看放样结果　结果如图 12-50 所示。

步骤12　延伸曲面　放样后的曲面将用来替代实体面，因此放样面必须延伸超出实体模型。单击【延伸曲面】，使用【同一曲面】选项向外延伸放样曲面 0.50mm，如图12-51 所示。

　　步骤 13　替换面　如图 12-52 所示，利用放样曲面替换实体面，隐藏放样曲面。

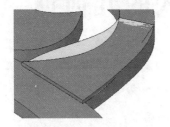

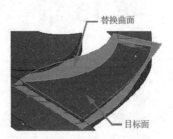

图 12-50　查看放样结果　　　　图 12-51　延伸曲面　　　　图 12-52　替换面

　　步骤 14　阵列实体　绕基体临时轴进行【圆周阵列】，设置实例数量为"9"，结果如图 12-53 所示。

　　步骤 15　组合实体　显示实体"Revolve2"。选取实体文件夹中的所有实体，右键单击并在快捷菜单中选择【组合】🎲，选择【添加】选项并单击【确定】✔。改变包覆特征的颜色，结果如图 12-54 所示。

图 12-53　阵列实体　　　　　　　　　　　图 12-54　组合实体

　　步骤 16　保存并关闭零件

第 13 章　修补与编辑输入的几何体

学习目标
- 了解影响 CAD 数据在不同系统间转换的因素
- 从其他数据源输入实体和曲面几何体
- 使用输入诊断来诊断与修复输入几何体中存在的问题
- 使用曲面建模技术手动修补与编辑输入的几何体

13.1　SOLIDWORKS 输入选项

在 SOLIDWORKS 中，可以通过修改某些选项来控制文件的输入方式。许多文件类型的默认输入选项都是启用 3D Interconnect 功能，该功能提供了当前格式文件的链接，而不是转换后的文件。

13.1.1　原本文件格式的 3D Interconnect

3D Interconnect 允许用户在 SOLIDWORKS 中以原本格式打开 3D CAD 数据，而无须将其转换为 SOLIDWORKS 文件。通过使用此功能，用户可以绕过转换数据所需的翻译过程，并避免转换错误。3D Interconnect 保留了与 CAD 数据的链接，因此如果使用原程序在原始文件中进行了修改，就可以非常容易地更新 SOLIDWORKS 中的数据。

目前，3D Interconnect 支持以下 CAD 文件格式(见表 13-1)：

表 13-1　3D Interconnect 支持的 CAD 文件格式

CAD 应用	文件格式	版本
CATIA V5	*.CATPart, *.CATProduct	V5R8-5-6R2020
Autodesk Inventor	*.ipt, *.iam	V6-V2021（for *.ipt） V11-V2021（for *.iam）
PTC	*.prt, *.prt *, *.asm, *.asm *	Pro/ENGINEER 16-Creo 7.0
Solid Edge	*.par, *.asm, *.psm	V18-SE 2020
NX™ software	*.prt	UG 11-NX 1899

 提示　　有关通过 3D Interconnect 导入的原本文件格式的更多信息，请参阅 SOLIDWORKS 帮助文档。

13.1.2　中性文件格式的 3D Interconnect

3D Interconnect 还可以用于输入中性的文件格式，如 STEP、ACIS 和 IGES。与原本文件格式一样，使用此功能可以解决将中性文件转换为 SOLIDWORKS 文件格式时可能出现的错误。但是，这些文件中仍然可能存在因原本文件格式转换而导致的错误。

 提示　　Parasolid 文件不使用 3D Interconnect 功能，因为不需要转换。SOLID-WORKS 可以直接读取文件中所包含的数据库。

技巧 　　　若要更新通过使用 3D Interconnect 输入而创建的链接文件特征，只需选择该特征并单击【编辑特征】即可，如图 13-1 所示。

图 13-1　编辑链接文件特征

13.2　输入 STEP 文件

接下来讲解一个将图 13-2 所示的 STEP 文件输入到 SOLIDWORKS 的例子。首先使用 3D Interconnect 输入的默认选项，然后通过把模型转换为 SOLIDWORKS 零件来输入模型，并对比结果。

本例还可以探索 SOLIDWORKS 中的诊断和修复功能。

图 13-2　STEP 文件

操作步骤

步骤 1　检查导入设置　单击【选项】，在【系统选项】选项卡内的左侧栏中选择【导入】类别，可以看到默认的导入设置是勾选【启用 3D Interconnect】复选框，如图 13-3 所示。单击【确定】以关闭【选项】对话框。

提示　　　图 13-3 所示的其他选项可以控制使用 3D Interconnect 导入时处理文件链接的默认方式。

步骤 2　打开 STEP 文件　打开文件夹"Lesson13\Case Study"中的"baseframe.stp"文件。当 STEP 文件在 SOLIDWORKS 中被打开后，FeatureManager 设计树中的特征提供了指向文件的链接，如图 13-4 所示。

245

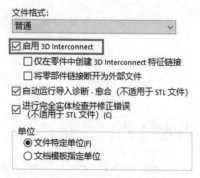

图 13-3　检查导入设置

图 13-4　打开 STEP 文件

步骤3 运行输入诊断 在图 13-5 所示的关于输入诊断的信息中单击【是】。

图 13-5 输入诊断

扫码看视频

13.2.1 输入诊断

知识卡片	输入诊断	SOLIDWORKS 提供了一些工具来帮助诊断和修复几何问题。输入诊断是输入过程的一部分。该工具具有独特的能力，不仅能够识别模型中的问题区域，而且内置了修复错误表面和缺陷的功能。如果存在间隙，模型将不能形成实体，而是形成一个曲面。 在导入模型时，程序会自动提示用户运行输入诊断程序。这个工具也可以在设计过程中的任何时候使用，但是为了使它起作用，输入的特征必须是树中的唯一特征。如果向模型中添加了额外的标准特征，输入诊断将不再可用。 最佳的选择是在输入数据时立即使用此工具来识别和修复有问题的几何模型。
	操作方法	● CommandManager：【评估】/【输入诊断】📷。 ●菜单：【工具】/【评估】/【输入诊断】。 ●快捷菜单：右键单击 FeatureManager 设计树中的一个输入特征，然后单击【输入诊断】。

步骤4 评估错误【输入诊断】工具在 STEP 文件中识别了一些错误面。用户可以在列表中选中面，选中的面会在模型上高亮显示。光标箭头停留在列表中的面上，将会显示出错误信息。在 PropertyManager 顶部的提示信息中可以了解到当前愈合功能被限制了。为了修改实体并修复面，必须移除 STEP 文件的链接，如图 13-6 所示。

步骤5 单击【确定】 ✔

图 13-6 评估错误

13.2.2 在 3D Interconnect 导入中解决错误

为了解决在使用 3D Interconnect 导入的模型中识别出的错误面和缝隙，有以下两种方法：
● 保持与文件的链接并使用曲面特征手动修复面。
● 断开与文件的链接并尝试使用【输入诊断】和其他技术中可用的自动修复工具（请参考"13.4 解决转换错误"）。

与原始文件链接的重要性决定了采用哪种方法。保持链接允许用户随时更改已导入的源文件，从而更新 SOLIDWORKS 中的特征。对于本示例，链接并不重要，因此将断开链接并使用自动修复工具尝试修复有问题的面。

步骤 6　断开链接　右键单击特征"baseframe. stp"，选择【断开链接】，如图 13-7 所示。在弹出的警告信息中单击【是，断开链接(不能撤销)】。

步骤 7　检查结果　链接已经被断开，一个单独的"输入 1"特征现在出现在 Property Manager 设计树中，如图 13-8 所示。

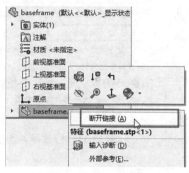

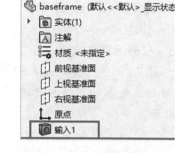

图 13-7　断开链接

图 13-8　检查结果

步骤 8　运行输入诊断　单击【评估】选项卡中的【输入诊断】。PropertyManager 现在包含了愈合模型中的错误选项，并在顶部的信息中显示了说明。

步骤 9　尝试愈合所有　单击【尝试愈合所有】，并单击【确定】，如图 13-9 所示。

步骤 10　检查结果　输入诊断工具能够修复错误面，但是生成的几何模型的质量不是很好，如图 13-10 所示。下面将使用另一种导入选项，并比较结果。

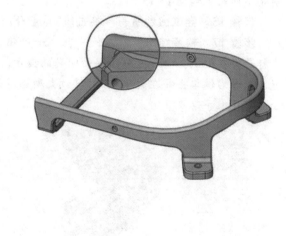

图 13-9　运行输入诊断

图 13-10　检查结果

步骤 11　保存文件　以"baseframe_3DInterconnect"为文件名保存文件。

13.2.3 其他选项

接下来将修改默认的导入选项，以查看将 STEP 文件直接转换成 SOLIDWORKS 零件是否会提高生成几何模型的质量。

步骤12 **修改导入选项** 单击【选项】⚙，在【系统选项】中单击【导入】类别。取消勾选【启用 3D Interconnect】复选框，如图 13-11 所示。单击【确定】。

步骤13 **打开 STEP 文件** 打开文件夹"Lesson13\Case Study"中的"baseframe.STP"文件。

文件被转换，输入的实体显示在图形区域中，如图 13-12 所示。

图 13-11 修改导入选项

图 13-12 打开 STEP 文件

步骤14 **运行输入诊断** 在关于输入诊断的信息中单击【是】。

步骤15 **评估错误** 注意，在使用此操作流程时，该零件被标识为错误的区域与之前是不同的，如图 13-13 所示。

步骤16 **尝试愈合所有** 单击【尝试愈合所有】。

步骤17 **检查结果** 在本例中，有一个错误面是无法使用自动愈合工具修复的。将光标悬停在面上，查看有关错误面问题的提示。选择剩余的错误面，查看它在模型上的位置。或者右键单击并在菜单中选择【放大所选范围】，如图 13-14 所示。这个面需要使用曲面建模技术手动修复。

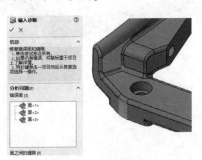
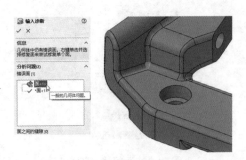

图 13-13 评估错误   图 13-14 检查结果

步骤18 **单击【确定】** ✔

步骤19 **保存文件** 以"baseframe"为文件名保存文件。

13.3　比较几何体

尽管"baseframe"和"baseframe_3DInterconnect"模型使用相同的 STEP 文件生成，但在导入过程中，SOLIDWORKS 使用修复工具对它们进行了不同的处理。

为了决定继续使用哪种"baseframe"模型，这里将对它们进行并排比较。通常情况下，直观化的比较已经可以充分地说明问题了，但 SOLIDWORKS 还提供了一些有助于识别差异点的比较工具。在本例中将使用【比较几何体】工具。

知识卡片	比较几何体	• CommandManager：【评估】/【比较文档】🗒️，勾选【几何体】复选框。 • 菜单：【工具】/【比较】/【几何体】。

步骤20　比较模型　单击【工具】/【比较】/【几何体】🗒️。在任务窗格中，【参考引用文档】选择"baseframe_3DInterconnect. SLDPRT"，【修改的文档】选择"baseframe. SLDPRT"，单击【运行比较】，如图 13-15 所示。在关于检测失败的警告信息中单击【是】。这是对在"baseframe"模型中存在的错误面所做的处理。

步骤21　检查结果　选择【面比较】，然后单击视图图标👁️查看【独特面】。检查零件的不同区域来比较结果，如图 13-16 所示。

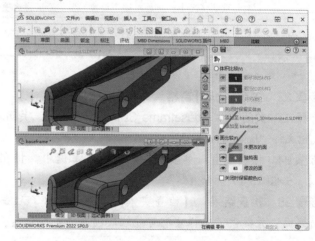

图 13-15　比较模型　　　　　图 13-16　检查结果

在本例中，已经确定"baseframe"模型有更高质量的曲面了，即使它仍然包括一个错误面。接下来将学习如何解决这个问题。

13.4　解决转换错误

当输入的模型不能生成有效的实体，并且输入诊断中的修复功能不能愈合错误面和缝隙时，用户可能需要考虑其他选项来解决转换问题。这些选项包括：

1）改变输入的类型。一般来说会有不止一种转换格式类型，假如其中一种得不到满意的结果，可以尝试使用另外一种格式。

2）以 Parasolid 格式输出并重新输入。如果无法从接收系统中获取另一种输入类型，可以尝试在 SOLIDWORKS 中将输入的文件保存为 parasolid 格式并重新输入。

3）改变输入精度。有些系统的输入方法允许调整其缝合精度。当输入的数据精度超出系统默认精度范围时，通过降低默认精度可以使模型自动被缝合起来。

在某些情况下，用来输出的 CAD 系统中模型也许可以被设置成高精度，以便该模型数据导入其他 CAD 系统。

4）使用曲面工具手动修复。输入模型中的问题区域可以使用以下的曲面特征进行手动修复：
- 删除面。有些曲面可能很难修复。另一种方法是删除问题面，并用更好的面替换它。
- 延伸曲面。因太短而不能到达下一个面的曲面，可以延伸到缝合的公差范围内。
- 剪裁曲面。可以手动剪裁超出所需边界的曲面。
- 填充曲面。【填充曲面】命令可用于创建平面和非平面补丁，以关闭模型中的孔。

13.5　修补与编辑

由于无法通过访问"baseframe"的原始 CAD 数据来尝试上面列出的某些技术，因而这里将使用曲面工具来手动修复模型中剩余的错误面。

这里将从【检查实体】工具开始，学习 SOLIDWORKS 中用于评估模型几何形状的其他工具。

13.5.1　检查实体

| 知识卡片 | 检查实体 | 【检查实体】是一种可以识别几何问题，并且在某些情况下还可以提供关于如何解决问题的建议的实用程序。它既可以用来定位模型中可能存在的无效的面或边，还可以检查曲率的最小半径。额外的选项可以帮助识别开放边、短边和缝隙。
默认情况下，将检查整个模型，但是可以将选项调整为只检查选定的区域。 |
| | 操作方法 | ● CommandManager:【评估】/【检查】。
● 菜单:【工具】/【评估】/【检查】。 |

步骤22　关闭【比较】窗格　关闭【比较】任务窗格。

步骤23　关闭零件"baseframe_3DInterconnect"　关闭零件"baseframe_3DInterconnect"，并最大化文件"baseframe"的窗口。

步骤24　检查模型　单击【检查】。在本例中，将在对话框中使用默认设置。单击【检查】，如图 13-17 所示。

步骤25　检查结果　【检查实体】工具识别出了无法通过【输入诊断】程序进行修复的错误面，并提供了怎样才有可能解决问题的一些信息，如图 13-18 所示。

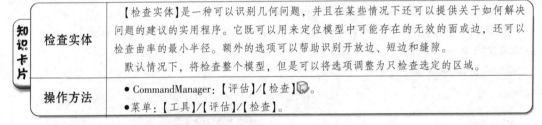

图 13-17　检查模型　　　　图 13-18　检查结果

对话框底部的信息如下："发现一个一般的几何体问题。如果此数据是输入的，这问题可能起因于从原系统所得来的数据精度；请在原系统上调整模型输出的设定，并且重新输入此模型。如果这是一个 SOLIDWORKS 的零件，请将问题报告给您当地的支持代表。"

由于无法访问这个文件的原始系统，因而将不得不手动修复这个表面。单击【关闭】。

250

13.5.2　显示曲率

知识卡片	显示曲率	用来评估几何形状的另一种工具是曲率工具。显示曲率将根据局部的曲率值用不同的颜色来渲染模型中的面。这种工具对分析零件曲面的质量会有帮助。 默认情况下会显示整个模型的曲率。如果要限制为显示几个独立的面,可以在激活工具之前对它们进行预选。
	操作方法	● CommandManager:【评估】/【曲率】 ●菜单:【视图】/【显示】/【曲率】。 ●快捷菜单:右键单击一个面,选择【曲率】。(可能需要展开菜单才能访问该命令)

步骤26　**显示曲率**　单击【曲率】 。

步骤27　**评估错误面**　从曲率的显示可以看出,问题面的半径不是固定值,但这里需要它是一个固定值,如图 13-19 所示。为了解决这个问题,这里将移除错误面,并手动创建一个更好质量的曲面。在修改模型以评估结果时,可以让曲率显示保持打开状态。

步骤28　**删除面**　单击【曲面】/【删除面】 。

步骤29　**删除并填补**　首先要尝试的是使用【删除面】命令中的内置功能。选择【删除并填补】并勾选【相切填补】复选框,单击【确定】 。

步骤30　**评估结果**　如图 13-20 所示,【删除面】工具生成的面质量不合格。

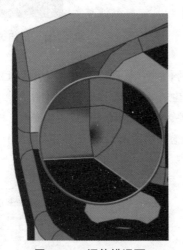

图 13-19　评估错误面

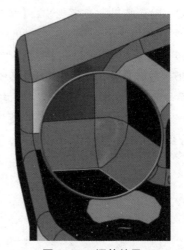

图 13-20　评估结果

步骤31　**删除面**　选中特征"删除面 1",并单击【编辑特征】 ,选择【删除】选项,单击【确定】 。移除这个面会将实体模型变成一个曲面实体。

13.5.3　修补技术

有许多曲面特征可以用于修补缺口,正如案例中所介绍的。每个特征都包含了不同的选项,因此通常建议采用试错法来确定最佳结果。修补缺口的一些技术包括:

● 使用【填充曲面】 。

● 在边线之间创建一个【边界曲面】 。

● 在边线之间使用【放样曲面】 。

● 移除周围的几何体并重建面。

13.5.4 填充曲面

知识卡片	填充曲面	使用【填充曲面】命令可以在任何数量的边界之间创建一个填充面片，这里提到的边界可以是现有模型的边线、草图或者曲线。在某些情况下，可以使用【修复边界】选项在非闭环边界的情况下创建填充面。 　如果为填充面的边界选择了边，那么可以选择【相触】、【相切】或者【曲率】等边界条件，将新面与相邻的面关联起来。 　【填充曲面】命令允许将填充后的曲面与周边曲面缝合起来，直接生成一个实体或者结合相邻单元生成一个合并实体。该命令是通过生成一个四边面片然后剪裁以匹配所选择边界实现的。
	操作方法	● CommandManager:【曲面】/【填充曲面】。 ●菜单:【插入】/【曲面】/【填充】。

　　步骤32　使用填充曲面修补　单击【曲面】选项卡中的【填充曲面】。选择开放区域的三条边线，如图13-21所示。在【边线设定】处，选中【相切】以及勾选【应用到所有边线】复选框。勾选【合并结果】复选框，将新面和周围的面缝合起来。勾选【创建实体】复选框，将这个封闭曲面转换成一个实体。单击【确定】。

　　步骤33　检查结果　在本例中，【填充曲面】生成了一个低质量的面，如图13-22所示。

图13-21　使用填充曲面修补

　　步骤34　撤销　单击【撤销】移除曲面。

　　步骤35　放样修补　单击【曲面】选项卡中的【放样曲面】。在【轮廓】选项框中选取图13-23所示的两条竖直边。在【起始/结束约束】中均选择【与面相切】。在【引导线】选项框中，选取剩下的一条边线。设置【引导线感应类型】为【整体】，【边线-相切】类型选择【与面相切】。

　　放样将会产生一个具有奇点的曲面，但它可能仍然是有效的。单击【确定】。

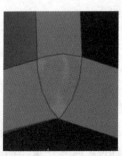

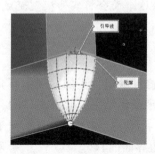

图13-22　检查结果　　　　　图13-23　放样修补

252

步骤36　**评估结果**　颜色显示有一些曲率半径较小的区域，并且到处都是不一致的曲率，如图 13-24 所示。这里使用【检查实体】工具进一步评估。

步骤37　**最小曲率半径**　单击【检查】🎢。单击【所选项】并选择放样的曲面。勾选【最小曲率半径】复选框，然后单击【检查】。最小曲率半径是 0.0002mm。这表示尽管看上去放样曲面还不错，但这不是一个较好的方案。关闭【检查实体】对话框。

步骤38　**删除**　【删除】✖或【撤销】↩放样曲面。

步骤39　**关闭曲率**　关闭【曲率】◣显示。

图 13-24　评估结果

13.5.5　其他操作

通过观察可以知道，这个需要修补的面最初是由 3 个单独的圆角组成，如图 13-25 所示。修复这个区域的另一种技术就是删除并重建这些圆角。通过【圆角】命令创建混合的拐角曲面。

要使用这种技术，首先需要一些关于圆角半径的信息，这是可以使用的【检查实体】工具的另一种功能。

图 13-25　3 个单独的圆角组成修补面

步骤40　**定义圆角半径**　使用〈Ctrl〉键选择图 13-26 所示的 3 个圆角面。单击【检查】🎢，选择【所选项】，勾选【最小曲率半径】复选框，并单击【检查】。在结果列表中选择每个面会高亮显示该面，并提示其最小半径。

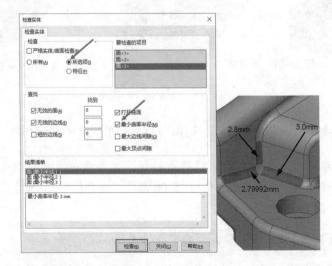

图 13-26　检查圆角半径

三个圆角半径分别是 3.0mm、2.8mm 和 2.79992mm（将被近似为 2.8mm）。关闭【检查实体】对话框。

253

13. 6　重建圆角的步骤

重建这些圆角接下来的操作步骤如下：

1）复制混合在一起的面。这里将在问题拐角处复制模型中混合在一起的面。这将使这些面更容易作为独立的曲面被延伸和剪裁，而不是作为与模型其余部分缝合在一起时的面再修改。

2）删除要替换的面。然后将删除模型中要替换的面，包括圆角面和与圆角混合的面。

3）延伸和剪裁曲面边缘。将复制曲面的边缘延伸并剪裁在一起，形成可以应用到新圆角的拐角。

4）添加圆角特征。新建一个可以在问题拐角处自动混合的圆角特征。

5）缝合曲面。然后将带有新圆角的修改后的曲面实体与主要的曲面实体缝合在一起。这里将使用特征中的创建实体选项将模型转换回实体。

步骤 41　复制面　因为需要复制的面是断开链接的，如图 13-27 所示，所以需要使用【等距曲面】命令来创建副本。设置偏移的距离为 0。单击【确定】。

步骤 42　隐藏曲面　【隐藏】步骤 41 中创建的曲面。

步骤 43　删除面　使用【删除面】删除复制的原始面以及将要替换的 3 个圆角，如图 13-28 所示。

步骤 44　隐藏和显示　【隐藏】主要的曲面实体，【显示】步骤 41 中复制生成的 3 个面，如图 13-29 所示。

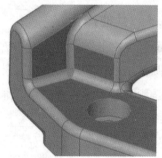

图 13-27　复制面

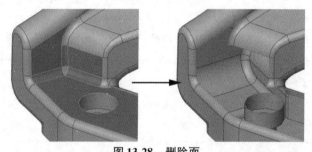

图 13-28　删除面

图 13-29　显示复制的面

---

13. 6. 1　延伸曲面

这个过程的下一步是延伸曲面的边线，以便剪裁它们形成一个新的拐角。

步骤 45　延伸曲面　延伸底面中的两个边线，这些是被原来的圆角修剪过的边线。选择【距离】作为【终止条件】，并设置值为"5.00mm"，选择【同一曲面】作为【延伸类型】，单击【确定】，如图 13-30 所示。

提示　【距离】值必须大于最大的半径值 3.00mm。

步骤 46　重复操作　对其他两个曲面重复上一步骤，如图 13-31 所示。

提示　一次只能延伸一个曲面实体。

图 13-30　延伸曲面

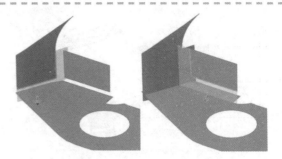

图 13-31　重复操作

步骤 47　相互修剪　单击【剪裁曲面】。【相互】剪裁这 3 个曲面，将使这些面缝合成一个单一的面，以便在下面的步骤中更容易创建圆角特征，如图 13-32 所示。

步骤 48　创建多半径圆角　单击【圆角】。使用在步骤 40 中取得的值，创建一个【多半径圆角】，如图 13-33 所示。

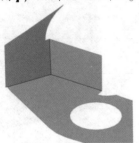

图 13-32　相互修剪

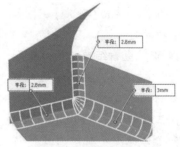

图 13-33　多半径圆角

步骤 49　检查结果　使用【圆角】命令可创建一个完美的复合角落曲面，如图 13-34 所示。

步骤 50　缝合曲面成实体　【显示】其他曲面实体。单击【缝合曲面】，缝合两个曲面实体并封闭体积成实体，如图 13-35 所示。

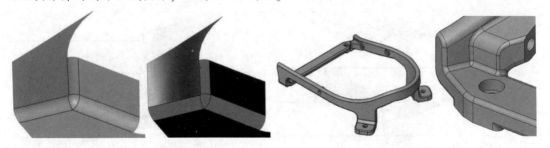

图 13-34　检查结果　　　　　　　　　　图 13-35　缝合曲面成实体

255

13.6.2　编辑输入的零件

上述用于修复和修补输入几何体的许多技术，也可以用于具有输入实体的其他设计任务。

这个输入零件中的有些特征是需要删除的。下面首先了解如何使用【删除面】命令有效地修改零件，然后将介绍另一种叫作【删除孔】的技术。

在这个零件中，需要移除图 13-36 所示的小凸台、通孔以及相应的沉头孔。零件在该区域是曲面形状。

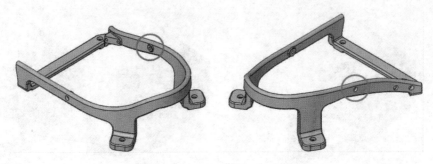

图 13-36　小凸台、通孔以及沉头孔

步骤 51　删除面　单击【删除面】🗔，选取所有需要删除特征影响的面，总共 9 个面。选中【删除并修补】选项，单击【确定】✔，如图 13-37 所示。

步骤 52　查看结果　通过使用【删除并修补】选项，被删除的面所留下的边被延伸以修补这个孔。可以看到，生成的面非常的完整平滑，就如同那个区域原本就没有任何特征一样，如图 13-38 所示。

图 13-37　选取要删除的面

步骤 53　删除特征"删除面 3"　现在演示另一种技术。编辑特征"删除面 3"，并选择【删除】选项。

步骤 54　查看结果　更改后将生成一个曲面实体，如图 13-39 所示，因为现在在零件中有开放的边。

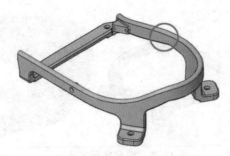

图 13-38　删除面-删除并修补

图 13-39　删除面-删除

13.6.3　删除孔

【删除孔】命令类似于【解除曲面剪裁】命令，只不过【删除孔】仅适用于封闭的内环情况。使用【删除孔】技术可以有效地关闭模型中的孔和缝隙。

知识卡片	删除孔	● 键盘：选取单曲面实体上的封闭内环边线，然后按下键盘上的〈Delete〉键。 ● 菜单：选取边线，并单击【编辑】/【删除】。

步骤55　删除孔　选择孔边界后按下〈Delete〉键。系统会提示，是【删除特征】还是【删除孔】。选择【删除孔】，单击【确定】。这里有多种方法可以用来检查结果，如图 13-40 所示。

图 13-40　删除孔

步骤56　解除剪裁曲面　旋转视图至零件另一面的开放边处。选取孔边线，如图 13-41 所示，单击【曲面】选项卡中的【解除剪裁曲面】⬦。单击【延伸边线】并勾选【与原有合并】复选框。单击【确定】✔。

步骤57　加厚　使用【加厚】⬚命令将曲面实体转换为实体，完成的零件如图 13-42 所示。

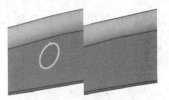

图 13-41　解除剪裁曲面

图 13-42　完成的零件

步骤58　保存并关闭文件

练习 13-1　使用输入曲面与替换面

本练习将使用一些修改输入模型的技术。在练习中所用到的曲面从一个"Parasolid（x_t）"文件中输入，移动该曲面并替换现有实体面，完成图 13-43 所示的零件。

本练习将应用以下技术：

- 删除面。
- 移动/复制实体。
- 替换面。

单位：mm。

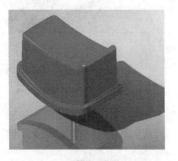

图 13-43　使用输入曲面与替换面模型

操作步骤

步骤1　打开零件　打开"Lesson13\Exercises\Replace Face"文件夹下的"Button.x_t"文件，如图 13-44 所示。图 13-44 中蓝色高亮显示的面将被替换。

步骤2　运行输入诊断　单击【是】运行【输入诊断】。几何体中没有错误面和缝隙。单击【确定】✔。

步骤3　删除面　在替换面前，必须先删除部分圆角。单击【曲面】选项卡上的【删除面】⬚，选取图13-45所示的面。

图 13-44　"Button"零件

如图 13-46 所示放大零件边角，可以看到它由几个小面组成。这里需要放大视图，以便选中所有 7 个细小的圆角面。使用选项【删除并修补】，单击【确定】✔。

步骤4　输入曲面　选择下拉菜单的【插入】/【特征】/【输入的】📥 来输入一个曲面。选取 "Lesson13\Exercises\Replace Face" 文件夹下名为 "New Surface" 的 Parasolid 格式文件。改变曲面颜色，以方便观察，如图 13-47 所示。

图 13-45　删除面

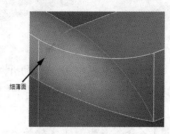

图 13-46　删除并修补

图 13-47　输入曲面

步骤5　移动曲面　选择下拉菜单的【插入】/【特征】/【移动/复制】😿，选取输入的曲面，使用【平移】选项，在【Delta Y】中输入 "63.5mm"。单击【确定】✔，如图 13-48 所示。

步骤6　替换面　单击【曲面】选项卡上的【替换面】🗂，使用输入的曲面替换零件的上表面，如图 13-49 所示。

图 13-48　移动曲面

图 13-49　替换面

步骤7　隐藏曲面实体　如图 13-50 所示隐藏曲面。

步骤8　添加圆角　添加 0.635mm 的圆角特征，如图 13-51 所示。

步骤9　保存并关闭零件　完成的零件如图 13-52 所示。

图 13-50　隐藏曲面

图 13-51　添加圆角

图 13-52　完成的零件

练习 13-2　修补输入的几何体

在本练习中，将使用 3D Interconnect 输入 IGES 文件并修补几何体（见图 13-53）。

本练习将应用以下技术：

● SOLIDWORKS 输入选项。

● 中性文件格式的 3D Interconnect。

● 修补并编辑输入的几何体。

单位：mm。

图 13-53　修补输入的几何体

操作步骤

步骤 1　查看导入选项　单击【选项】⚙。在【系统选项】中单击【导入】类别。确认已勾选【启用 3D Interconnect】复选框，如图 13-54 所示。单击【确定】。

> 💡 提示
>
> 这是默认选项。使用 3D Interconnect 功能，可以在 SOLIDWORKS 打开文件时不需要转换它，并保留指向源文件的链接，以便在必要时轻松更新。

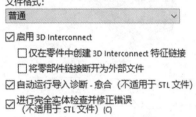

图 13-54　查看导入选项

步骤 2　打开 IGES 文件　打开文件夹"Lesson13 \ Exercises"中的文件"Surface Repair. IGS"。

步骤 3　运行输入诊断　单击【是】运行【输入诊断】。发现了 4 个缝隙，因此这个模型无法成为一个实体，如图 13-55 所示。

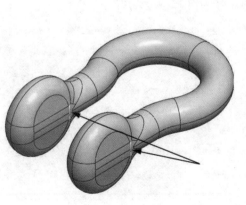

图 13-55　输入诊断

由于希望保留与 IGES 文件的链接，因而无法访问【输入诊断】命令中的自动愈合工具，必须手动执行修补。单击【确定】✅。

步骤 4　填充曲面　单击【填充曲面】💠。右键单击任意一条开放的边，然后单击【选择开环】，如图 13-56 所示。

步骤 5　调整选项　设置【边线设定】为"相切"，勾选【应用到所有边线】复选框，并勾选【合并结果】复选框，如图 13-57 所示。单击【确定】✅。

步骤 6　查看结果　创建一个曲面面片来填充开口。由于使用了【合并结果】选项，新的面片就会自动缝合现有的曲面，如图 13-58 所示。

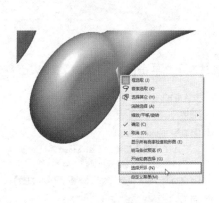

图 13-56　选择开环　　　　　图 13-57　调整选项　　　　13-58　查看结果（1）

步骤 7　重复操作　对剩下的 3 个缺口重复以上操作步骤。

> ⚠️ **注意**　在对最后一个开口进行操作时，还需要勾选【创建实体】复选框。这将使缝合的曲面加厚成一个实体。

步骤 8　查看结果　如图 13-59 所示，"曲面实体"文件夹是空的，并且"实体"文件夹内现在有一个实体。

> 👉 **提示**　如果需要更新 IGS 链接或更新版本，可以选择该特征并单击【编辑特征】🔳。

步骤 9　保存并关闭文件　完成的零件如图 13-60 所示。

图 13-59　查看结果（2）

图 13-60　完成的零件

第14章　基体法兰特征

学习目标
- 了解独特的钣金 FeatureManager 设计树项目
- 使用基体法兰创建钣金零件
- 展开钣金零件并查看其平板型式
- 添加边线法兰和斜接法兰到钣金零件

14.1　钣金零件的概念

通常，钣金零件是由一块等厚的薄片材料加工而成的。通过使用各种工艺，将平板材料弯曲成型，并最终制造成零件，如图 14-1 所示。

在 SOLIDWORKS 中，钣金零件是指通过特有特征创建的具有特殊属性的一类零件模型。钣金零件模型是一个很薄的部件，在边角具有一些折弯，能够被展开。

虽然钣金零件模型通常被用来代表真正的钣金设计，但其特有的特征属性同样可用于其他零件的设计，如纸板包装或织物，如图 14-2 所示。

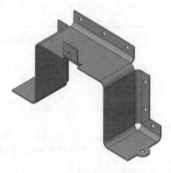

图 14-1　钣金零件

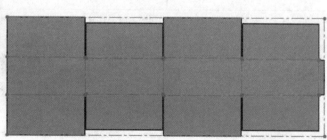

图 14-2　纸板包装

14.2　创建钣金零件的方法

可以用以下几种方法来创建钣金零件，见表 14-1。

SOLIDWORKS®高级教程简编（2023 版）

表 14-1　创建钣金零件的方法

方法	介 绍 和 图 例
法兰方法	使用专门的法兰特征，在成形状态中创建钣金零件
通过平板设计	通过在一个平板材料上添加一些折弯来创建钣金零件
扫描法兰	通过一个轮廓和路径来生成钣金法兰
放样折弯	用变化的轮廓文件来创建过渡钣金零件
插入折弯	为薄壁零件添加折弯和切边，以允许其被展开
转换钣金	通过选择要包含的面和折弯边线将实体转换为钣金

14.3 特有的钣金项目

不论使用哪种技术，只要模型被定义为钣金，两个特有的项目就被添加到 FeatureManager 设计树中(见图 14-3)。

1) 钣金文件夹📖。钣金文件夹用来存储默认的钣金参数，如整个零件的材料厚度和默认折弯半径。此文件夹中的各个特征关联到零件中各个实体的参数。如果使用了规格表，它也将出现在此文件夹中。

2) 平板型式文件夹📖。平板型式文件夹用来存储零件中每一个钣金实体的平板型式。当模型处于成型状态时，平板型式特征被压缩，解除压缩时则显示平板型式。

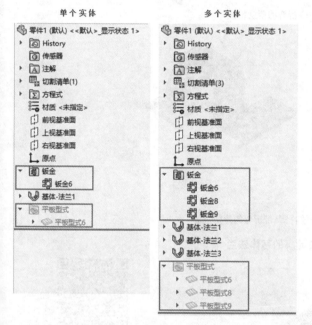

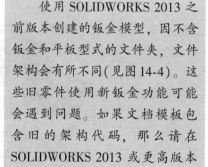

⚠️ 注意

使用 SOLIDWORKS 2013 之前版本创建的钣金模型，因不含钣金和平板型式的文件夹，文件架构会有所不同(见图 14-4)。这些旧零件使用新钣金功能可能会遇到问题。如果文档模板包含旧的架构代码，那么请在 SOLIDWORKS 2013 或更高版本中重新创建。

图 14-3 FeatureManager 设计树上的钣金特征项目

图 14-4 钣金特征架构

14.4 法兰方法

本节介绍创建钣金零件最常用的技术——法兰方法。这种技术关注的是模型的完成状态，并使用一些可用的法兰特征来生成零件的面和折弯。法兰方法是利用基体法兰作为模型基本特征的钣金方法。

14.5 基体法兰/薄片

【基体法兰/薄片】特征可以被认为是钣金设计的"凸台-拉伸"。此特征的行为类似于常规的【拉伸凸台】，但采用了一些钣金零件特有的功能。

例如，使用【拉伸凸台】，如果将开放的轮廓用于基体法兰，那么会创建薄壁特征。但是作为钣金特征，钣金参数用于确定壁厚，并且在草图任何尖角处均会自动替换为默认半径的折弯。

如果开放的轮廓草图中包含圆弧，它们将被自动创建为特征的折弯区域。因为钣金零件是薄壁型的，所以开放轮廓常用于基体法兰特征，如图 14-5 所示。

263

如果封闭轮廓用于【基体法兰/薄片】，轮廓则近似于一个拉伸凸台。但作为钣金特征，钣金厚度参数用作拉伸距离。生成的简单平板作为零件的第一个特征，或可以为现有钣金面添加一个薄片，如图14-6所示。

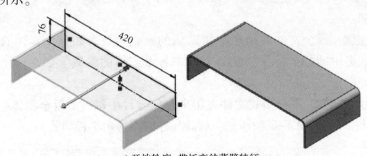

a) 开放轮廓=带折弯的薄壁特征

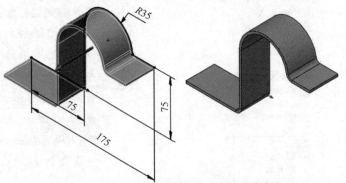

b) 带圆弧的开放轮廓=带折弯的薄壁特征

图 14-5　开放轮廓的基体法兰

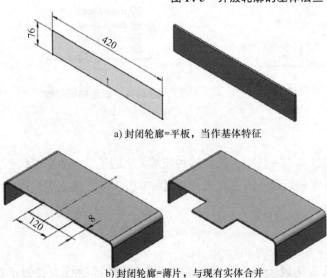

a) 封闭轮廓=平板，当作基体特征

b) 封闭轮廓=薄片，与现有实体合并

图 14-6　封闭轮廓的基体法兰

扫码看 3D

扫码看视频

| 知识卡片 | 基体法兰 | ● CommandManager：【钣金特征】/【基体法兰/薄片】。
● 菜单：【插入】/【钣金】/【基体法兰】。 |

操作步骤

步骤1　新建零件　使用"Part_MM"模板创建新零件，并命名为"Cover"。

步骤2　将【钣金】选项卡添加到 CommandManager　要访问 CommandManager 中的 SOLIDWORKS 钣金命令，请在其中一个可用选项卡上单击鼠标右键，然后选择【选项卡】/【钣金】，结果如图 14-7 所示。

图 14-7　【钣金】选项卡

步骤3　绘制草图　在前视基准面上，单击【草图绘制】，绘制【边角矩形】，如图 14-8 所示。将底部直线转换为【构造几何线】，并与原点添加一个【中点】的几何关系。

步骤4　创建基体法兰　单击【基体法兰/薄片】。由于是开放轮廓，其特征近似为薄壁拉伸体。【方向1】和【方向2】分别控制从草图平面向两侧的拉伸距离。选择【方向1】，输入"240.00mm"，结果如图 14-9 所示。

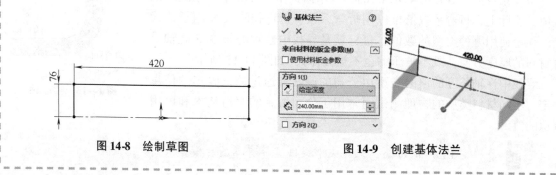

图 14-8　绘制草图　　　　　　图 14-9　创建基体法兰

14.6　钣金参数

零件的第一个钣金特征用于定义模型的默认钣金参数。这些参数包括：

1）钣金厚度。指定材料的厚度。

2）默认折弯半径。在零件上的尖角折弯处添加默认半径。折弯半径始终是内侧半径值。

3）折弯系数。决定了平板型式的计算方式。

4）自动切释放槽。如果选择自动切释放槽，软件会根据需要自动添加释放槽的切割尺寸和形状。

14.7　钣金厚度和折弯半径

【钣金参数】用于定义钣金厚度和折弯半径。折弯半径定义添加到尖角折弯处的折弯的内侧半径。复选框中的参数用于控制钣金厚度与草图的关系，如图 14-10 所示。

图 14-10　钣金参数

1）反向。使用此选项可以反转将材质厚度添加到草图的另外一侧。

对于打开的轮廓，这将控制材质是在绘制线的上方还是下方创建。对于闭合轮廓，这将控制是在草图平面上方还是下方创建。

2）对称。使用此选项可以使材质相对于草图对称应用。这将使得草图位于材料厚度的中心。对于闭合轮廓，与【拉伸凸台】命令中【两侧拉伸】类似。

> **提示** 钣金参数的值可以由与零件材料相关的信息或从测量表中读取的数据进行填写，如图 14-11 所示。

图 14-11 钣金数据读取

步骤5 设置钣金参数 钣金参数设置如下：
- 厚度：1.00mm。
- 折弯半径：3.00mm。

检查以确保将材料厚度添加到图形之外，如图 14-12 所示。如有必要，勾选【反向】复选框并设定厚度方向。单击【确定】 ✓。

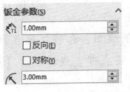
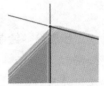

图 14-12 钣金参数

14.8 折弯系数值

折弯系数值是 SOLIDWORKS 的一般术语，用来计算平板型式时的数值。实际上，折弯系数值可以用折弯系数、折弯扣除或 K 因子值代表。无论使用哪种类型的数值，目标就是寻找中性轴的长度（此轴沿着材料的厚度方向，既不被压缩也不被拉伸），如图 14-13 所示。

寻找中性轴长度的值的类型由公司的偏好和通过测试收集的信息决定。不同材料类型的物理测试通常用于公司特定的制造技术和可用资源的值。

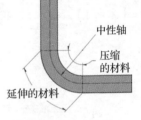

图 14-13 中心轴

> **提示** "L1 Reference"文件夹中提供了带有草图的模型。

14.8.1 K 因子

K 因子使用比值定义中性轴沿材料厚度的位置，如图 14-14 所示。该比率是到中性轴的距离除以材料厚度的比值。测量是从零件内部进行的，如折弯半径是在内部进行的一样。因此，材料厚度为 2mm，并且中性轴被确定为距离内部 1mm，则 K 因子为 $1/2 = 0.5$。

14.8.2 折弯系数（BA）

折弯系数（BA）值表示折弯区域中性轴的测量值。因此，可以通过将平面长度和每个折弯的折弯允许值相加来确定展开模式长度。如图 14-15 所示，展开模式长度为：平板型式 $= X + Y + BA$。

14.8.3 折弯扣除（BD）

折弯扣除值是一个可以从模型的总体尺寸中减去的数字，以获得展开模式长度。折弯扣除和折弯允许值通过公式计算。选择使用折弯扣除值，测量零件的整体尺寸更容易，因此在物理测试和质量控制过程中更容易找

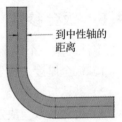

图 14-14 K 因子

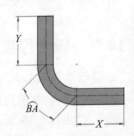

图 14-15 折弯系数

到这个值。

折弯扣除（*BD*）和折弯系数（*BA*）值是相关的，公式如下：$BD = 2 \times$（折弯半径 + 材料厚度）$- BA$。如图 14-16 所示，平板样式长度为：平板样式 $= X + Y - BD$。

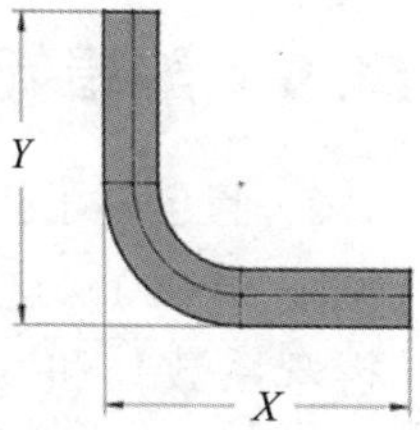

图 14-16　折弯扣除

14.8.4　折弯余量

可以通过以下方式指定钣金零件的折弯余量，如图 14-17 所示。

1）手动输入值通过从下拉菜单中选择【K 因子】、【折弯系数】或【折弯扣除】，可以输入特定值。

2）使用 Excel 或文本文档。通过选择【规格表】或【折弯计算】，可以使用 Excel 或文本文档根据钣金参数确定值。

3）从规格表读取。使用规格表时，可以从规格表中读取折弯余量方法和值。

图 14-17　折弯系数

 提示
> 规格表可以与折弯表一起使用，以组合来自多个来源的数据。

> **步骤 6　定义折弯余量**　对于折弯余量，按图 14-18 所示设置。K 因子为 0.5。
>
>
>
> **图 14-18　折弯余量**

14.8.5　自动切释放槽

自动切释放槽是指当折弯未延伸到边的全长时，为释放材料而添加的剪切。放槽切口是为了防止材料变形或撕裂。但是，也可以将"撕裂"指定为放槽切口类型，并且对于自定义释放槽类，可以选择延伸折弯，如图 14-19 所示。

 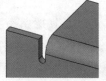

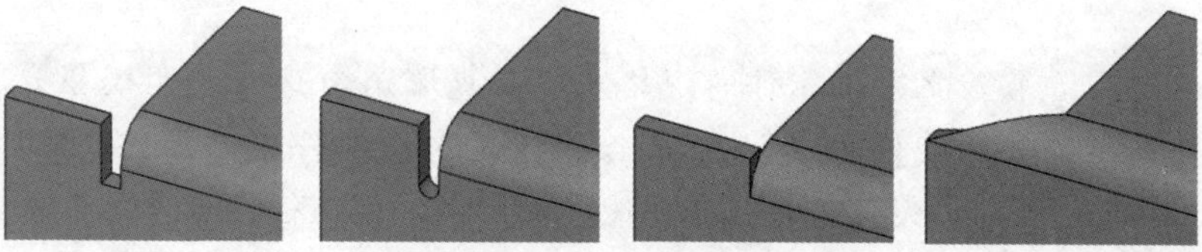

a) 矩形　　　　　　b) 矩圆形　　　　　c) 撕裂形：切口　　　d) 撕裂形：延伸

图 14-19　自动释放槽类型

> **步骤 7　自动切释放槽**　对于【自动切释放槽】选项，按图 14-20 所示进行设置。自动切释放槽类型为【矩圆形】，勾选【使用释放槽比例】复选框，设定【比例】为"0.5"。
>
>
>
> **图 14-20　自动切释放槽**
>
> **步骤 8　创建基体法兰**　单击【确定】以创建【基体法兰】特征。
>
> **步骤 9　查看结果**　基体法兰 1 和独特的钣金项目："钣金"文件夹和"平板型式"文件夹同时被添加到 FeatureManager 设计树中（请查看"14.3　特有的钣金项目"），结果如图 14-21 所示。
>
>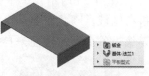
>
> **图 14-21　查看结果**

14.9   编辑钣金参数

一旦创建了初始的钣金特征，所有的默认钣金参数都存储在前面提到的"钣金"文件夹内（见图 14-22）。这意味着更改默认的【厚度】、【折弯半径】、【折弯系数】和【自动切释放槽】参数，都需要编辑"钣金"文件夹。

▼ 📠 钣金 ◀━━━ 全局零件设定
　 📠 钣金1 ◀━━━ 实体设定

图 14-22   "钣金"文件夹

在"钣金"文件夹内的单独"钣金 + 编号"特征控制着零件中的单独实体。

> 提示　当编辑初始特征时，如步骤 3 ~ 5 中创建的基体法兰 1，只有针对该特征的设定，才可以被编辑。

步骤 10　编辑"基体-法兰 1"　单击"基体-法兰 1"，选择【编辑特征】，可编辑的参数只有拉伸方向和覆盖默认的钣金参数，如图 14-23 所示。单击【取消】。

步骤 11　编辑钣金参数　单击"钣金"文件夹，选择【编辑特征】，更改【厚度】为"1.20mm"，【折弯半径】为"2.00mm"，如图 14-24 所示。单击【确定】。

图 14-23   编辑基体-法兰 1　　　图 14-24   编辑钣金参数

> 提示　如果需要更改零件的规格表，首先取消勾选【使用规格表】复选框，并单击【确定】。这将完全移除嵌入在零件中的表格。然后再次编辑"钣金"文件夹，重新勾选【使用规格表】复选框，选择适当的规格表。

步骤 12　显示结果　基体-法兰 1 更新为使用新的数值。所有的后续特征也将使用更改的数值作为默认值。

14.10   钣金折弯特征

每个钣金特征都包含了为每个折弯创建的子特征。根据需要编辑这些折弯特征，以修改个别折弯区域的默认钣金参数。

如图 14-25 所示，单个折弯参数需要被修改。由于大半径折弯需要被建造的不同于零件的其他折弯区域，因此需要一个自定义的折弯系数。又因为所有折弯均是在一个特征中创建的，所以需要编辑单个折弯特征来自定义该区域的数值。

> 提示　图 14-25 中所显示的零件可以在练习文件 L1Reference 文件夹中找到。

图 14-25　修改折弯参数

14.11　平板型式特征

零件中的每个钣金实体都自动拥有一个与之关联的平板型式特征。平板型式特征包含了每个加工折弯的子特征，以及用于显示折弯线和平板型式边界框的草图，如图 14-26 所示。

折弯线代表了折弯区域的中心，它们可以在工程图中显示，与标明折弯半径和角度的折弯注释相关联。在工程图中，可以在折弯线上添加标注尺寸，以辅助加工制造。

边界框草图包含了能够容纳平板型式的最小矩形。这些信息对于确定零件所需的白板尺寸非常有用。属性会自动与边界框相关联，并可以在工程图中显示。

图 14-26　平板型式特征

14.11.1　展平和退出展平

当钣金实体处于成型状态时，平板型式特征是被压缩的。可以在任何时刻将其解除压缩来显示展开状态。有几种方法来切换平板型式的激活与退出，见表 14-2。

表 14-2　平板型式的激活与退出方法

激活平板型式	退出平板型式
在"平板型式"文件夹中选择平板型式特征，单击【解除压缩】↑	在"平板型式"文件夹中选择平板型式特征，单击【压缩】↓
在钣金工具栏中单击【展平】按钮	在钣金工具栏中关闭【展平】按钮
右键单击钣金实体，从快捷菜单中选择【展平】	右键单击钣金实体，从快捷菜单中选择【退出平展】
—	在确认角落处单击【退出平展】

269

14.11.2　切换平坦显示

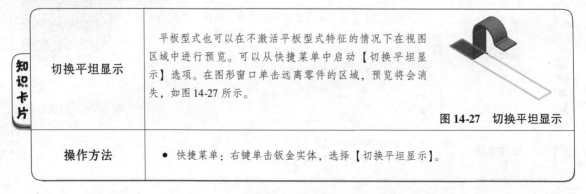

切换平坦显示	平板型式也可以在不激活平板型式特征的情况下在视图区域中进行预览。可以从快捷菜单中启动【切换平坦显示】选项。在图形窗口单击远离零件的区域，预览将会消失，如图 14-27 所示。 图 14-27　切换平坦显示
操作方法	● 快捷菜单：右键单击钣金实体，选择【切换平坦显示】。

步骤 13　**激活平板型式**　使用表 14-2 中介绍的任意技术来激活平板型式。注意，折弯线和边界框草图已经变为可见，如图 14-28 所示。

> 提示　折弯线草图始终显示在平板型式模型视图和平板型式工程视图中，与【草图】的【隐藏/显示】设置无关。如果需要隐藏折弯线草图，请在 FeatureManager 设计树中选择该草图，然后选择【隐藏】🚫。

步骤 14　**退出展开平板型式**　使用表 14-2 中介绍的任意方法来退出平板型式。

步骤 15　**切换平坦显示**　右键单击零件并选择【切换平坦显示】。在图形窗口单击远离零件的区域，清除平坦显示，结果如图 14-29 所示。

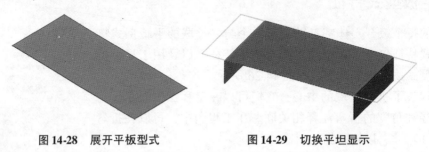

图 14-28　展开平板型式　　　图 14-29　切换平坦显示

14.12　其他法兰特征

为了在钣金零件的边线上添加折弯法兰，有【边线法兰】和【斜接法兰】两个主要的法兰特征。表 14-3 对两个法兰特征进行了对比。

表 14-3　边线法兰和斜接法兰特征的对比

比较项目	边线法兰	斜接法兰
创建方法	为法兰选择一个边和一个方向	绘制一个沿现有钣金边缘扫描的轮廓草图
法兰的轮廓	自动生成一个面轮廓，也可以按照需要来修改	必须创建一个简单的法兰横截面轮廓
斜接角落	如有必要，在单个特征中创建的多个边线法兰将彼此斜接	当法兰沿着多条边时，斜接角落才会按照需要被创建
适合于	单个折弯的法兰或法兰短于整条边线的长度	具有多个折弯的混合法兰或沿着零件多个相连边线的相同法兰

14.13　边线法兰

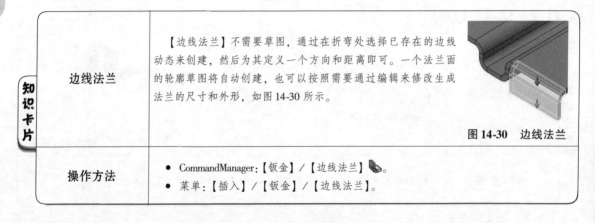

边线法兰	【边线法兰】不需要草图，通过在折弯处选择已存在的边线动态来创建，然后为其定义一个方向和距离即可。一个法兰面的轮廓草图将自动创建，也可以按照需要通过编辑来修改生成法兰的尺寸和外形，如图 14-30 所示。 图 14-30　边线法兰
操作方法	● CommandManager：【钣金】/【边线法兰】。 ● 菜单：【插入】/【钣金】/【边线法兰】。

【边线法兰】有很多种使用方法。在同一个【边线法兰】特征中，可以选择单条（见图 14-31）或多条边线（见图 14-32）。如果选择了多条边线，它们将应用相同的设置，但可以创建为相反的方向。在同一特征中创建的边线法兰轮廓将自动彼此裁剪，形成斜接角。

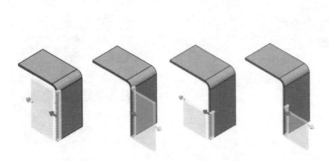
图 14-31　单条边线创建的法兰形状

图 14-32　多条边线创建的法兰形状

步骤16　创建边线法兰　单击【边线法兰】，选择图 14-33 所示的边线。向下移动光标，再次单击定义法兰的方向。

> 技巧 选择内部或外部的边线均可。

步骤17　选择其他边线　选择零件前面的其他两个短边线，如图 14-34 所示。

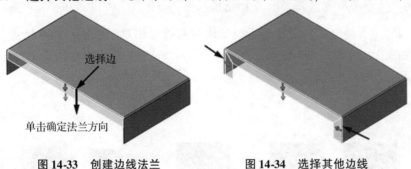
图 14-33　创建边线法兰　　　　　　　图 14-34　选择其他边线

1）法兰设置。边线法兰的 PropertyManager 中包含了许多设置可控制法兰的创建。

【法兰参数】可用来保持或覆盖最初所做的设置。如图 14-35 所示，在此例中将使用默认半径。

【缝隙距离】可用于控制在特征中创建的斜接角的缝隙尺寸。

如有必要，可以使用【编辑法兰轮廓】按钮来修改法兰的面轮廓草图，如图 14-36 所示。这可以用于：

- 更改轮廓草图的尺寸或几何形状。
- 更改边线法兰的长度。
- 更改边线法兰的开始或结束位置。

图 14-35　法兰参数

2）角度设置。【角度】设置在默认状态下会添加一个直角法兰，但用户也可以用所选的面进行定位或更改为某一角度，如图 14-37 所示。

3）法兰长度。【法兰长度】可以设置法兰的长度为一个数值或到零件中某个位置，如图 14-38 所示。

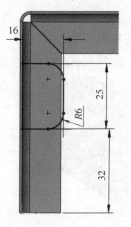

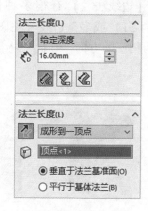

图 14-36　编辑法兰轮廓　　　图 14-37　角度　　　图 14-38　法兰长度

法兰长度的选项包括：

- 从【外部虚拟交点】、【内部虚拟交点】和【双弯曲】测量的【给定深度】。
- 使用【成形到一顶点】，并保持选择【垂直于法兰基准面】或【平行于基体法兰】。
- 【成形到边线并合并】（多实体零件）。

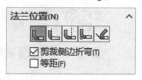

提示　　　如果使用【编辑法兰轮廓】修改了草图，则草图中的尺寸和关系被【法兰长度】中输入的值覆盖。

图 14-39　法兰位置

4）法兰位置。【法兰位置】设置用于设定法兰和折弯相对于所选边线的位置，如图 14-39 和图 14-40 所示。

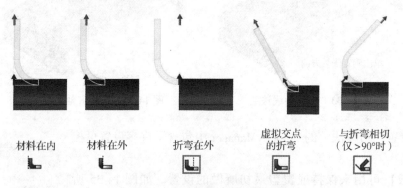

材料在内　　材料在外　　折弯在外　　虚拟交点的折弯　　与折弯相切（仅 >90°时）

图 14-40　法兰位置选项及效果图

【等距】允许法兰从选择的位置偏移一定距离，等距效果如图 14-41 所示。

5）剪裁侧边折弯。【剪裁侧边折弯】选项通常用于一个新的边线法兰和一个已有法兰发生接触时的折弯处切除，如图 14-42 所示。

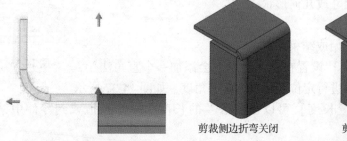

剪裁侧边折弯关闭　　　剪裁侧边折弯打开

图 14-41　等距效果　　　图 14-42　剪裁侧边折弯

> 技巧 【闭合角】也可以用于调整后续创建的法兰边角条件。

6）自定义折弯系数和自定义释放槽类型。【自定义折弯系数】和【自定义释放槽类型】选项允许覆盖默认的钣金折弯参数和释放槽类型。

步骤18 调整边线法兰设置 使用如下设置来设定边线法兰特征：
- 【缝隙距离】：1mm。
- 【法兰长度】：【给定深度】，16mm。
- 从【外部虚拟交点】 开始测量。
- 【法兰位置】：【材料在内】 。
- 【剪裁侧边折弯】：选择。

单击【确定】 ，结果如图 14-43 所示。

在零件中添加另一个【边线法兰】。通过编辑轮廓来更改法兰的外形和宽度，如图 14-44 所示。

步骤19 新建边线法兰
单击【边线法兰】 ，选择图 14-45 所示的边线，再次单击，确定法兰的方向。

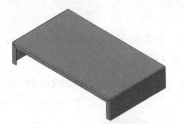
图 14-43 生成边线法兰

图 14-44 修改边线法兰

图 14-45 选择边线

14.14 编辑法兰轮廓

每个边线法兰的轮廓草图都是自动创建的，但也可以按照需求进行修改。修改法兰轮廓通常用于缩短法兰边线或修改法兰外形，如图 14-46 所示。

当修改一个法兰的边线轮廓时，会有一个对话框出现，以允许用户选择【上一步】回到边线法兰 PropertyManager 中【完成】特征或【取消】。此对话框中的消息也可以确认草图是否有效。

创建的边线法兰轮廓与所选择的边线具有【在边线上】的几何关系。这与使用【转换实体引用】 方法创建的草图边线是一致的。这种关系是较为独特的，因为转换边线的方法将完全定义边线的端点，但此种依附可以通过拖动来打断。

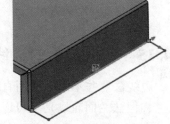
图 14-46 编辑法兰轮廓

273

为了缩短沿边线上的法兰长度，首先拖动几何体远离终点，然后添加尺寸关系。如果首先添加了尺寸，草图将显示为过定义。

步骤20 编辑法兰轮廓 单击【编辑法兰轮廓】。
步骤21 修改轮廓 拖动矩形的短边远离边线终点。按图14-47所示修改轮廓，添加一个相切的圆弧和尺寸。

步骤22　**退回到 PropertyManager**　在轮廓草图对话框中单击【上一步】。

步骤23　**定义边线法兰**　确认【角度】为"90°"，【法兰位置】为【材料在内】 ▙。单击【确定】 ✔，结果如图 14-48 所示。

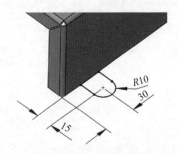
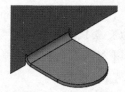

图 14-47　修改轮廓　　　　图 14-48　完成新边线法兰

> 提示 👉
> 1)【法兰长度】数值区将不再显示。这是因为此时的法兰长度是由草图进行控制的。
> 2) 释放槽将自动添加到此折弯处，如图 14-49 所示。释放槽比例 0.5 的含义是释放槽的宽度为材料厚度的 0.5 倍。

步骤24　**阵列边线法兰 2**　单击【线性阵列】 ▦。沿着右侧的边线阵列边线法兰 2，设置【间距】为"120mm"，【实例数】为"2"，结果如图 14-50 所示。

步骤25　**镜像阵列法兰**　以右视基准面【镜像】 ▥ 相反侧的法兰，如图 14-51 所示。

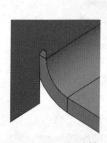

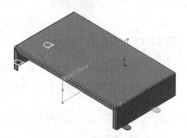

图 14-49　释放槽　　　　图 14-50　阵列边线法兰　　　　图 14-51　镜像阵列法兰

14.15　在曲线上的边线法兰

边线法兰并不限于使用直线边线。弯曲的边线也可以用于边线法兰，一次只能创建一个法兰，但法兰面轮廓是不可以编辑的，应用于弯曲边线的边线法兰特征如图 14-52 所示。这些模型可在"Lesson 14/L1 References"文件夹中找到。

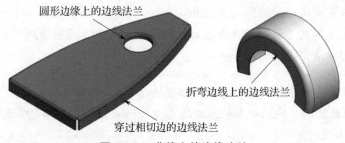

图 14-52　曲线上的边线法兰

提示　　　圆柱状的边线，如折弯区域的边线，是不能用于创建边线法兰的。

14.16　斜接法兰

知识卡片	斜接法兰	【斜接法兰】需要法兰的横截面轮廓草图。此草图必须创建在垂直于现有钣金边缘端点的平面上。轮廓沿着选择的边线进行扫描，斜接法兰只能向单一方向进行扫描。图 14-53 所示是斜接法兰的形式。 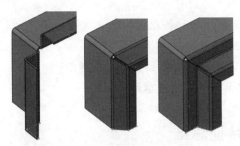 图 14-53　斜接法兰的形式
	操作方法	● CommandManager：【钣金】/【斜接法兰】 ● 菜单：【插入】/【钣金】/【斜接法兰】。

步骤 26　修改零件方向

技巧　　　翻转 Cover 模型。在键盘上按住〈Shift〉键，并按两次 <↑> 键将零件翻转 180°。

步骤 27　创建草图平面　创建一个【平面】垂直于所选的外边线，并与边线终点【重合】，结果如图 14-54 所示。

提示　　　在启动【平面】命令之前预先选择边和点将自动进行特征的选择和设置。

步骤 28　绘制新草图　使用【草图】功能在上述平面上创建一幅新草图，添加直线和尺寸，创建轮廓草图，如图 14-55 所示。

提示　　　轮廓中的水平线长度相等。

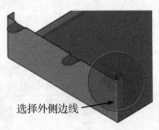

选择外侧边线

图 14-54　创建草图平面

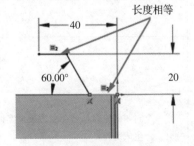

长度相等

40

60.00°

20

图 14-55　创建轮廓草图

步骤 29　斜接法兰　单击【斜接法兰】，单击视图工具栏的【上一视图】返回到上一视图方向。

【斜接法兰】设置与【边线法兰】设置非常相似。在【斜接法兰】中有一些独特的选项，如【起始/结束处等距】。其允许斜接法兰从选择边线链的开始处或结束处偏移。为斜接法兰选择边线时，可以从零件中单个选择，或使用在图形区域中出现的【相切】按钮（若存在相切边线）。

步骤30　斜接法兰设置　单击在图形区域中的【相切】按钮，选择"Cover"背部的相切边线。使用以下设置定义斜接法兰：

- 【法兰位置】：【材料在内】。
- 【缝隙距离】：1mm。

单击【确定】，结果如图14-56所示。

图14-56　创建斜接法兰

步骤31　保存并关闭该零件

14.17　法兰特征总结

表14-4总结了本章中介绍的法兰特征。

表14-4　法兰特征

法　兰	介　绍	图　例
基体法兰/薄片	【基体法兰】是钣金零件的基础特征。它类似于【拉伸凸台】特征，但会使用特定的折弯半径自动添加折弯 此例子使用了一个开放的轮廓草图	
	【基体法兰】也可以使用封闭的轮廓草图来创建展开的钣金零件	
	当一个封闭的轮廓和已存在的钣金实体合并时，将生成薄片	

276

（续）

法　兰	介　绍	图　例
边线法兰	【边线法兰】可以按照特定的角度在已存在的边线上添加材料 在同一个特征内可以选择多条边线，形成的法兰将会自动彼此裁剪 可以访问边线法兰的面轮廓并像草图一样进行修改	
斜接法兰	【斜接法兰】需要一个法兰的横截面轮廓，使其沿着已存在的边线进行扫描。如有需要，斜接边角会自动创建	
褶边	【褶边】可以像【边线法兰】特征一样应用到已存在的边线上。用户可以通过修改草图来更改沿边线的法兰宽度。有几种褶边形状可用	

练习 14-1　钣金托架

使用图 14-57 提供的信息，创建该零件。

本零件的设计意图如下：

1）材料厚度为 2.00mm。

2）所有折弯半径为 R2.50mm。

3）给出的尺寸是在托架内部定义的。

4）零件是关于默认参考平面对称的。

5）零件的展平图案将使用 0.5 的 K 因子进行计算。

本练习将应用以下技术：

● 基本法兰/薄片。

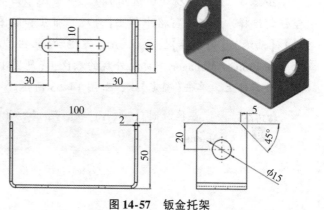

图 14-57　钣金托架

操作步骤

　　步骤1　**新建零件**　使用"Part_MM"模板创建一个新文档，将零件另存为钣金零件。

　　步骤2　**基体法兰**　在前视基准面上为【基体法兰】🔱创建草图，草图需要与提供的工程图视图相匹配。

　　步骤3　**添加拉伸切除和倒角**　添加【拉伸切除】▣和【倒角】◈特征来完成零件。

练习14-2　法兰特征

　　使用法兰特征创建如图14-58所示的零件。

　　本练习将应用以下技术：

- 基体法兰/薄片。
- 钣金参数。
- 使用表格。
- 边线法兰。
- 平板型式特征。

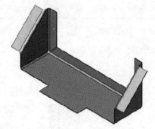

图14-58　法兰特征零件

操作步骤

　　步骤1　**新建零件**　使用"Part_MM"模板新建一个零件，将零件另存为钣金零件。

　　步骤2　**绘制草图**　在前视基准面上绘制如图14-59所示的草图。

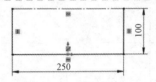

图14-59　绘制草图

　　步骤3　**基体法兰**　单击【基体法兰/薄片】🔱。在【方向1】中设置【给定深度】为"75.00mm"，如图14-60所示。

　　步骤4　**设置钣金参数**　设置【钣金参数】，如图14-61所示。

- 【厚度】：1.20mm。
- 【折弯半径】：3.00mm。
- 【折弯系数】：K因子为0.5。
- 【自动切释放槽】：矩圆形，使用释放槽比例为0.5。单击【确定】✔。

图14-60　基体法兰

　　步骤5　**更改外观**（可选步骤）　单击图形区域的空白处，清空任何选择。在任务窗格中单击【外观、布景和贴图】🔵。展开【外观】/【油漆】/【粉层漆】，按住〈Alt〉键拖动【铝粉层漆】外观到零件上。在PropertyManager中更改外观的颜色，（见图14-62），并应用到整个零件上。单击【确定】✔，如图14-63所示。

技巧　　　　在拖放时使用〈Alt〉键，可以打开外观的PropertyManager。

图14-61　设置钣金参数

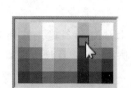

图 14-62　更改零件外观

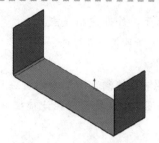

图 14-63　完成基体法兰

步骤 6　创建边线法兰　单击【边线法兰】 ，选择如图 14-64 所示的边线，向右移动光标后再次单击，确定法兰的方向。

技巧○   1) 在选择边线时，选择外边线或内边线均可。
　　　　 2) 图形区域的箭头可以用来更改法兰的方向和长度，或者使用 PropertyManager 中的【法兰长度】选项来设定其长度。

步骤 7　选择其他边线　选择零件背部的另外两条边线，如图 14-65 所示。

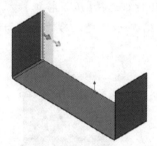

图 14-64　创建边线法兰

图 14-65　选择其他边线

步骤 8　调整边线法兰设置　调整边线法兰特征，结果如图 14-66 所示。

- 【缝隙距离】：0.25mm。　　　　　　　　· 【角度】：90°。
- 【法兰长度】：给定深度为 22mm。　　　· 测量起始于：外部虚拟交点 。
- 【法兰位置】：材料在内 。

单击【确定】 。

步骤 9　新建草图　在右侧面上创建如图 14-67 所示的草图。

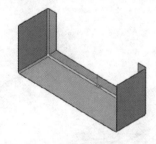

图 14-66　调整边线法兰设置

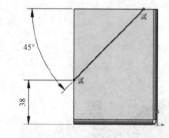

图 14-67　新建草图

步骤 10　拉伸切除　单击【拉伸切除】 ，使用【完全贯穿】来切除基体法兰的角部。

步骤 11　创建边线法兰　按照图 14-68 所示在切角的边线处创建新边线法兰。设置如下：

- 【角度】：90°。　　　　　　　　· 【法兰长度】：给定深度，22mm。

- 测量起始于：外部虚拟交点 🗸。　　　　　●【法兰位置】：材料在内 🔳。
- 【裁剪侧边折弯】：不勾选。

单击【确定】🗸。

步骤 12　评估释放槽　释放槽切口在边线法兰上被自动创建，钣金参数中默认的类型是【矩圆形】，如图 14-69 所示。在此特征中将使用【撕裂形】释放槽来覆盖默认的钣金参数。

图 14-68　创建边线法兰　　　　　图 14-69　评估释放槽

步骤 13　编辑边线法兰-2　单击边线法兰-2 特征选择【编辑特征】🗗。单击【自定义释放槽类型】选择【撕裂形】中的"延伸"，如图 14-70 所示。更改后的效果如图 14-71 所示。

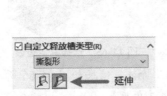　

图 14-70　自定义释放槽类型　　　　　图 14-71　更改后的效果

步骤 14　添加薄片　在底部的内侧面上绘制如图 14-72 所示的矩形轮廓。单击【基体法兰/薄片】🗋，勾选【合并结果】复选框，单击【确定】🗸。

步骤 15　评估平板型式　选择【切换平坦显示】或【展平】零件，查看平板型式，如图14-73所示。

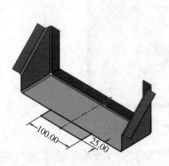　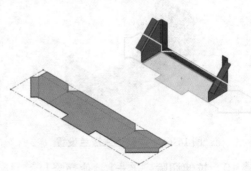

图 14-72　添加薄片　　　　　图 14-73　评估平板型式

步骤 16　保存并关闭零件

练习 14-3　钣金盒子

使用法兰特征创建如图 14-74 所示的零件。

本练习将应用以下技术：

- 基本法兰/薄片。
- 斜接法兰。
- 编辑钣金参数。
- 平板型式特征。

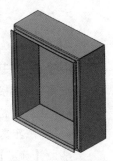

图 14-74　钣金盒子

操作步骤

　　步骤 1　新建零件　使用"Part_MM"模板创建一个新零件，将零件另存为钣金零件。

　　步骤 2　绘制草图　在前视基准面上绘制轮廓草图，如图 14-75 所示。

　　步骤 3　钣金平板　单击【基体法兰/薄片】🔲。勾选【使用规格表】复选框，选择"SAMPLE TABLE-STEEL"。

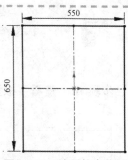

图 14-75　绘制轮廓草图

> 提示👆　由于这是一个闭合的轮廓，平板的厚度将由零件的材料厚度决定。

　　步骤 4　设置钣金参数　钣金参数设置如下：

- 【厚度】：2.50mm。 • 【折弯系数】：K 因子为 0.5。
- 【自动切释放槽】：圆矩形，使用释放槽比例为"0.5"。

单击【反向】拉伸平板的朝向在前视基准面的前面。单击【确定】✔。

> 提示👆　由于没有将折弯添加到特征中，因此没有定义折弯半径的选项。

　　步骤 5　定义默认的折弯半径　选择【钣金】文件夹，然后单击【编辑特征】🔧。定义零件的默认折弯半径为 5.00mm。单击【确定】✔，如图 14-76 所示。

　　步骤 6　更改零件外观（可选步骤）　根据需要，更改零件外观的颜色，如图 14-77 所示。

　　步骤 7　创建新参考基准面　盒子的侧边可以使用斜接法兰特征创建。斜接法兰的轮廓必须创建在垂直于一个现有边线的端点上。使用图 14-78 所示的边线和端点创建【基准面】📄。

> 技巧🔑　在启动【平面】命令之前预先选择边和点，将自动进行特征的选择和设置。

281

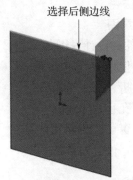

选择后侧边线

图 14-76　定义折弯半径　　　　图 14-77　更改零件外观　　　　图 14-78　创建基准面

技巧　可以在【特征】工具栏的【参考几何体】弹出命令中找到【基准面】。

步骤8　在基准面1上绘制草图　在"基准面1"上创建如图 14-79 所示的轮廓。

步骤9　斜接法兰　单击【斜接法兰】，选择图 14-80 所示的边线，并进行如下设定：

- 【法兰位置】：材料在内。
- 【缝隙距离】：0.25mm。

单击【确定】。

提示　必须选择的初始边为钣金的内侧边或外侧边，由轮廓草图中的关系确定。为特征选择的边必须连接到初始边，因此它们必须在模型周围的连续路径中进行选择。

步骤10　查看平板型式　查看平板型式，如图 14-81 所示。

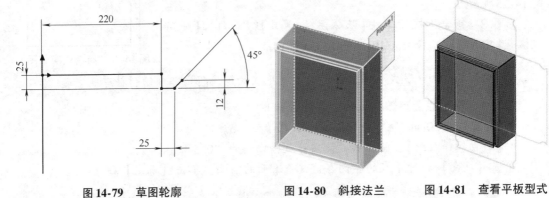

图 14-79　草图轮廓　　　　图 14-80　斜接法兰　　　　图 14-81　查看平板型式

步骤11　保存并关闭此零件

练习 14-4　各种框架挂件

使用附带的图片和表述的设计意图来创建图 14-82 所示的零件。

本练习将应用以下技术：

- 基体法兰/薄片。
- 边线法兰。

1. 设计意图

所有零件的设计意图如下：

1）材料使用 18 Gauge 钢。

2）所有折弯为 $R2.00$mm。

3）所有孔径为 ϕ5mm。

4）孔位置可以粗略估计。

5）所有零件是对称的。

图 14-82　各种框架挂件

2. 柱帽（见图 14-83）

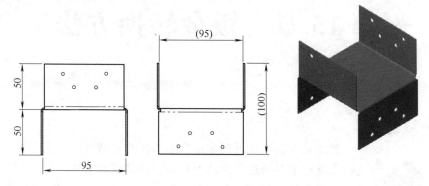

图 **14-83**　柱帽零件

3. 承重挂件 1（见图 14-84）

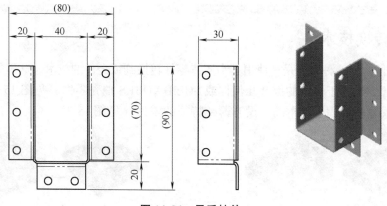

图 **14-84**　承重挂件 1

4. 承重挂件 2（见图 14-85）

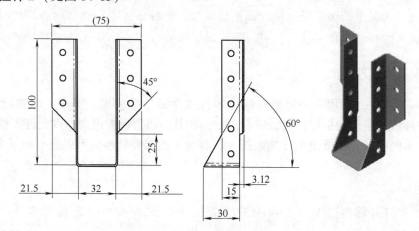

图 **14-85**　承重挂件 2

第15章 钣金转换方法

学习目标
- 使用插入折弯在薄壁零件上添加折弯区域
- 在薄壁零件的边角处添加切口，使其能被展开
- 使用转换到钣金命令

15.1 钣金转换技术

创建钣金零件的另一种方法是，使用基本实体零件转换到钣金件的技术。这里主要有两种：
1）插入折弯。适用于输入的钣金几何体或 SOLIDWORKS 抽壳零件（见图15-1）。
2）转换到钣金。适用于基本的、没有薄壁特征的零件（见图15-2）。

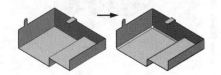

图15-1 插入折弯方法

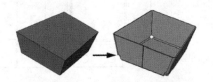

图15-2 转换到钣金方法

 提示 早期版本的 SOLIDWORKS 钣金零件（SOLIDWORKS 2001 之前的版本）通过向其中添加钣金特征（如边线法兰、斜接法兰等），就能自动转换成当前版本的格式文件。

15.2 插入折弯方法

【插入折弯】方法是利用一个薄壁几何体零件来生成钣金模型。其中，圆弧面被识别为弯曲，尖锐边线被默认半径的折弯替代。如有需要，切开的边角会被识别，以允许零件的展开。

在下一个示例中，我们将使用【插入折弯】将导入的零件转换为可以展平的钣金模型视图。

操作步骤

步骤1 打开零件 从 "Lesson15/Case Study" 文件夹中打开现有零件 "IGESImport"，如图15-3所示。

 提示 如果弹出到有关特征识别的【FeatureWorks】对话框，请选中"不再询问我"，单击【否】。

步骤2　评估零件　此导入的零件包含一个特征：Imported 1，如图 15-4 所示。此零件来自具有均匀薄壁材料的典型钣金件，然而没有允许零件展开所需的开放角。

技巧
　　这个实体被看成是"哑"的实体，因为它不包含任何参数化信息和独立的特征。

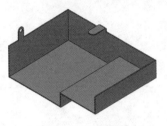

图 15-3　打开零件　　　　　图 15-4　设计树　　　　　扫码看 3D

15.3　添加切口

【切口】特征是在角落边线上添加缝隙，以便零件能够被展平。【切口】可以作为一个独立的特征创建，也可以通过【折弯】命令创建。切口特征可以创建 3 种类型的边角：在其应用边线上切除出一个或两个壁面。在撕裂位置选择了一条边，通过箭头预览显示方向表示零件撕裂切入的方向。通过一个或两个箭头以及【改变方向】按钮来标明要被剪裁的边线（一条或两条），如图 15-5所示。

方向	结果

图 15-5　切口特征的边角类型

知识卡片

切口	• CommandManager：【钣金】/【切口】。
	• 菜单：【插入】/【钣金】/【切口】。

步骤3　选择边线　单击【切口】并选择图 15-6 所示的边线。设定【缝隙】为"0.10000mm"，如图 15-7 所示，单击【确定】。

技巧
　　【改变方向】按钮用于在高亮的边线处的 3 种不同类型切口方向之间的切换。默认情况下，系统对所有边线使用"双向"（两个箭头）切口。

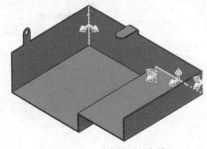

图 15-6　选择切口边线　　　　　图 15-7　设定缝隙值

步骤4 切口结果 选中的边线按双向缩减的方式切开，形成带缝隙的边角，如图 15-8 所示。

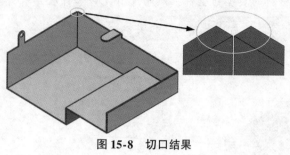

图 15-8 切口结果

15.4 插入折弯

下一步将在零件中添加折弯。在这个过程中，需要定义出折弯系数和默认的折弯半径值。模型中所有的尖锐边角将被默认的折弯半径替代。薄壁零件现有模型特征厚度决定了钣金厚度。注意，如果模型中含有圆柱面，那么它们将被转换为钣金折弯，并会像其他折弯一样展开。圆弧的半径值将用作默认的折弯半径，如图 15-9 所示。

图 15-9 圆角折弯

知识卡片	插入折弯	• CommandManager：【钣金】/【插入折弯】。 • 菜单：【插入】/【钣金】/【折弯】。

步骤5 插入折弯 单击【插入折弯】并选择图 15-10 所示的面作为【固定面】。设置【折弯半径】为"1.50000mm"，【折弯系数】K 因子为"0.5"，【自动切释放槽】类型为"矩形"，【释放槽比例】为"1"，如图 15-11所示。单击【确定】。

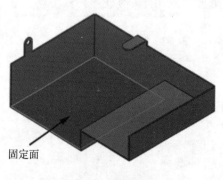

固定面

图 15-10 选择固定的面

图 15-11 折弯参数设定

286

> **提示**　【插入折弯】对话框包含【切口参数】部分，这可以取代【切口】命令。

步骤6　切释放槽　出现提示信息："为一个或多个折弯自动切释放槽。"为了能够展平零件，系统会在创建切口的边角处根据需要自动添加释放槽。单击【确定】。

步骤7　显示结果　零件添加了 4 个特征："钣金""展平-折弯 1""加工-折弯 1"和"平板型式"，如图 15-12 所示。在后面部分中将详细解释这 4 个特征。

图 15-12　特征树

15.4.1　相关特征

执行【插入折弯】操作以后，在 FeatureManager 设计树中就会添加一些新的特征。这些特征代表了可以被认为是钣金零件的工艺加工计划，如图 15-13 所示。系统对钣金零件执行了两个不同的操作。首先，计算折弯并创建展平状态，然后折叠起来形成最终产品的形状。

【展平-折弯 1】：该特征表示展平的零件，其中保存了【尖角】以及【圆角】转换成【折弯】的信息。展开该特征的列表，如图 15-14 所示，可以看到每一个替代尖角和圆角的折弯。

零件中的尖角被转换成了【尖角折弯】子特征，使用默认的【折弯半径】。而现有的折弯被转换成了【圆角折弯】子特征，使用它们原来的半径，如图 15-15 所示。

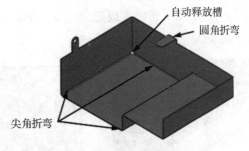

图 15-13　特征树　　　图 15-14　折弯信息　　　图 15-15　尖角及圆角折弯

　当编辑一个折弯特征时，可以修改默认的钣金参数。

【加工-折弯 1】：该特征表示从展平状态到成型零件转变。

15.4.2　状态切换

有两种方法可以在钣金工艺步骤中移动，以使钣金零件在尖角、展平和成型状态之间进行切换。

1）使用【退回】。拖动退回控制棒到【展平-折弯 1】特征之前，表示零件在尖角状态；退回到【加工-折弯 1】特征之前，表示零件的展平状态。

2）使用钣金工具栏的按钮。【不折弯】把零件退回到尖角状态，【展平】把零件退回到展开状态。使用钣金工具栏按钮的好处是利用它可以进行切换，单击一次，零件为退回状态；再单击一次，则又重新回到退回之前的状态。

287

15.5 修改零件

通常来说，输入的或之前版本的钣金零件需要在导入 SOLIDWORKS 软件后进行一定的修改。在本示例中，最好尽早在操作过程中创建出"新"的钣金零件，以充分利用钣金特征的功能。

现在输入的模型是一个钣金零件，既可以使用如【边线法兰】和【绘制的折弯】等钣金特征修改它，也可以添加【焊接的边角】特征到零件，来代表在边角处的焊缝，如图 15-16 所示。

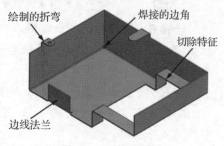

图 15-16 修改零件

步骤8 插入边线法兰 插入一个【边线法兰】🦶。单击【编辑法兰轮廓】并通过拖动几何体和添加尺寸来编辑草图。单击【上一步】返回 PropertyManager。使用以下设置来定义边线法兰：

设置【角度】为"90°"，【法兰位置】为"材料在内"🦶。单击【确定】✔，结果如图 15-17 所示。

步骤9 创建切除特征 在图 15-18 所示的面上绘制草图，创建轮廓。使用【完全贯穿】的终止条件创建切除特征。

步骤10 切换平坦显示 右键单击一个面并选择【切换平坦显示】，查看该零件及其平板型式，如图 15-19 所示。

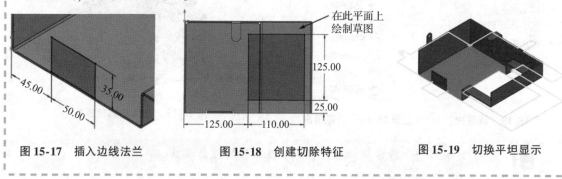

图 15-17 插入边线法兰　　　　图 15-18 创建切除特征　　　　图 15-19 切换平坦显示

在接下来的步骤中，我们将在零件左侧添加一个【绘制的折弯】。此弯曲挡片与模型背面的折弯处于相同的高度。为了确定现有弯曲挡片的高度，我们将进行测量。这里有几个测量选项。

1）测量工具🔍。测量工具包括许多选项，包括将测量值复制到其他功能中以供输入的能力。

2）状态栏。对于简单的测量，直接在模型上进行选择并查看状态栏中的信息。

步骤11 测量尺寸 用状态栏的方式对弯曲挡片的高度进行测量。如图 15-20 所示。

步骤12 绘制折弯线 放大到另一个挡片的位置，该挡片含有一个孔。在零件的内表面创建草图，并绘制一条直线作为折弯线，如图 15-21 所示。不要关闭草图。

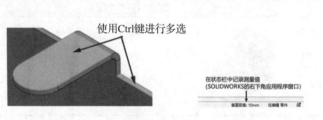

图 15-20　测量尺寸

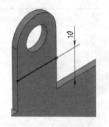

图 15-21　绘制折弯线

步骤 13　绘制的折弯　单击【绘制的折弯】📛。选择图 15-22 所示的固定面。使用默认半径，【折弯角度】为 90.00 度，【折弯位置】选择"材料在内"🅛，如图 15-23 所示。单击【确定】✔。

步骤 14　检测结果　使用【测量】检测创建的挡片，如图 15-24 所示，距离零件的上边线也是 10mm。

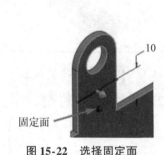

图 15-22　选择固定面

图 15-23　设定参数

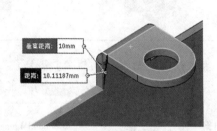

图 15-24　检测结果

15.6　【转换到钣金】命令

【转换到钣金】命令通过使用从实体上选择的边线和面作为折弯边线和折弯面来生成钣金模型，选择的这些边线和面也包含在钣金模型中。

通过首先将钣金零件的整体形状创建为标准实体，再使用【转换到钣金】的方式可以简化具有复杂折弯角度和几何形状的钣金设计。

表 15-1 列出了部分实体转换到钣金的实例。

表 15-1　部分实体转换到钣金的实例

转　换　前	转　换　后	

289

（续）

转 换 前	转 换 后
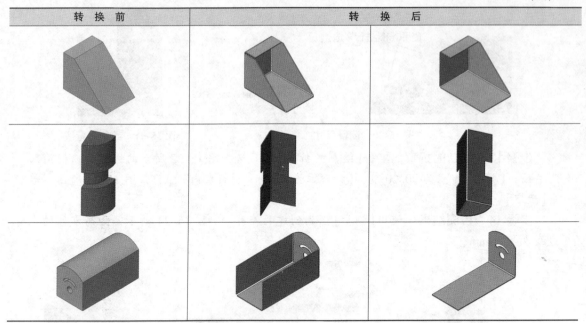	

知识卡片   转换到钣金
- CommandManager：【钣金】/【转换到钣金】。
- 菜单：【插入】/【钣金】/【转换到钣金】。

操作步骤

    步骤 1 打开已存在的"Convert"零件 从"Lesson15 \ Case Study"文件夹中打开"Convert. sldpt"零件。此零件包含一个放样特征。零件的面之间存在复杂的角度，若使用法兰特征，会比较困难。前视基准面上的草图将用于定位切口位置，如图 15-25 所示。

    步骤 2 转换到钣金 单击【转换到钣金】，在【钣金规格】下勾选【使用规格表】复选框并选择"SAMPLE TA-BLE-STEEL-ENGLISH UNITS"，在【钣金参数】下选择"14 Gauge"，指定【折弯半径】为"2.540mm"，如图 15-26所示。

图 15-25 打开零件   扫码看视频   图 15-26 转换到钣金参数设定

15.6.1 转换到钣金设置

使用【转换到钣金】功能，需要选定一些面和边线进行钣金参数的设定。这些关键的选择，如图 15-27 所示。

1）钣金规格。【钣金规格】部分包含和第 14.5 节中类似的选项。

2）钣金参数。关键的选择是【固定实体】。如图 15-28 所示，展开到平板型式时，零件中仍保持不动的面为【固定实体】。它的重要性还在于面的选取将决定切口边线并限定折弯边线的选择。

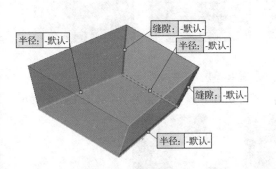

图 15-27 选择面和边线　　　　　　图 15-28 固定实体

固定实体和折弯边线的组合可以生成多个结果，如图 15-29 所示。

【反转厚度】选项决定该厚度将作用在初始面的哪一边，如图 15-30 所示。

图 15-29 多种折弯效果　　　　　图 15-30 反转厚度选项效果

应用该厚度后，具有材料厚度的面垂直于边线面（见图 15-31a）。这与采用【抽壳】特征得到的结果有所不同（见图 15-31b）。

3）折弯边线。对于【折弯边线】的选择，选择需要折弯的模型边。选择折弯边后，将收集相邻面以将其包含在钣金零件中。必须按照定义连续钣金实体的顺序选择折弯边。首先选择与固定面相邻的折弯边，然后可以根据需要选择新钣金面的折弯边，如图 15-32 所示。

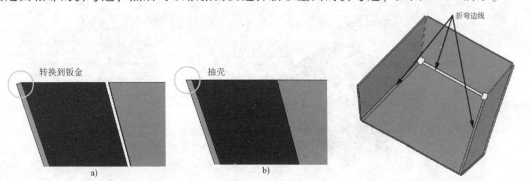

图 15-31 与抽壳特征对比　　　　　　图 15-32 折弯边线的选取

4）切口边线。切口用于在钣金零件中生成切除。将自动选择【转换为钣金】中的【切口边线】以满足展开条件，草图几何体可以当作【切口草图】使用，以生成自定义切口，如图 15-33 所示。

由切口产生的缝隙和边角类型(【明对接】、【重叠】和【欠重叠】) 可以应用到所有边角或某个边角，如图 15-34 所示。

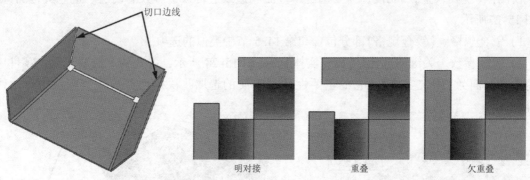

图 15-33　切口边线　　　　　　　　　　　图 15-34　边角类型

【重叠比率】可以定义法兰之间重叠的百分比，范围为 0(0%) ~ 1(100%)，如图 15-35 所示。

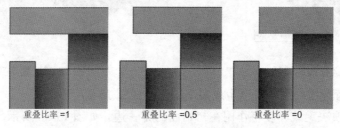

重叠比率 =1　　　　　重叠比率 =0.5　　　　　重叠比率 =0

图 15-35　重叠比率

步骤3　固定实体和折弯边线　选择底面作为【固定实体】。选择图 15-36 所示的 3 条显示【半径】标注的边线作为【折弯边线】。

这些边线还需要满足实体能够被切开的条件，以便可以正确地展平。【找到切口边线（只读）】的内容会由系统自动选取(图 15-36 中标注为【缝隙】的线)，并在列表中以"智能选择 <1>"和"智能选择 <2>"显示，如图 15-37 所示。

> **技巧**　在图形区域的标注可以用于修改相关选择项的折弯半径和缝隙大小。可以通过取消勾选【显示标注】复选框来隐藏标注。

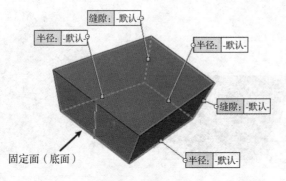

图 15-36　折弯边线

图 15-37　设定参数

　　步骤 4　设置边角默认值　在【边角默认值】下，选择类型为【明对接】，设置默认缝隙为"1.000mm"，单击【确定】，如图 15-38 所示。

图 15-38　设置边角默认值

15.6.2　使用切口草图

　　【切口草图】可以基于草图的几何形状添加切口特征。用户还可以使用多个或单一轮廓草图来创建多个切口，如图 15-39 所示。

⚠️ **注意**　当添加【切口】时，草图必须只包含一个单一轮廓。如果需要多个轮廓来达到预期的几何体，则必须使用多个草图，如图 15-40 所示。

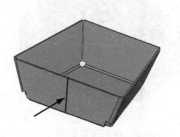

图 15-39　创建切口

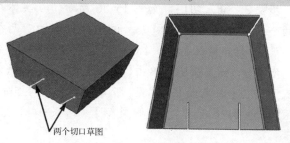

两个切口草图

图 15-40　创建多个切口

　　步骤 5　编辑特征　编辑"转换实体 1"特征并单击【切口草图】部分，选择"Rip Sketch"草图，如图 15-41 所示。

　　步骤 6　选择折弯边线　激活【折弯边线】选项组，选择前面的两边边线，单击【确定】，如图 15-42 所示。

图 15-41　编辑特征

　　步骤 7　查看平板型式（见图 15-43）

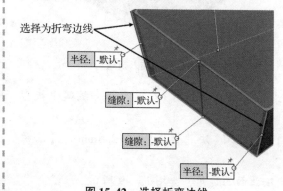

选择为折弯边线

半径：-默认-

缝隙：-默认-

缝隙：-默认-

半径：-默认-

图 15-42　选择折弯边线

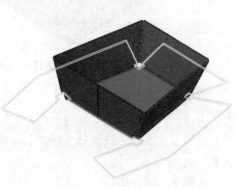

图 15-43　查看平板型式

　　步骤 8　保存并关闭此零件

293

练习 15-1　输入和转换

使用现有的 IGES 文件来创建图 15-44 所示的钣金零件。

本练习将应用以下技术：

- 插入折弯方法。
- 添加切口。
- 插入折弯。

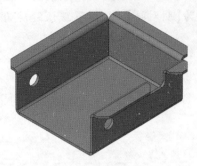

图 15-44　导入并转换此零件

操作步骤

步骤1　打开现有零件"Importing SM"　从"Lesson15 \ Exercises"文件夹中打开名为"Importing SM.sldpt"文件，如图 15-45 所示。

步骤2　插入切口　如图 15-46 所示，在实体尾部的两个边角处插入【切口】。该切口应该切开两个法兰。设置【切口缝隙】为"0.1mm"。

步骤3　插入折弯　单击【插入折弯】，选择内部的底面作为【固定面】。设置【折弯半径】为"1.5mm"，使用【自动切释放槽】为【撕裂形】，结果如图 15-47 所示。

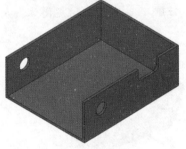

图 15-45　薄壁零件

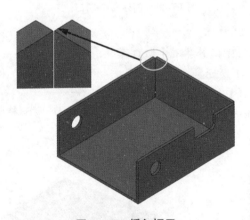

图 15-46　插入切口

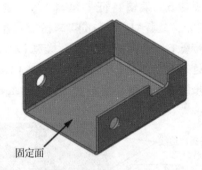

固定面

图 15-47　插入折弯

步骤4　展开零件　单击【展平】，查看平板型式，如图 15-48 所示。编辑平板型式，去除【边角处理】。退出【展开】模式。

步骤5　添加边线法兰　添加【边线法兰】，设置【法兰长度】为"12.5mm"，【法兰位置】为【折弯在外】。

步骤6　断开边角　使用 6mm 的倒角去除法兰面的边角，如图 15-49 所示。

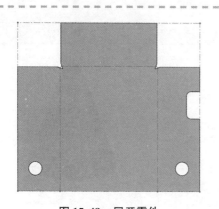

图 15-48　展开零件　　　　　　　　　　　　图 15-49　断开边角

步骤 7　保存并关闭文件

练习 15-2　转换到钣金

使用提供的实体零件开始设计，创建钣金零件。选择合适的固定面，以符合表 15-2 中图片的平展显示。

本练习将应用以下技术：

● 转换到钣金。　　　　　　● 转换到钣金设置。

零件的设计意图如下：

1）已存在的实体零件使用 18 Gauge 钢材料。

2）所有的折弯半径为 2.00mm。

3）所有的缝隙为 2.00mm。

从"Lesson15 \ Exercises"文件夹中打开练习文件。

表 15-2　平展显示

零 件	折 叠	切换到平坦显示
Convert_EX_1		
Convert_EX_2		

（续）

零 件	折 叠	切换到平坦显示
Convert_EX_3		
Convert_EX_4		

操作步骤略。

练习 15-3 带切口的转换

转换现有几何体到钣金几何体，如图 15-50 所示。

本练习将应用以下技术：

- 转换到钣金。
- 转换到钣金设置。
- 使用切口草图。

图 15-50 成型的钣金零件

操作步骤

步骤1 打开"Convert with Rips"零件 从"Lesson15 \ Exercises"文件夹中打开"Convert with Rips. sldprt"零件，如图 15-51 所示。

步骤2 转换到钣金 使用带有【切口草图】的【转换到钣金】创建图 15-52 所示的钣金零件。应用材料到已有面的内部。在【钣金规格】中，勾选【使用规格表】复选框。选择 SAMPLE TABLE-STEEL 表中折弯半径为 2.00mm 的"18 Gauge"，设定【默认缝隙】为"2mm"。

步骤3 新建草图 在图 15-53 所示的面上，创建一个新草图，绘制一条线段并标注尺寸。

步骤4 创建绘制的折弯 使用线段创建一个【绘制的折弯】特征，将材料放置在折弯线内。

步骤5 保存并关闭文件 完成的零件如图 15-54 所示。

图 15-51　打开零件

图 15-52　转换到钣金

图 15-53　绘制草图

图 15-54　完成零件

练习15-4　钣金料斗

先创建实体特征再使用【转换到钣金】创建图 15-55 所示的钣金料斗零件。

本练习将应用以下技术：

- 转换到钣金。
- 转换到钣金设置。
- 使用切口草图。

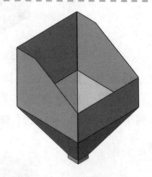

图 15-55　钣金料斗零件

操作步骤

步骤1　创建新零件　使用图 15-56 所示的零件模板创建新零件，将零件命名为 "SM_Hopper"。

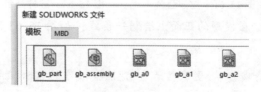

图 15-56　零件模板

步骤2 在俯视图上绘制 创建在俯视参考面上的轮廓,如图 15-57 所示。垂直边和水平边的长度相等。

步骤3 拉伸凸台 轮廓拉伸高为 50mm,如图 15-58 所示。

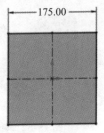

图 15-57 草图轮廓   图 15-58 拉伸凸台

步骤4 创建基准面 创建一个新的平面,该平面从拉伸凸台的顶面偏移 450mm,如图 15-59 所示。

步骤5 绘制轮廓 在新平面上绘制草图。如图 15-60 所示绘制草图轮廓。垂直边和水平边的长度相等。隐藏"平面1"。

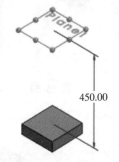 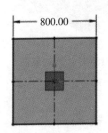

图 15-59 创建基准面   图 15-60 草图轮廓

步骤6 拉伸凸台 拉伸轮廓长度为 575mm,如图 15-61 所示。

步骤7 放样凸台 单击【放样凸台】。对于【轮廓】,选择拉伸凸台特征的面,如图 15-62 所示。单击【确定】✔。

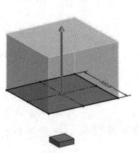 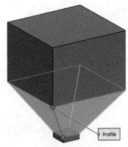

图 15-61 拉伸凸台   图 15-62 放样凸台

步骤8 拉伸切除 在模型的正面上绘制一条线,如图 15-63 所示。使用草图切掉料斗的顶角。

注意 为了清晰起见,图像显示为"消除隐藏线的显示样式"。

步骤9　转换为钣金　单击【转换为钣金】，设置【规格厚度】为"7 Gauge"，选择【反转厚度】，设置【折弯半径】为"5.00mm"，选择图 15-64 所示面为固定面。

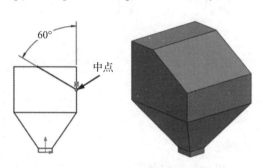

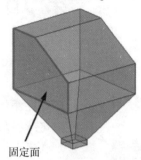

图 15-63　拉伸切除　　　　　　　　图 15-64　实体转换为钣金

步骤10　折弯边缘和拐角　选择图 15-65 所示的绿色面(a)作为【固定面】，以蓝色显示的边(b)作为折弯边。粉红色的撕裂边缘(c)将自动找到。使用间隙为 0.5mm 的【开口对接角】。单击【确定】。

> **提示**　需按照适当的顺序选择边缘，以定义连续的钣金零件。

步骤11　查看平板型式　展平零件查看平板型式，如图 15-66 所示。

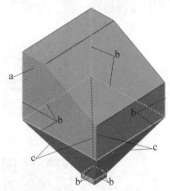

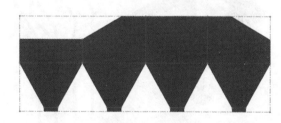

图 15-65　选择面和边线　　　　　　图 15-66　查看平板型式

步骤12　退出展平状态

步骤13　修改自动切释放槽　为了改进【转换为钣金】功能所产生的撕裂角，把【自动切释放槽】修改为撕裂形，如图 15-67 所示。只需修改单个特征的释放槽类型，因此将使用该选项来覆盖该特征的默认参数。编辑"Convert-Solid1"，设置【自动切释放槽】参数，选择【覆盖默认参数】，【类型】为【撕裂形】，单击【确定】。

图 15-67　修改释放槽类型

步骤14　保存并关闭所有文件

第 16 章　焊　　件

学习目标 ● 理解焊件特征如何影响零件模型
● 创建结构构件特征
● 下载标准结构构件的轮廓
● 管理结构构件的边角处理和结构构件剪裁
● 创建角撑板和顶端盖

16.1　概述

一般而言，焊件是由多个焊接在一起的零件组成的。在 SOLIDWORKS 中，焊件是指含有可用切割清单描述的多实体特殊零件模型。通常这些实体在产品中被焊接在一起，如焊接在一起的结构构件组成了框架，如图 16-1 所示。

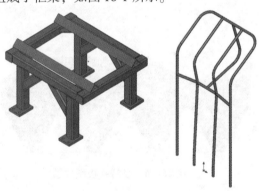

扫码看 3D

图 16-1　焊件实例

扫码看视频

尽管技术上焊件可以被描述为一个装配体，但使用多实体零件可以方便地控制多个构件，并且最大程度上简化复杂的文件关联。专用焊接命令也可以使结构构件和框架的常用功能自动化。

SOLIDWORKS 的焊件主要用于结构钢材和结构铝材，也常用于木工工程和吹塑。

焊件的一系列专用命令位于 CommandManager 的【焊件】选项卡中，用户可以使用焊件命令进行以下操作：
● 插入结构构件。
● 使用特殊工具对结构构件进行剪裁和延伸。
● 添加角撑板、顶端盖及圆角焊缝。

> 技巧〇　　【焊件】选项卡在 CommandManager 中默认不显示。为了在 CommandManager 中显示额外的选项卡，右键单击一个 CommandManager 选项卡，然后选取可用的选项卡。

16.1.1 焊件特征

焊件模型中的【焊件】特征是 FeatureManager 设计树中显示的第一个特征。这个特征可以从焊件工具栏手动添加，或在生成【结构构件】特征时自动被添加。将焊件特征添加到零件后会有如下的操作：

- 激活专用焊件命令。
- 将【实体】文件夹替换为【切割清单】🔲。该文件夹既可用于管理零件中的多实体，也可用于添加在切割清单表格中显示的属性。
- 配置允许用户将制造过程中的不同阶段呈现出来，也可以通过选项控制配置。
- 使用焊件选项后，所有后续特征的【合并结果】复选框会被自动清除。这允许新建的特征默认保持为分离的实体。
- 自定义属性：可以将指派给焊接特征的自定义属性扩展到所有的切割清单项目。

用户只能给每个零件插入一个【焊件】特征。不论用户什么时候插入焊件特征，都将被视为第一个特征。

知识卡片	焊件	● CommandManager：【焊件】/【焊件】🎝。 ● 菜单：【插入】/【焊件】/【焊件】。

操作步骤

步骤 1　打开零件　从 "Lesson16 \ Case Study" 文件夹中，打开现有零件 "Conveyor Frame"。该零件包含了一个 "Default" 配置和用来创建结构构件的布局草图，如图 16-2 所示。

步骤 2　焊件特征　在焊件工具栏中单击【焊件】🎝，焊件特征会添加到 FeatureManager 设计树中。

技巧🔒　如果用户没有插入焊件特征，那么在插入第一个结构构件时，系统会自动添加焊件特征。

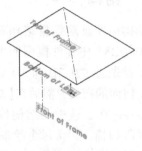

图 16-2　打开零件

16.1.2 焊件配置选项

为零件添加【焊件】特征后，软件将会创建如下的派生配置和配置描述：

- 当前的活动配置显示的是 <按加工>。
- 同名的新建的派生配置会被添加进来，并显示为 <按焊接>，如图 16-3 所示。

图 16-3　零件配置

- 一旦零件被标记为焊件，新建的顶层配置都会有一个相应的 <按焊接> 派生配置。

这些配置代表了当焊件被焊接后会有后续的机械加工操作。在【选项】⚙/【文档属性】/【焊件】中，可以调整选项来更改配置的生成方式，如图 16-4 所示。

取消勾选【分配配置说明字符串】复选框，会产生以下效果：

- 一个后缀名为〈按焊接〉的派生配置被添加，如图 16-5 所示。
- 一旦零件被标记为焊件，后续的顶层配置都会有一个相应的〈按焊接〉派生配置。

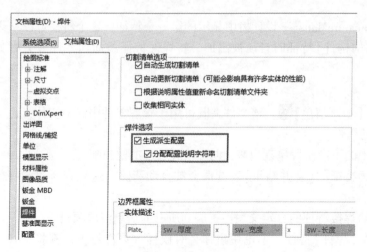

图 16-4　焊件配置　　　　　　　　　　图 16-5　派生配置

取消勾选【生成派生配置】复选框会阻止附加的配置生成。

> 技巧 🔑　为了设立焊件配置的生成标准，应考虑修改文档属性，并保存为新的零件模板。

16.2　结构构件

结构构件通常是指结构钢材或铝材的管筒、管道、梁及槽的长度。【结构构件】特征是SOLIDWORKS 中焊件模型的主要特征。它们的创建，首先通过在 2D 和 3D 草图中建立一些线段和几何面的布局，然后在【结构构件】的 PropertyManager 中，选中的结构构件轮廓将沿这些布局线段扫描。默认每个绘制线段对应一个实体，也可以通过选项修改。选项还可以调整结构构件实体之间的边角状态，也可以调整它们沿着布局的方向及位置。

结构构件轮廓或焊件轮廓代表所要创建的结构构件的截面，如图 16-6 所示的区域 a。

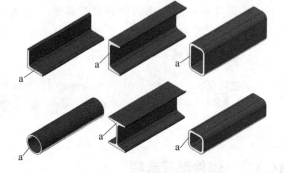

图 16-6　结构构件轮廓

为了减少 SOLIDWORKS 的数据量，软件只包含少量的初始轮廓。完整的轮廓集合可在"SOLIDWORKS 内容"中下载。

16.2.1　默认轮廓

表 16-1 列出的是软件自带的可用轮廓类型。

16.2.2　从 SOLIDWORKS 内容中下载的焊件轮廓

为了下载一套完整的结构构件轮廓，进入【任务窗格】/【设计库】属性框，选择【SOLIDWORKS 内容】/【Weldments】，如图 16-7 所示。

按住〈Ctrl〉键的同时单击需要下载的某个标准所对应的图标，用户就可以下载相应的内容。轮廓是".zip"文件格式。表 16-2 汇总了每个标准轮廓的类型。

表 16-1　可用轮廓类型

标　准	类　型
Ansi Inch	• 角铁 • C 槽 • 管道 • 矩形管筒 • S 截面 • 方形管筒
ISO	• 角铁 • C 槽 • 圆管 • 矩形管筒 • SB 横梁 • 方形管

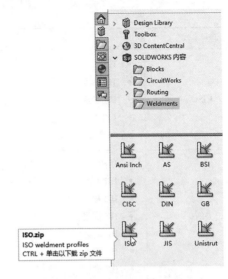

图 16-7　SOLIDWORKS 内容

表 16-2　标准轮廓的类型

标　准	类　　型		
Ansi Inch	• AI 槽(标准) • AI CS 槽(方形端侧) • AI I 横梁 • AI I 横梁(标准) • AI L 角材(圆形端侧) • AI LS 角材(方形端侧) • AI 管道(结构) • AI 圆管	• AI T 截面 • AI 管筒(矩形) • AI 管筒(方形) • AI Z 截面 • C 槽 • HP 截面 • L 角材 • M 截面	• MC 槽 • MT 截面 • 管道(标准, S40) • 管道(X 强度, S80) • 管道(XX 强度) • S 截面 • ST 截面 • 管筒(矩形) • 管筒(方形) • W 截面 • WT 截面
AS	• 圆形空心截面(C250)AS • 圆形空心截面(C350)AS • 等角(新西兰)AS-NZS • 等角 AS-NZS • 平行法兰槽 AS-NZS • 矩形空心截面(C350)AS • 矩形空心截面(C450)AS • 方形空心截面(C350)AS • 方形空心截面(C450)AS • 锥形法兰横梁 AS-NZS	• 锥形法兰槽 AS-NZS • 管道(重)AS • 管道(轻)AS • 管道(中)AS • 不等角 AS-NZS • 通用梁 AS-NZS • 通用柱 AS-NZS • 焊接梁 AS-NZS • 焊接柱 AS-NZS	
BSI	• CHS 管道 • RSA 角材 • RSC 槽 • RSJ 横梁 • 管筒(矩形) • 管筒(方形)	• UB 横梁 • UBP 横梁 • UBT T 形 • UC 横梁 • UCT T 形	

（续）

标 准	类 型		
CISC	• C 槽 • HP 截面 • HS 管道 • L 角材 • M 截面	• MC 槽 • S 截面 • 管筒（矩形） • 管筒（方形）	• W 截面 • WT 截面 • WWF 截面 • WWT 截面
DIN	• C 槽 • DIL 横梁 • HD 横梁 • HE 横梁 • HL 横梁 • HP 横梁 • HX 横梁	• IPE 横梁 • IPEA 横梁 • IPEO 横梁 • IPER 横梁 • IPEV 横梁 • IPN 横梁	• L 角材 • M 横梁 • S 横梁 • U 槽 • UPN 槽 • W 横梁
GB	• 槽钢 • 工字钢 • 六角钢	• 等边角钢 • 不等边角钢	• 圆钢 • 方钢
ISO	• C 槽 • 圆管 • L 角材（等边）	• L 角材（不等边） • SB 横梁 • SC 横梁	• T 截面 • 圆筒（矩形） • 圆筒（方形）
JIS	• 槽 • H 截面	• I 截面 • L 角材（等边）	• L 角材（不等边）
Unistrut	• 铝 • 玻璃纤维	• 114 钢	• 1316 钢 • 158 钢

16. 2. 3　结构构件轮廓

结构构件轮廓是一个 2D 的闭合轮廓草图，如图 16-8 所示，并作为一个库特征零件（∗.sldlfp）保存。轮廓的文件路径必须在 SOLIDWORKS 的系统选项中指定。创建自定义草图轮廓可以用于各种不同焊件的类型。

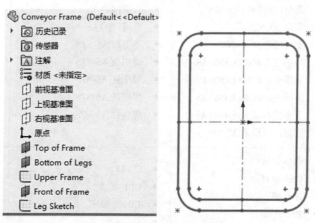

图 16-8　结构构件轮廓

步骤 3 下载 ISO 标准的结构构件轮廓 在【设计库】🎁中展开"SOLIDWORKS 内容"
🔵中的"Weldments"文件夹，如图 16-9 所示。按住〈Ctrl〉键并单击"ISO"图标，下载 Zip
文件。将 Zip 文件保存到本地磁盘。

步骤 4 解压缩文件 下载完成后，将该 Zip 文件解压到"Training Files"中的"Weld-
ment Profiles"文件夹内，如图 16-10 所示。

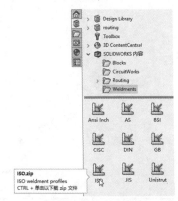

图 16-9 下载 ISO 标准的结构构件轮廓　　　　　　　**图 16-10 解压缩文件**

提示👉

1）Zip 文件经解压缩后会增加"ISO"文件夹，重新命名文件夹为"ISO_
training"。

2）"Weldment Profiles"文件夹包含了部分"Ansi Inch"标准，用于后续
课程。

步骤 5 文件位置 为了让 SOLIDWORKS 识别已下载的焊件轮廓，文件的路径必须
在【选项】对话框中被定义。单击【选项】⚙/【系统选项】/【文件位置】，在【显示下项的文
件夹】中选择【焊件轮廓】，然后单击【添加】。浏览到"Weldment Profiles"文件夹并单击
【添加】，如图 16-11 所示。

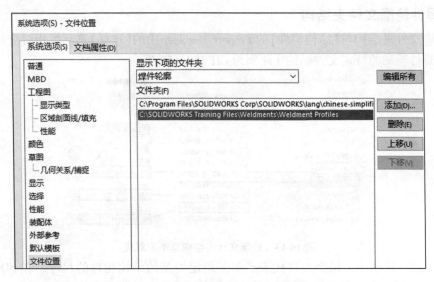

图 16-11 设置焊件轮廓文件位置

除了焊件轮廓位置，其他 SOLIDWORKS 焊件引用的外部文件包括：

1）【焊件切割清单模板】(安装目录\lang\ < language > \)。切割清单模板文件(∗ . sldwldtbt) 定义了切割清单表中的列。

2）【焊件属性文件】(\\ProgramData\SOLIDWORKS\SOLIDWORKS 2023 \lang\ < language > \weldments)。"weldmentproperties. txt"文件控制了清单属性的名称，这些名称可在【切割清单属性】对话框中添加。

16. 2. 4 结构构件

插入结构构件的一般步骤：

1）使用 2D 和 3D 组合的草图来布局结构构件的路径段。

2）激活结构构件特征。

3）指定一个轮廓。

4）选取草图线段来创建组。

5）如果需要，指定结构构件之间的边角状态。

6）按需指定轮廓的方位。

7）如果需要，添加其他的组。

知识卡片	结构构件	• CommandManager：【焊件】/【结构构件】📦。 • 菜单：【插入】/【焊件】/【结构构件】。

步骤6 单击【结构构件】📦

步骤7 插入结构构件(见图 16-12)

【标准】：ISO_training。

【Type】：Tube（square）。

【大小】：80 × 80 × 6.3。

图 16-12 插入结构构件

---

16. 2. 5 焊件轮廓文件夹结构

焊件轮廓文件夹结构与【结构构件】的 PropertyManager 中的【选择】选项组相对应。如图 16-13 所示为一个焊件轮廓的特定文件结构（此例为 CH 350 × 52 槽）。

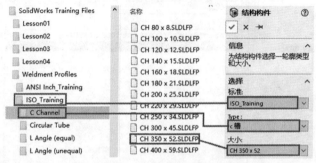

图 16-13 轮廓文件夹结构与选项对应

在默认下载的轮廓中，每个文件代表了单一指定类型的结构构件的尺寸。在 SOLIDWORKS 2014 以及后续的版本中，配置轮廓可在同一个库特征零件文件中表示多个轮廓尺寸。如果在自定义的轮廓中使用配置，文件夹结构的要求会略有不同。例如，不再需要"Type"文件夹；库特征零件的文件名代表了结构构件的"Type"，并且配置对应大小一栏，如图 16-14 所示。

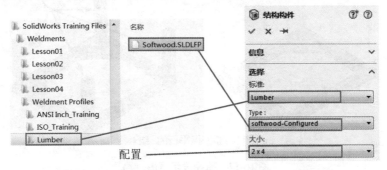

图 16-14　配置轮廓文件夹结构与【选择】选项组对应

步骤 8　选择第一路径段　选取图 16-15 所示的第一路径段。

系统创建一个垂直于线段的基准面，并在该基准面上应用轮廓草图。图 16-15 所示为该结构构件的预览。

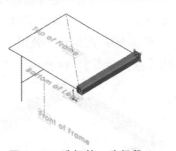

图 16-15　选择第一路径段

16.2.6　组

在【组】中选择用于结构构件特征的草图路径段，如图 16-16 所示。一个组里的构件共享相同的设置，如边角处理以及轮廓的方向和位置。如图 16-17 所示，同一组的绘制路径段必须相连或者相互断开但平行；如果要使用边角处理，则必须相连。

在同一个特征中使用多个组，则系统自动在多个实体之间进行剪裁操作。

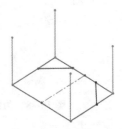

图 16-16　草图路径段

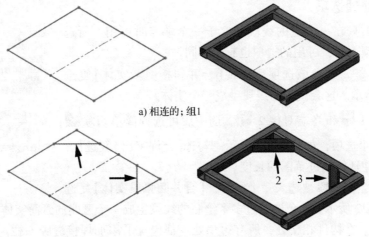

a) 相连的；组 1

b)（相互）断开且不平行；需额外增加两个组（组 2、组 3）

图 16-17　路径段示意图

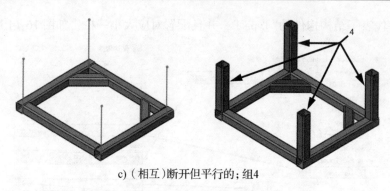

c) （相互）断开但平行的；组4

图 16-17　路径段示意图（续）

步骤9　为组1选择路径段　选择剩下的3条路径段，它们定义了整个框架的顶部，如图 16-18 所示。这构成了组1。

步骤10　应用边角处理　勾选【应用边角处理】复选框，单击【终端对接2】🔲和【简单切除】🔲，如图 16-19 所示。

图 16-18　为组1选择路径段

图 16-19　应用边角处理

16.2.7　边角处理选项

边角处理选项只在一个组的线段相交于一个端点时可用。所选的边角处理的类型不同，可用的选项也有所不同。

1) 终端斜接 🔲。选中该选项后出现【合并斜接剪裁实体】复选框，如图 16-20 所示。这会使草图线段生成一个实体。

2) 终端对接 1 🔲 和终端对接 2 🔲。选中后可选择简单切除 🔲 或封顶切除 🔲 两个选项，如图 16-21 所示。勾选【允许突出】复选框，允许剪裁过的构件延伸超过草图的长度。

3) 圆弧段。当圆弧段被选入一个组时，【合并圆弧段实体】复选框可见，如图 16-22 所示。这允许通过多个绘制的线段生成一个弯曲的管筒实体。

4) 焊接缝隙。在构件相交处，所有边角处理都包含了添加焊接缝隙一栏。第一栏是活动组内构件之间的缝隙，第二栏是活动组与其他组之间的缝隙，如图 16-23 所示。

图 16-20　终端斜接

图 16-21 终端对接

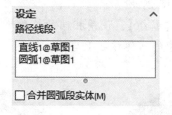

图 16-22 圆弧段

图 16-23 焊接缝隙

16.2.8 个别边角处理

在 PropertyManager 中，选择的边角处理选项定义了默认状态，在绘图区也可单独指定对某个边角进行修改。如图 16-24 所示，单击出现在每个边角处的小球，并选择正确的边角处理及选项。当多个组相交于一个所选边角时，【边角处理】对话框还会包含控制剪裁阶序的选项。

图 16-24 个别边角处理

步骤 11 **边角处理** 改变边角处理的方式，如图 16-25 所示。平行于"Front of Frame"面的两段结构件在其余两段的内侧。

图 16-25 边角处理

16.2.9 轮廓位置设定

图 16-26 所示的对话框下部包含了一些额外的用于轮廓定位的设定：

1)【镜像轮廓】允许翻转一个轮廓，这对于非对称的轮廓非常有用。

2)【对齐】允许轮廓与边或草图的线段对齐，或者与某个实体或是目前的位置形成指定的角度。

3)【找出轮廓】可以设定布局草图与轮廓的交点，类似于扫描中的"穿透点"。默认以轮廓的原点作为布局的穿透点。一旦单击【找出轮廓】按钮，草图上任意的点或顶点都可用于与路径段对齐。

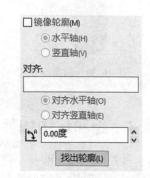

图 16-26 设定轮廓位置

步骤12 找出轮廓 单击【找出轮廓】后放大显示轮廓草图。单击虚拟交点的右上角，草图轮廓重新定位，如图16-27所示。

步骤13 增加新组 单击【新组】，使用相同的轮廓增加第二组零部件。为组2选取竖直腿。注意到预览图16-28中的实体被组1剪裁。

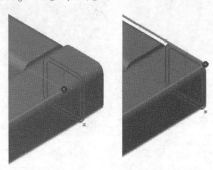

图16-27 找出轮廓（1）

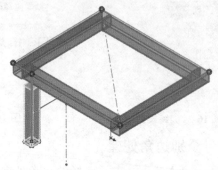

图16-28 增加新组

步骤14 找出轮廓 如图16-29所示，找出轮廓。

步骤15 创建另一组 为斜撑腿创建另一组（组3）。像步骤14一样定位轮廓，如图16-30所示。

步骤16 查看结果 单击【确定】✔，完成结构构件。如图16-31所示，该特征包含了6个分离实体。单击【保存】。

图16-29 找出轮廓（2）

图16-30 创建组3

图16-31 特征中的实体

16.3 组和结构构件的比较

当焊件结构中的基本件使用相同的轮廓时，尽管它们在不同的组，但可以在同一个结构构件特征中，这取决于如何布局。同一特征中的构件会被自动剪裁，最佳做法是用一个特征去包括尽可能多的组。如果需要使用不同的轮廓。这就必须分开创建特征了，因为每个结构构件的特征只能使用一个轮廓。在这种情况下，通常会手动对构件进行剪裁。

16.3.1 剪裁/延伸

知识卡片	剪裁/延伸	【剪裁/延伸】是一种手动剪裁结构构件和创建边角处理的专用工具，如图 16-32 所示。与插入结构构件的设定一样，边角处理命令可以创建不同类型和尺寸的组之间的终端斜接或终端对接。另外，【终端剪裁】选项将简单切除或延伸实体到选定的几何体。 图 16-32　剪裁/延伸
	操作方法	• CommandManager:【焊件】/【剪裁/延伸】。 • 菜单:【插入】/【焊件】/【剪裁/延伸】。

操作步骤

步骤1　打开零件　打开文件"manual_trim.sldprt"，该文件类似于"Conveyor Frame"零件，但在顶部框架、腿及支架处使用了不同的轮廓，如图 16-33 所示。由于这些实体包括不同的结构构件轮廓，因而它们不能在同一个结构构件特征中创建。

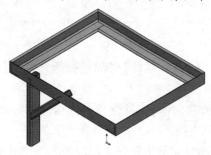

图 16-33　打开"manual_trim"零件

扫码看视频

步骤2　检查干涉　【干涉检查】工具适用于装配体零部件和多实体。单击【干涉检查】并查看结果。单击【确定】，如图 16-34 所示。剪裁可以消除这些干涉。

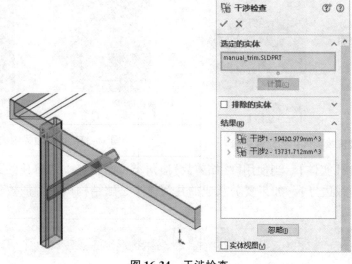

图 16-34　干涉检查

311

　　步骤 3　剪裁　单击【剪裁/延伸】
，按图 16-35 所示设定。

　　●【终端剪裁】。

　　● 为【要剪裁的实体】选择腿和斜支架部件。

　　● 为【剪裁边界】选择【实体】，然后选择水平的零部件。

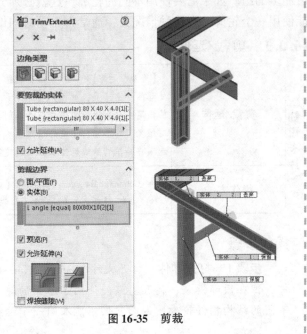

图 16-35　剪裁

16.3.2　剪裁/延伸选项

　　与结构构件特征选项类似，【剪裁/延伸】选项根据所选择的【边角类型】的不同也会稍有变化。以下列出一些该命令的特有选项。

　　1)【允许延伸】。对于【被剪裁实体】，该选项允许构件在剪裁的同时，延伸至剪裁边界(剪裁边界显示为粉色)，如图 16-36 所示。

　　对于【剪裁边界】，【允许延伸】实际上延伸了剪裁边界，使其贯穿整个构件(剪裁边界显示为粉色)，如图 16-37 所示。

被剪裁实体:
【允许延伸】已勾选

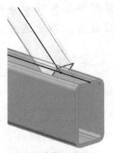
被剪裁实体:
【允许延伸】未勾选

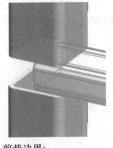
剪裁边界:
【允许延伸】已勾选

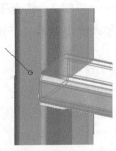
剪裁边界:
【允许延伸】未勾选

图 16-36　被剪裁实体中的允许延伸　　　　图 16-37　剪裁边界中的允许延伸

　　2)【面/平面】或【实体】。当使用【终端剪裁】边角类型时，可以选单独的面和平面或整个结构构件实体作为【剪裁边界】。如果要剪裁成的几何体不是随结构构件特征被建立的，必须选取面为剪裁边界。

　　技巧　　为了加快运行速度，考虑在复杂的焊接模型上选用【面/平面】。

　　3)【斜接剪裁基准面】。当使用【终端斜接】的边角类型时(见图 16-38)，可选择一个顶点来定义构件间的斜接起点，如图 16-39 所示。当不同尺寸的构件斜接于边角时，边角状态可能不是预期所要的。

4)【引线标注】。当剪裁边界将一个构件分割成多个块件时,引线标注出现在绘图区中。单击引线标注来切换【保留】或【丢弃】新实体。

默认斜接　　　　　　选取顶点后的斜接

图 16-38　斜接剪裁基准面　　　　　图 16-39　指定斜接起点

步骤 4　引线标注　使用引线标注【保留】下部的两个块件,【丢弃】突出顶部框架的块件,如图 16-40 所示。

步骤 5　查看结果　单击【确定】✔,结果如图 16-41 所示。单击【取消】✖且不保存文件。

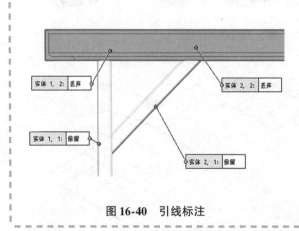

图 16-40　引线标注

图 16-41　完成的零件

16.3.3　构建草图时需考虑的因素

布局草图(见图 16-42)是创建结构构件的基础。用户在构建焊件布局时,应考虑怎样创建结构构件的组。在建立布局草图时需注意以下事项:

1)利用阵列和镜像。镜像或阵列实体可以在零件中方便地创建相似件,同时简化草图。对于"Conveyor Frame",只构建一个角的腿和支架构件,然后通过镜像实体来完成框架。

2)路径段属于同一组时只有下列两种情况:

● 相连的。

● 断开但互相平行的。

同一组的草图线段不一定要在同一幅草图中。

3）用户可以用2D或3D，或者两者结合的方式来绘制草图。用户应当在绘制草图的简单性和把所有路径放入一张草图所带来的好处之间进行权衡。例如，正在使用的"Conveyor Frame"包含两张2D草图：一张用于顶部框架，另一张用于支架。也可以只用一张3D草图来绘制。

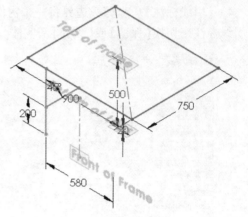

图 16-42　布局草图

4）布局草图中的线段可以被重复使用，用来生成多个结构构件特征。轮廓位置的设定可以用于修改多个构件沿一个草图线段的放置方式。

5）组的轮廓被放置在第一个被选择的路径段的起始点。该起始点是绘制草图线段时第一个放置的点。虽然可以使用轮廓位置选项来修改轮廓的方向，但在涉及非对称轮廓时，这可能会影响结果。

6）用户不能一次操作选择两个以上共享同一顶点的路径段。要创建如图16-43所示的边角，必须使用两个组。

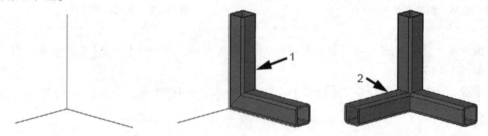

图 16-43　两个以上共享同一顶点的路径段

当多个组相交于一个边角时，【剪裁阶序】选项可用于修改组的剪裁方式。

16.3.4　剪裁阶序

添加组的顺序决定了在相互交叉的地方结构件将如何被修剪；默认是首先被选择的组将保留其全长，随后选择的组会被剪裁到与之前的组相连的地方。比如下面的例子，3条竖直线和2条水平线相互交叉在结构中。先选竖直线到组内，2条水平线将在与竖直线的交叉点处被断开，如图16-44所示。

使用【剪裁阶序】可以在同一个对话框中修改个别边角的边角处理。通过将第一组的【剪裁阶序】从第二变为第一，同时将第二组变为第一，竖直线被水平线在指定的边角处剪裁，如图16-45所示。

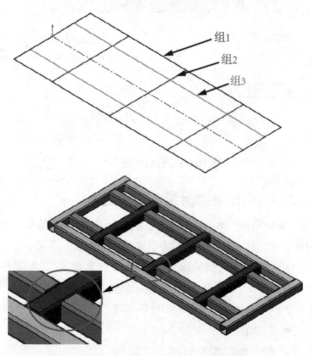

图 16-44　添加组的顺序将影响剪裁结果

还可为多个组设定相同的剪裁阶序，这会使所有边角构件同时相互剪裁，如图 16-46 所示。

图 16-45　修改剪裁阶序

图 16-46　相同的剪裁阶序

16.4　添加板和孔

虽然结构构件通常是焊接模型的主要特征，但是常规的特征类型也可用于创建焊件模型的几何体。带孔的底板将会被焊接到"Conveyor Frame"每个腿的底部。这里将用【拉伸凸台】和【异型孔向导】两个特征来创建底板。焊件中常用的常规特征可以在【焊件】工具栏找到并方便地使用，这些命令同样可在【特征】工具栏中启用。

扫码看视频

操作步骤

　　步骤 1　打开文件"Conveyor Frame"　这是之前使用过的文件。

　　步骤 2　绘制底平面草图　选择直立支架的底平面，打开【草图绘制】，绘制一个【矩形】，如图 16-47 所示。

　　步骤 3　拉伸　单击【拉伸凸台/基底】。设置终止条件为【给定深度】并把深度设为"20mm"，向直立支架的下部拉伸，结果如图 16-48 所示。

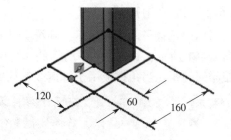

图 16-47　绘制底平面草图

> **提示**　由于该模型被定义为焊件，因此【合并结果】复选框被自动清除。这是为了在此零件中将拉伸特征作为分离的实体生成。

　　步骤 4　添加孔　使用【异型孔向导】添加两个 M20 螺栓的通孔，如图 16-49 所示标注孔的位置。

315

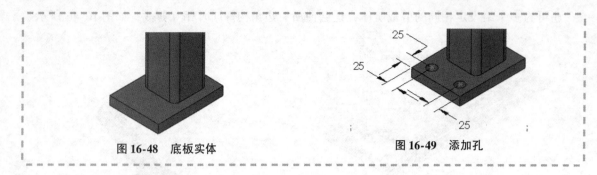

图 16-48　底板实体　　　　　　　　　　图 16-49　添加孔

16.5　角撑板和顶端盖

焊件中的角撑板和顶端盖是常用的特征，手动创建它们非常烦琐。然而，通过焊件环境的专有工具可以大大简化和加速这两个特征的创建过程。

16.5.1　角撑板

角撑板是一种添加到焊件中已存在的两个构件之间的板。为了插入一个角撑板特征，必须选择夹角在 0°～180°范围内且包含这两个角撑板的两个平面。

16.5.2　角撑板的轮廓和厚度

如图 16-50 所示，有两种轮廓类型可供选择，即多边形轮廓和三角形轮廓。PropertyManager 中的尺寸与轮廓图标上显示的标注相对应。

多边形轮廓　　三角形轮廓

另外，用户可以向根部拐角添加【倒角】，为焊缝留出间隙。　　图 16-50　角撑板轮廓

角撑板的厚度设定与筋特征方法一致。表 16-3 中的图标，黑线表示角撑板的位置，蓝线表示厚度是如何相对黑线位置进行添加的。

表 16-3　角撑板的厚度设定

类型	内边	两边	外边
图示	蓝—— 黑——	蓝—— 黑—— 蓝——	黑—— 蓝——

16.5.3　定位角撑板

当用户选择了两个平面后，系统会计算它们的虚拟交线，角撑板通过这个虚拟交线来定位，如图 16-51 所示，有图 16-52 所示的 3 种位置可供选择。不管选择哪种位置，用户都可以指定一个相等的间距。当角撑板用于管道或管筒时，它被自动放置于中间，如图 16-53 所示。

 提示　　角撑板并不只限于焊件零件中，用户可以在任何零件中使用它。不管它是不是多实体，角撑板都是作为一个单独的实体来创建的。

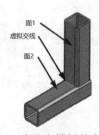

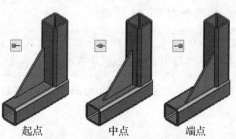

图 16-51　定位角撑板的虚拟交线　　　图 16-52　角撑板的 3 种位置　　　图 16-53　管道的角撑板

知识卡片	角撑板	• CommandManager:【焊件】/【角撑板】🪓。 • 菜单:【插入】/【焊件】/【角撑板】。

步骤 5　插入角撑板　单击【角撑板】🪓,单击【多边形轮廓】⬡,参数设置如图 16-54 所示。d1 和 d2 设为"125.000mm",d3 设为"25.000mm",【轮廓角度】(a1)设为"45.00 度"。添加【倒角】◹,参数设为 d5 = d6 ="25.000mm"。【角撑板厚度】设为"10.000mm",选择【两边】≡。【位置】设为【轮廓定位于中点】⊟。选取如图 16-55 所示的两个面。

> **提示**　如果使用【选择其他】功能,注意不要误选管筒内的面。

步骤 6　查看结果　单击【确定】✔,结果如图 16-56 所示。

图 16-54　角撑板设置

图 16-55　角撑板所在的两个面

图 16-56　角撑板结果

16.5.4　顶端盖

顶端盖是焊接在管筒和管道开口的金属盖。它们通常用于防止管子中进入灰尘、碎屑及其他污物。通过选择所需要封闭的结构构件的终端面,来创建顶端盖特征。

16.5.5　顶端盖参数

顶端盖的大小和形状主要取决于所应用的结构构件的面。顶端盖的 PropertyManager 中有如下几个选项用于控制顶端盖的创建方式,如图 16-57 所示。

1.【厚度方向】

1)【向外】📭。将顶端盖添加到已有结构构件的末端,并向外延伸。

2）【向内】 向已有构件的内部延伸顶端盖厚度，此时构件会缩短相应的厚度。

3）【内部】 将顶端盖放于构件内部，额外一栏设置用于定义其到构件末端面的等距距离。

2.【等距】

顶端盖的轮廓取决于结构构件的等距面，如图16-58所示。等距可用【厚度比率】或【等距值】来定义。创建向内或向外顶端盖时，从管筒或管道的外侧面等距偏移；创建内部盖时，从管的内侧面等距偏移。默认的等距值为壁厚的一半。

3.【边角处理】

使用【边角处理】选项为顶端盖轮廓的边角指定等距倒角或圆角，如图16-58所示。若不使用边角处理，一个简单的矩形顶端盖会被创建用于管筒件上。

图16-57 设置顶端盖

顶端盖	• CommandManager：【焊件】/【顶端盖】 。
	• 菜单：【插入】/【焊件】/【顶端盖】。

提示 角撑板和顶端盖是其参考结构构件的子特征。若删除结构构件，其相关联的角撑板和顶端盖也会被删除。

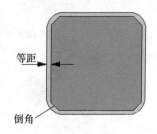

图16-58 顶端盖的等距与倒角

步骤7 插入顶端盖 单击【顶端盖】 ，按图16-59所示设置。设置【厚度方向】为【向外】，厚度设为"5.000mm"。

提示 如果这里使用【向内】的方向，会通过管道来保持全框架的大小不变，缩短的长度等于顶端盖的厚度。

选择如图16-60所示的管筒并单击【确定】 。在【等距】选项组中，选择【厚度比率】并把其值设为"0.5"。单击【边角处理】并选择【倒角】，将【倒角距离】设为"5.000mm"。

图16-59 顶端盖厚度

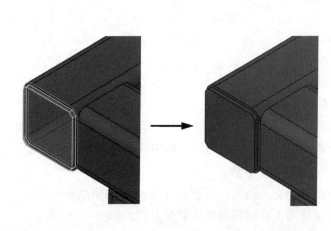

图16-60 顶端盖的预览及结果

16.6 使用对称

与在其他常规零件中一样，镜像和阵列特征也可在焊件模型中使用。在焊件中使用这两个特征时，主要的区别是用户会经常阵列单个【实体】而不是【特征】。

步骤8 镜像实体 单击【镜像】🔷，选择右视基准面作为【镜像面/基准面】。选择直立腿、斜支架、底板、角撑板以及顶端盖作为【要镜像的实体】，如图 16-61 所示。单击【确定】✔。

> **提示** 镜像特征而不是实体的操作在这里不起作用，因为只有一个结构构件特征，而该特征中含有多个实体。这里只希望阵列该特征中的某些实体。同样，如果确实要复制整个实体，那么较好的做法是使用【要镜像/阵列的实体】，这会获得更好的性能和结果。

步骤9 再次镜像 如图 16-62 所示，以前视基准面为参考镜像前面的实体。

图 16-61 镜像   图 16-62 镜像结果

步骤10 保存零件

16.7 多实体零件的优点

焊件的结构构件和特征提供了一种创建多实体焊接结构的简单而快捷的方法。若考虑将"Conveyor Frame"作为装配体创建，则需要如下要求：

1）如果使用自底向上的设计方法，需要创建每一个独立的构件，然后插入并配合到适当位置；如果需要在装配体完成后做出改变，则需要分别对每个文件进行修改，配合可能也需要更新。

2）如果使用自顶向下的设计方法，在装配体关联中生成的零件可能会自动更新，但复杂的文件关系可能难以管理而且会影响到性能。

当在焊件中使用多实体零件时，以上的限制就不复存在。不需要生成多个文件和建立配合，对于多构件的一次性更改，也与修改草图布局或特征一样容易。

步骤11 修改"Conveyor Frame" 更改上框架草图和直立腿草图中的尺寸，如图 16-63所示。【重建模型】🔘，构件的大小和位置被重建以匹配布局，所有的边角状态和轮廓位置维持不变。

步骤 12 撤销更改 改回到原来的尺寸，如图 16-64 所示。

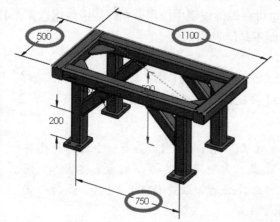

图 16-63 更改草图尺寸

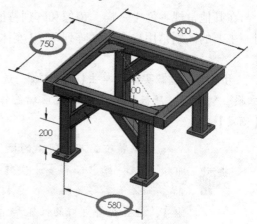

图 16-64 修改前的尺寸

步骤 13 保存并关闭零件

技巧 ▢   1）如果之前保存过文件，那么用户只需从【文件】菜单中【重装】❒最后被保存的版本。

2）由于修改方便，焊件模型很容易配置。例如，若想产生几个尺寸相似的"Conveyor Frame"，只需配置模型的尺寸或者结构构件的轮廓来代表不同的框架。

16.8 多实体零件的限制

虽然在多实体零件中创建多个构件有很多的好处，但同样也会存在一些使用上的限制，这些限制只能在装配体中得到解决。主要的限制如下：

1）不便于对部件重新定位，也不便于模拟零件的移动。在零件中的实体可以通过修改草图或者使用【移动/复制】特征进行移动，但不能在绘图区进行动态移动。

2）应对大型模型比装配体的性能慢。装配体有许多优化大型文件的选项，如轻化装载、使用大型装配体、创建和使用简化的配置，这些都是提高装配体性能的有效方法。但是在零件模型中的选项就相对有限，如利用【冻结栏】和压缩一些特征来提升零件的性能，但却必须考虑特征的顺序以及父子关系。

3）焊件多实体的详图与焊件零件文件绑定在一起。焊件中的实体虽然可以单独出详图，但需以焊件的零件为参考模型，且必须符合公司的标准。

练习 16-1 展示架

使用 SOLIDWORKS 焊件特征创建一个如图 16-65 所示的展示架。已经提供包含该布局草图的零件，用户也可以选择从绘制草图开始。

该练习将应用以下技术：

图 16-65 展示架

- 焊件配置选项。　　● 插入结构构件。　　● 组。　　● 边角处理选项。
- 轮廓位置设定。　　　● 角撑板。　　　　　● 使用对称。

操作步骤

  步骤1　新建零件　为了从草图开始创建模型，新建一个以毫米为单位的零件。

  步骤2　布局草图　使用默认的上视基准面(Top Plane)和前视基准面(Front Plane)来创建一幅如图 16-66 所示的草图。

> 提示 从 Lesson16 \ Exercises 文件夹中打开"Sign Holder"，使用已有的布局草图。

  步骤3　修改配置选项　这个零件的框架在焊接后不需要任何加工，因此不需要自动创建派生配置。在【选项】⚙/【文档属性】中，选择【焊件】。取消勾选【生成派生配置】复选框。

> 提示 由于该设置为【文档属性】，因而更改该设置只会影响文档。可以通过将文档属性设置保存在文档模板中来确立默认设置。

  步骤4　下载轮廓　根据第 16.2.3 节中的说明来下载 ISO 标准轮廓。确保按照说明来【重命名】文件夹，并在【选项】⚙中定义【文件夹位置】。

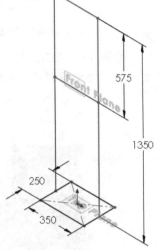

图 16-66　布局草图

  步骤5　添加结构构件　单击【结构构件】⬛。结构构件的轮廓选择如下：

【标准】：ISO_Training。

【Type】：Tube(square)。

【大小】：20 × 20 × 2.0。

  步骤6　选择组1　选择上视基准面中的矩形线段为组1。

> 提示 这些相连的线段具有同样的设置，如段与段之间的边角处理和轮廓位置，所以这些线段要在同一组中创建。

  步骤7　设置组1　在构件之间应用边角处理，并选择【终端斜接】⬛类型。
在 PropertyManager 底部单击【找出轮廓】按钮，为该组的轮廓定位，使构件位于布局的内侧上方，如图 16-67 所示。

> 提示 轮廓在模型中的位置由第一个选中的草图线段决定。根据用户选择方式，轮廓的位置可能与图 16-67 所示的位置不同。

  步骤8　选择组2　单击【新组】按钮，选中组成外框的3条线段作为组2。

  步骤9　设置组2　选择【终端斜接】⬛边角处理，并将轮廓定位在布局的内侧，如图 16-68 所示。

  步骤10　选择组3　单击新组，如图 16-69 所示，选择水平线作为组3。将轮廓放置在布局的下面，单击【确定】✔。

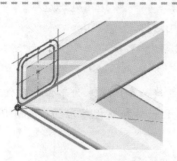

图 16-67　找出轮廓

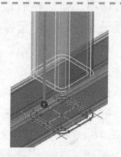

图 16-68　设置组 2

步骤 11　查看结果　【焊件】🗃特征会自动添加到 FeatureManager 设计树中，8 个独立实体在零件中被创建，如图 16-70 所示。

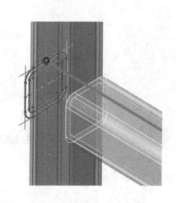

图 16-69　选择组 3

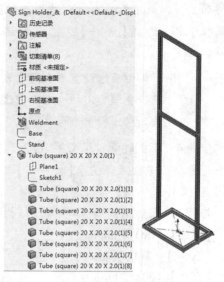

图 16-70　查看结果

步骤 12　添加切除特征　【隐藏】🖉布局草图，在零件顶部的面上绘制一条【中点线】🖍，其中心位于原点，尺寸为 325mm。单击【拉伸切除】🔟，勾选【薄壁特征】复选框，并选择【两侧对称】，【厚度】为 2.500mm。对于【方向 1】，选择终止条件为【成形到一面】，并选择如图 16-71 所示的构件的顶面为终止面。

步骤 13　添加角撑板　单击【角撑板】🖉，首先选取图 16-72 所示的竖直框架，然后选择中间水平构件的顶部。

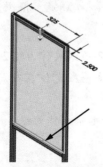

图 16-71　添加切除特征

图 16-72　添加角撑板

提示 先选择切除处后侧面来定义角撑板的位置。

选择【三角形轮廓】，大小为"35mm×35mm"，厚度为"1mm"，应用【外边】☰，位置为【轮廓定位于端点】➡■，单击【确定】✔。

步骤14 添加第二块角撑板 添加第二块角撑板，尺寸同前，位置相似，位于框架的右上角，如图 16-73 所示。

步骤15 镜像角撑板 关于右视基准面【镜像】▦角撑板，为另一侧添加复制特征，如图 16-74 所示。

步骤16 保存并关闭该零件

图 16-73 添加第二块角撑板

图 16-74 镜像角撑板

练习 16-2　焊接桌子

使用结构构件和平板来创建如图 16-75 所示的桌子，然后通过更改尺寸来修改桌子的大小。

本练习将应用以下技术：
- 插入结构构件。
- 组。
- 轮廓位置设定。
- 剪裁阶序。
- 添加板和孔。
- 使用对称。

图 16-75 桌子

323

操作步骤

步骤1 打开现有零件 从"Lesson16 \ Exercises"文件夹中打开零件"Weld Table"。零件含有一幅 3D 草图，用来定义桌子的框架。

步骤2 **添加结构构件** 单击【结构构件】
, 结构构件的轮廓选择如下：

【标准】：ISO_Training。

【Type】：Tube（square）。

【大小】：50×50×5.0。

步骤3 **选择组1** 由于所有框架的构件使用同一个轮廓，因而它们可以在同一个结构构件特征中创建。草图线段需要选取到组里，这些组将决定最合适的剪裁阶序和设置。

该框架的直立腿从顶部到底部，其他的构件在它们中间，如图 16-76 所示。因此，直立腿被选为【组1】，用来剪裁其他的构件。

如图 16-77 所示，选中 4 条直立腿线段作为【组1】。这些线段平行但不连续并且需要相同的设置，如轮廓位置，所以它们可以在一个组中创建。

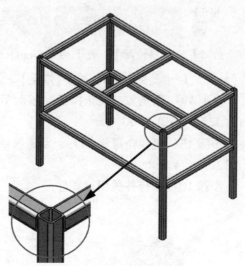

图 16-76 直立腿

步骤4 **选择组2** 单击【新组】。如图 16-78 所示，选择 4 个水平的长线段作为【组2】。

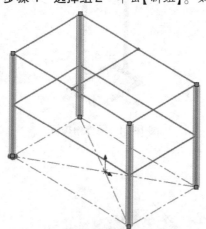

图 16-77 选择组1

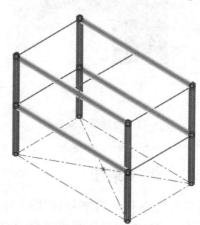

图 16-78 选择组2

 提示 由于框架顶部的线段相互连接且轮廓位置相同，因而它们适合在同一组。然而，由于不需要边角处理，分开选择前面和侧面的构件使它们可以被正确地剪裁到【组1】。

步骤5 **找出轮廓** 定位轮廓，如图 16-79 所示，所有组内构件共享该位置。

提示 轮廓在模型中的位置由第一条选中的草图线段决定。

步骤6 **选择组3** 单击【新组】，如图 16-80 所示，选择剩余的平行草图线段构成【组3】。如图 16-81 所示，找出轮廓。

步骤7 **查看结果** 单击【确定】✔，完成特征。如图 16-82 所示，13 个实体在模型中被创建。【隐藏】框架布局草图。

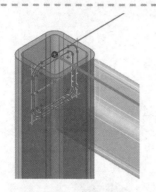

图 16-79 找出轮廓

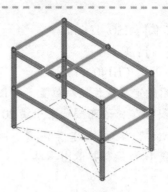

图 16-80 选择组 3

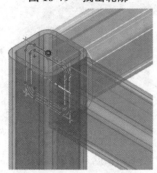

图 16-81 找出轮廓

图 16-82 查看结果

步骤8 添加板 如图 16-83 所示，为桌子面板和脚垫板绘制草图并拉伸。使用模型中现有的面作为草图平面。

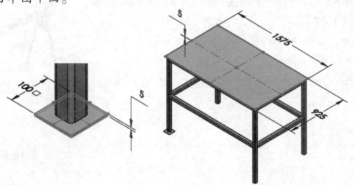

图 16-83 添加板

步骤9 镜像实体 关于前视基准面和右视基准面【镜像】脚垫板。

步骤10 添加圆角 为顶部面板的边角添加半径为 10mm 的圆角。

步骤11 创建槽钢的布局草图 在横跨支架的底面创建一副新草图。绘制对称的两条相隔410mm的线段，如图 16-84 所示。

步骤12 添加槽钢结构构件 使用以下轮廓为布局添加槽钢结构构件：

图 16-84 创建槽钢的布局草图

325

【标准】：ISO_Training。

【Type】：C 槽。

【大小】：CH140×15。

使用设定来定位轮廓位置，如图 16-85 所示。

步骤13 修改布局 桌子由 20 个独立的实体块件组成。如图 16-86 所示，修改框架布局的尺寸，然后【重建模型】🎱。所有框架的结构构件将会更新。

步骤14 保存并退出零件

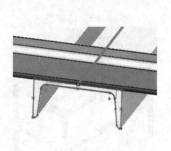

图 16-85 添加槽钢结构构件

图 16-86 修改布局

练习 16-3 悬架

使用 SOLIDWORKS 的焊件特征创建如图 16-87 所示的悬架。

本练习将应用以下技术：

- 插入结构构件。
- 组。
- 轮廓位置设定。
- 剪裁/延伸。
- 添加板和孔。
- 使用对称。

图 16-87 悬架

操作步骤

步骤1 打开零件 从"Lesson16 \ Exercises"文件夹中打开已存在的"Suspension Frame"零件。

步骤2 添加结构构件 单击【结构构件】📦，在结构构件的轮廓中选择如下：

【标准】：ISO_Training。

【Type】：Tube（square）。

【大小】：70×70×4.0。

步骤3 创建组 由于侧面框架和角度支撑件共享相同的轮廓，因而它们可以在同一特征中创建。使用组创建如图 16-88 所示的项目。

- 如有必要，使用设置来正确定位每组中的轮廓。
- 创建组的顺序将决定剪裁的阶序。

- 需要创建 4 个组。
- 此特征将在零件中生成 6 个独立的实体。

技巧 为了修改已经存在的组，在【组】选择框中选择它以访问其设置，如图 16-89 所示。

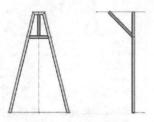
图 16-88　创建组

图 16-89　选择组

步骤 4　镜像侧框架和支撑架　使用【镜像】特征 复制侧框架和支撑架(见图 16-90)。

步骤 5　添加顶部梁　顶部梁使用如下结构构件的轮廓：

【标准】：ISO_Training。　　【Type】：SC Beam。　　【大小】：SC 120。

使用设置定位轮廓位置，如图 16-91 所示。

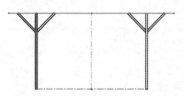
图 16-90　镜像侧框架和支撑架

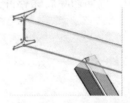
图 16-91　添加顶部梁

步骤 6　剪裁和延伸　使用【剪裁/延伸】 工具剪裁和延伸角支撑实体到顶部梁，如图 16-92 所示。

步骤 7　创建底板轮廓草图　在上视基准面上创建图 16-93 所示的底板轮廓草图。【拉伸】底板轮廓草图 10mm，方向为远离框架实体。

图 16-92　剪裁和延伸

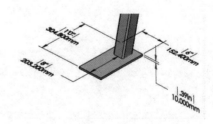
图 16-93　创建底板轮廓草图

技巧 此零件的【英尺和英寸】以双单位形式显示。如果用户需要在主单位以外输入其他单位的尺寸数值，则直接在【修改】对话框中输入缩写或使用【单位】菜单，如图 16-94 所示。英尺的缩写包括"ft"或单撇号(′)，英寸的缩写包括"in"或双撇号(″)。

步骤 8　镜像实体　使用【镜像】特征复制底板实体到框架的其他部位。

步骤 9　剪裁和延伸　剪裁框架中的实体到底板的顶面上，结果如图 16-95 所示。

图 16-94　修改单位

图 16-95　剪裁后的零件

> 提示　剪裁几何体时必须选择面而不是实体，这些面并不是与结构构件特征一起创建的。在【面/平面】中的选择实际上延伸切除了所有选择的需要被剪裁的实体。

步骤 10　拉伸切除后保存并关闭零件

第17章 使用焊件

学习目标
- 管理焊件切割清单及其属性
- 使用切割清单属性对话框、焊件特征以及边界框来添加切割清单项目属性
- 手动管理切割清单项目
- 创建和管理子焊件
- 修改和创建结构构件轮廓
- 为单独实体添加材质

17.1 管理切割清单

"切割清单"类似多实体零件的材料明细表。FeatureManager 设计树中的切割清单文件夹用于管理切割清单表中的模型实体，如图 17-1 所示。它通过将相似项目成组地放入切割清单的子文件夹下实现，一个项目清单文件夹代表了切割清单表格中的一行。然后，为了在表格中交流信息，自定义属性可应用于切割清单项目。

切割清单项目名称后圆括号中的数字，表明了这个切割清单项目中包含的实体数量。表 17-1 中的切割清单文件夹图标表明实体是如何在项目中被创建的。

图 17-1 切割清单文件夹

表 17-1 切割清单文件夹图标

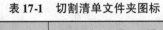

图标	说明
	结构构件实体
	钣金实体
	标准特征实体

提示 在操作焊件或钣金模型时，将自动使用切割清单。

操作步骤

步骤 1 打开"Conveyor Frame" 继续打开第 16 章中创建的模型，或者打开"Lesson17 \ Case Study"文件夹中的"Conveyor Frame_L2"文件，如图 17-2 所示。

步骤 2 展开切割清单文件夹 "Conveyor Frame"中的 24 个实体在切割清单中被分成了 7 组。

扫码看视频

扫码看 3D

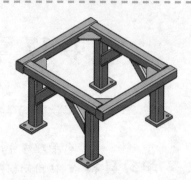

图 17-2　打开"Conveyor Frame _L2"

17.2　切割清单项目名称

切割清单项目默认是按序列命名的，对其重新命名有助于模型的规划。切割清单项目名称可在切割清单表格中显示。可以手动重命名切割清单项目，或者将每个切割清单项目的说明属性作为文件夹名称在 FeatureManager 设计树中显示。

【根据说明属性值重新命名切割清单文件夹】的选项设置在【文档属性】选项卡里，若勾选该复选框，则切割清单文件夹无法手动重命名，如图 17-3 所示。

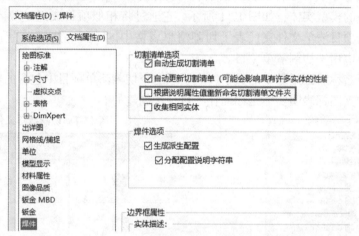

图 17-3　切割清单文件夹设置

提示　　改变【文档属性】只对当前文件生效；【文档属性】设置可在文件模板中被保存，用于建立默认设置。

步骤3　重命名切割清单项目　默认的切割清单项目名称的描述性不强，表 17-2 作为重命名切割清单项目的参考。重命名使用技巧：对文本缓慢双击或者高亮选中后按 <F2> 键。

技巧　　在对话框或 FeatureManager 设计树中选中一个切割清单项目文件夹，模型中相应的实体会高亮显示。

表 17-2　切割清单项目

切割清单项目名称	所选实体	切割清单项目名称	所选实体
SIDE TUBES (侧边管筒)		FRONT-REAR TUBES (前、后管筒)	
LEGS(直立腿)		ANGLED BRACES (倾斜支架)	
BASE PLATES (脚垫)		GUSSETS (角撑板)	
END CAPS (顶端盖)			

17.3　访问属性

右键单击切割清单项目文件夹并选择菜单中的【属性】，进入切割清单项目属性。结构构件特征和钣金特征中的切割清单项目，许多属性是自动创建的。

步骤4　进入切割清单项目属性　右键单击切割清单项目文件夹并单击【属性】。

17.4　切割清单属性对话框

切割清单属性对话框包含 3 个选项卡，用来查看和修改切割清单项目属性。

1）切割清单摘要。进入左侧窗格的切割清单项目，可查看相应的属性。

2）属性摘要。访问左侧窗格中每个现有的属性名称，观察它是如何在各自的切割清单项目中被定义的。

3）切割清单表格。预览切割清单表格创建时的样式。【表格模板】区域可用于加载不同的切割清单模板来预览。

331

切割清单项目按照实体创建的顺序排列，该顺序可以在对话框或在 FeatureManager 设计树中通过拖动来调整。切割清单表格中的行项目遵循该顺序。切割清单也可以进行配置。

步骤 5 切割清单摘要 所有项目都有"MATERIAL（材料）"和"QUANTITY（数量）"属性。包含结构构件特征实体的项目具有几个额外的属性。

17.5 结构构件属性

所有的切割清单项目都与材料和数量属性关联。由结构构件特征所得的切割清单项目会自动捕获额外的信息，这些信息通常显示在切割清单表格中并用于生产零件。表 17-3 列出了结构构件实体额外生成的属性。

表 17-3 结构构件实体额外生成的属性

属性名称	属性说明	属性名称	属性说明
长度（LENGTH）	单个实体长度	总长度（TOTAL LENGTH）	使用该轮廓的实体总长
角度 1（ANGLE1）	一个终端的斜接角	说明（Description）	从轮廓设计库的零件中继承
角度 2（ANGLE2）	与其他终端的斜接角		

17.6 添加切割清单属性

创建切割清单属性的方法主要有以下几种：
- 使用【切割清单属性】对话框为每个项目添加属性。
- 通过向焊件特征添加属性，为所有的切割清单项目应用该属性。
- 通过创建一个【边界框】，自动为非结构构件实体创建与属性相关的尺寸。

 提示 切割清单的文件夹名也可以被链接到切割清单属性中，以能够被包含在材料明细表、注脚和图纸格式中。

技巧 切割清单属性可以使用属性标签编制程序中的焊件模板来预定义表格后输入属性。

步骤 6 选择顶端盖切割清单项目 使用【切割清单属性】对话框的左侧窗格，选择顶端盖的切割清单项目。

步骤 7 添加零件号 单击【属性名称】下面的单元格。如图 17-4 所示，使用下拉菜单选择"零件号（PARTNUMBER）"作为属性名称。单击【数值/文字表达】单元格，输入"EC808005"。单击【确定】关闭对话框。

图 17-4 添加零件号

> **技巧** 与焊件相关联的属性清单在"weldmentproperties. txt"文件中，位于 \ \ ProgramData \SOLIDWORKS \SOLIDWORKS 2023 \lang \Chinese-Simplified \weldments。

步骤8 为所有切割清单项目添加"重量"属性 右键单击焊件 特征并单击【属性】。如图 17-5 所示，在【属性名称】单元格下的下拉菜单中添加【重量】属性。使用【数值/文字表达】下的下拉菜单来链接【质量】。单击【确定】关闭对话框，并【重建模型】。

图 17-5 添加"重量"属性

步骤9 查看切割清单属性 访问【切割清单属性】对话框并单击【属性摘要】选项卡。选择已有的"重量"属性，然后核实每个切割清单项目都有各自的质量值。单击【确定】关闭对话框。

17.7 焊件中的边界框

边界框在焊件中会自动生成一幅 3D 草图来包围一个切割清单项目实体。该 3D 草图代表了实体可以匹配的最小框架。边界框的尺寸信息被自动地转入切割清单项目属性中。边界框草图存储在切割清单项目文件夹中，它可以被隐藏或显示。任何切割清单项目都可以创建边界框，与切割清单项目中的实体类型无关。

> **知识卡片** **创建边界框**
> ● FeatureManager 设计树：右键单击切割清单项目文件夹，单击【创建边界框】。

如果边界框存在于切割清单项目中，那么选项【编辑边界框】和【删除边界框】可用。通过【编辑边界框】来更改默认的参考平面，这将会调整被捕获属性的方向，如"厚度"的方向。

> **知识卡片** **编辑边界框**
> ● FeatureManager 设计树：右键单击一个切割清单项目文件夹，单击【编辑边界框】。

步骤10 为脚垫创建边界框 右键单击脚垫的切割清单项目，单击【创建边界框】。展开切割清单项目文件夹，查看创建的 3D 草图，如图 17-6 所示。

步骤11 查看切割清单属性 访问【切割清单属性】对话框，一些切割清单属性是根据边界框的尺寸生成的，包括长、宽、厚和体积，如图 17-7 所示。"说明"属性也是依据这些生成的。

步骤12 为角撑板和顶端盖添加边界框 创建边界框来添加额外的属性，如图 17-8 所示。

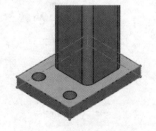

图 17-6 为脚垫创建边界框

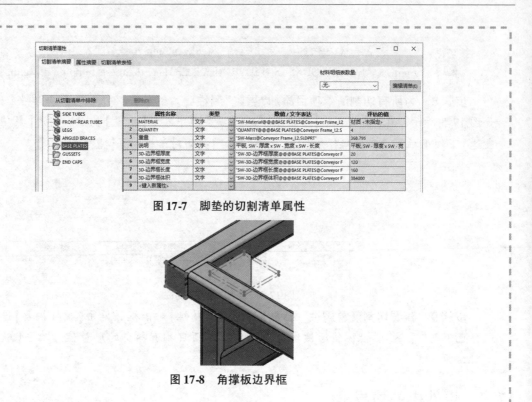

图 17-7　脚垫的切割清单属性

图 17-8　角撑板边界框

17.8　生成切割清单项目

切割清单项目是根据文档属性中的设置生成的。默认情况下，自动创建和更新切割清单开启，意味着 SOLIDWORKS 会将几何形状一样的实体分组放入切割清单项目文件夹中。如果影响了性能或者为了手动创建不同的实体，这些选项可以被关闭。这些设置在【选项】对话框中访问，同样也可以通过右键单击切割清单的顶层文件夹进行访问。

为了允许系统将实体分组形成切割清单项目，必须勾选【自动生成切割清单】复选框，如图 17-9 所示。

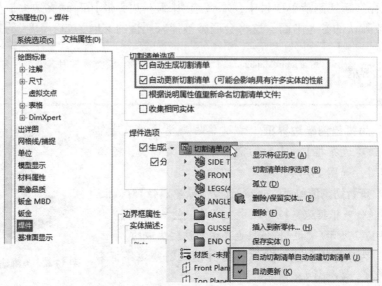

图 17-9　切割清单中有关自动更新的选项

选项【自动更新】允许系统在创建实体时对其分组。若关闭该选项，实体只有在被提示时才会被分组到切割清单项目中。当刷新符号  出现在切割清单文件夹顶层时，说明需要更新；通过右键单击切割清单文件夹，然后单击【更新】，进行更新。不属于切割清单项目的实体将不会出现在切割清单表格中。

17.8.1　手动管理切割清单项目

当关闭自动生成和更新选项后，可以手动创建和管理切割清单项目。手动创建切割清单的步骤如下：

1）选择【切割清单】文件夹中的实体，使用〈Shift〉键或〈Ctrl〉键一次选择多个实体。

2）单击右键，然后选择【生成切割清单项目】。

实体也可被拖放到已有的切割清单项目文件夹中。通过删除切割清单文件夹，可以解散切割清单项目。

17.8.2　创建子焊件

有时需要将大型焊件分解成为多个小部件的组合，这通常是为了运输便利。这些较小的部件叫子焊件，如图 17-10 所示。

子焊件是用户将相关联的实体放入的文件夹。子文件夹又被分组到切割清单项目文件夹中，并将会作为切割清单表格的一行出现。

子焊件中自带切割清单项目。如果有需要，它们会被分开保存为多实体零件。之后用户可以为子焊件制作工程图和切割清单表格。创建子焊件的步骤如下：

图 17-10　子焊件文件夹

1）选择要包括到子焊件的实体，使用〈Shift〉键或〈Ctrl〉键一次选择多个实体。

> 技巧〇　　为了便于在绘图区选择实体，可以使用选择过滤器来【过滤实体】。

2）右键单击，然后选择【生成子焊件】。一个包含了所选实体的子焊件文件夹 出现在切割清单文件夹 中。

3）如有需要更新切割清单。如果关闭自动更新选项，为了将子焊件分组到切割清单项目中，切割清单可能需要手动更新。如果焊件实体需要在切割清单项目表格中出现，则必须添加到切割清单项目中。

> 技巧〇　　子焊件可以通过删除子焊件文件夹来解散。

将子焊件保存为新的多实体零件，需要以下步骤：

1）右键单击子焊件文件夹 并选择【插入到新零件】。

2）使用 PropertyManager 中的选项调整设置，并指派文件名称和路径，如图 17-11 所示。

通过【插入到新零件】或【保存实体】特征，任何实体都可以保存为新的零件文件。

当用户创建子焊件或者保存焊件实体到新的零件时，切割清单

图 17-11　插入到新零件

属性从父零件传递到子焊件或新零件中。在【切割清单属性】对话框中，若【数值/文字表达式】属性显示为"链接到父零件-. sldprt"。此时用户不能编辑切割清单属性，除非断开与父零件的参考。

17.8.3　使用选择过滤器

在焊件中执行某些操作时，如创建子焊件，在绘图区选择实体会很实用。默认可直接在零件中选择面、边和顶点。可以使用选择过滤器在绘图区域控制选取的内容，一些选择过滤器的默认快捷键见表 17-4。

表 17-4　选择过滤器的默认快捷键

快捷键	功能说明	快捷键	功能说明
F5	切换过滤器工具栏隐藏或可见	E	切换过滤边线 ▮ 开关
F6	上一次使用的过滤器开关		
X	切换过滤面 ▢ 开关	V	切换过滤顶点 ● 开关

也可以从关联工具栏中单击【选择过滤器】的弹出按钮进入选择过滤器。当成功选择一个选择过滤器时，光标显示为。激活【实体过滤器】后可以在模型中直接选择整个实体，或者在 FeatureManager 设计树中的实体或切割清单文件夹中选择实体。

> **技巧** 　如果经常使用实体过滤器，可以考虑创建一个自定义的快捷键或将其添加到可见的工具栏中。这些操作可在自定义对话框中实现(【工具】/【自定义】)。

17.9　自定义结构构件轮廓

创建的自定义轮廓可以用于结构构件特征。这些轮廓可以通过修改现有的轮廓来创建，或通过绘制新的草图创建，或通过从类似"3D Content Central"的资源库中下载可用的轮廓。

正如第 16 章提到的，结构构件轮廓是一个包含 2D 闭合轮廓的草图，作为一个库特征零件(＊. sldlfp)保存。为了让库特征零件作为结构构件轮廓被使用，轮廓必须保存在焊件轮廓文件夹下，该文件夹的位置在选项中被定义。

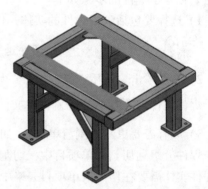

17.9.1　修改轮廓

图 17-12　"Conveyor Frame"模型的额外构件

"Conveyor Frame"模型需要一些额外的结构构件，且需要修改这些结构构件的轮廓，如图 17-12 所示。

> **步骤 13　绘制草图线段**　选择一个参考平面并插入一个草图。如图 17-13 所示，在草图中绘制两条线段，使用镜像或草图关系使它们关于原点对称。
>
> **步骤 14　退出草图**
>
> **步骤 15　插入结构构件**　单击【结构构件】。设置如下：
> 【标准】：ISO_Training。
> 【Type 】：L Angle (equal)。

【大小】：$75 \times 75 \times 8$。

为组 1 选择步骤 13 绘制的两条线段。

步骤16　找出轮廓　单击【找出轮廓】。"L An-gle"应位于顶部框架上，尖端向上，并且与布局草图中创建的线中心对齐，如图 17-14 所示。该轮廓不包含一个定位所需的点，所以需要对其更改。单击【取消】✕关闭 PropertyManager。

步骤17　打开设计库零件　单击【打开】📂，设置文件类型为【所有文件】（*.*），然后浏览文件夹"SOLIDWORKS Training Files\Weldments\Weldment Profiles\ISO_Training\L Angle（equal）"。

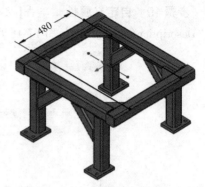

图 17-13　绘制草图线段

选择设计库特征零件"$75 \times 75 \times 8$. sldlfp"，单击【打开】。

> 技巧　Windows 资源管理器也可用于打开设计库特征零件（*.sldlfp）。当要打开未与 SOLIDWORKS 关联的文件类型时，如 *.sldlfp，可将它们从 Windows 资源管理器中直接拖入 SOLIDWORKS 应用窗口。

步骤18　编辑草图　绘制一条中心线使它与两个圆弧相切。如图 17-15 所示，在中心线的中点处插入一个点。退出草图。

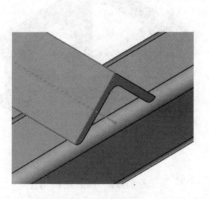

图 17-14　找出轮廓

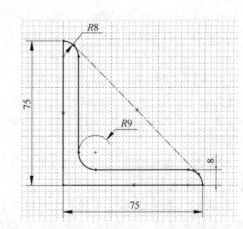

图 17-15　在轮廓草图中添加定位点

17.9.2　从轮廓文件转移信息

结构构件轮廓可以转移一般的【自定义属性】，如切割清单中的【材料定义】和实体的使用说明等。

轮廓库零件应包含一些常用的自定义属性，这些属性对于轮廓来说都是独有的，并且应该把这些属性导入到切割清单中。例如，软件自带的轮廓都有一个"Description（说明）"的自定义属性。

如果某个焊件轮廓是某一特定类型的材料，可以将其添加到库特征零件中。为了将材料定义转移到创建的结构构件实体中，将使用结构构件 Property Manager 中的【从轮廓转移材料】选项。

步骤19　自定义属性　单击【文件属性】📇，选择【自定义】选项卡。检查属性名称中的"Description（说明）"，如图17-16所示。

图17-16　"Description"属性

让"Description"与轮廓相关联是很重要的，因为自定义属性将会在切割清单生成时被使用。如果草图中的任何尺寸发生了变化，用户应当更新"Description"。由于这里尺寸没有改变，因而该"Description"仍然有效。单击【确定】关闭对话框。

步骤20　另存为库零件　保存修改过的库零件为"Modified_75×75×8. sldlfp"，关闭库零件。

步骤21　插入结构构件　单击【结构构件】🔲。设置如下：

【标准】："ISO_Training"。

【Type】："L Angle（equal）"。

【大小】："Modified_75×75×8"。选择图17-17所示的路径段。

步骤22　旋转轮廓　在【设置】中，将【旋转角度】设为"225度"，如图17-18所示。

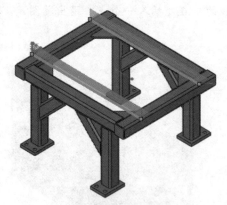

图17-17　插入结构构件

步骤23　找出轮廓　单击【找出轮廓】，系统会放大到轮廓草图。如图17-19所示，选择中心线的中点，单击【确定】✔。

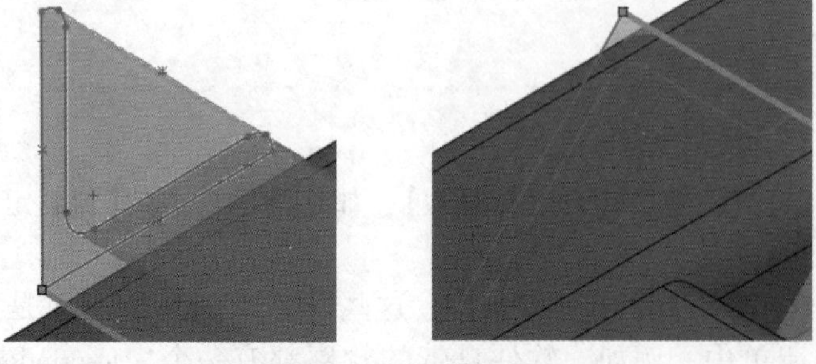

图17-18　旋转轮廓

步骤24　重命名切割清单项目　重命名切割清单项目为"RAILS"，完成结果如图17-20所示。

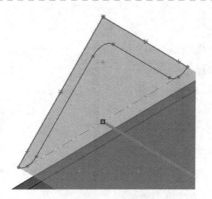

图 17-19 选择中心线的中点

图 17-20 完成结果

17.10 定义材料

并不是所有结构构件都必须使用相同的材料。首先为整个焊件定义总的材料，然后根据切割清单逐一对实体修改。

步骤 25 指定零件材料 右键单击 FeatureManager 设计树中的"材质 < 未指定 >"图标，然后单击【普通碳钢】，给整个结构件零件指定材料。

步骤 26 特殊实体的材料 展开切割清单项目中的"RAILS"。按住〈Ctrl〉键的同时选择两个实体，右键单击并选择【材料】/【编辑材料】。在材料列表中选择【钢】/【AISI 304】。单击【应用】，然后【关闭】。现在"RAILS"的材料被指定为"AISI 304"，如图 17-21 所示。

图 17-21 特殊实体的材料

步骤 27 检查切割清单属性 利用【切割清单属性】对话框检查切割清单属性。每个项目的材料(MATERIAL) 属性被链接到了实体的材料。

步骤 28 保存并关闭零件

17.11 创建自定义轮廓

任何二维的封闭轮廓草图均可保存为库特征零件，以便在结构构件特征中使用。这为焊件模型功能提供了极大的灵活性，可以用创建的轮廓文件来代表杆形或圆形料、木材大小、垫片轮廓等。焊件功能可用于创建几乎任何类型的模型，这些模型可在 SOLIDWORKS 多实体零件环境下设计和使用切割清单描述中获益。

在下面的练习中，将使用方形管和杆形料混合创建栅栏板。为了制作杆形的结构构件，将创建杆形料轮廓文件，如图 17-22 所示。

图 17-22 栅栏板

操作步骤

步骤1　打开已存在的"Fence Panel"零件　从"Lesson17 \ Case Study"文件夹中打开已存在的"Fence Panel"零件。

步骤2　添加栅栏柱结构构件　单击【结构构件】，在结构构件的轮廓中选择如下：

【标准】：ISO_Training。

【Type】：Tube（square）。

【大小】：80×80×6.3。

在布局中选择图17-23所示的两条竖直线。单击【确定】。

步骤3　新建零件　剩下的结构构件使用杆形料。使用 Part_MM 模板创建一个新零件。

步骤4　绘制轮廓　在前视基准面绘制如图17-24所示的轮廓。退出草图。

图 17-23　创建栅栏柱结构构件

> 提示　轮廓中的顶点和端点可用作定位轮廓时的穿透点。绘制的点也可用于创建额外的穿透位置。

> 技巧　使用【从中点】选项绘制一个中心矩形，如图17-25所示，将自动添加竖直和水平中心线。

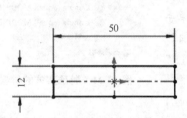

图 17-24　绘制轮廓

图 17-25　中心矩形的【从中点】选项

17.12　标准或配置的轮廓

在保存自定义轮廓之前，需要确定此轮廓是一个标准的、只代表一种尺寸的单一轮廓还是一个包含多个尺寸的配置轮廓。按照前面章节中所述的规定，文件夹的结构和命名约定将基于选择的不同方式会有所不同。

由于许多大小尺寸的杆形料共享相同的简单轮廓，因而使用配置轮廓来代表多个尺寸是有价值的。配置可以根据需要很容易地被添加，并确保与外形轮廓和穿透位置的一致性。

当创建一个配置轮廓时，库特征零件的名称应该反映结构构件的"类型（Type）"，配置的名称应该代表"大小（Size）"。轮廓保存的文件夹将作为"标准（Standard）"出现，如图17-26所示。

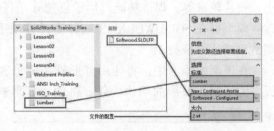

图 17-26　配置轮廓的文件结构

340

步骤5　保存为库特征零件　在 FeatureManager 设计树中高亮显示"草图1"。单击【文件】/【另存为】，更改【保存类型】为"Lib Feat Part(＊.sldlfp)"。在"SOLIDWORKS Training Files\Weldments\Weldment Profiles\"文件夹下新建一个文件夹，命名为"Bar Stock"。将文件命名为"Sq and Rect Bar"，并将其保存到新建的文件夹中。

> 技巧　将自定义焊件轮廓保存到 SOLIDWORKS 安装目录之外是很好的做法。当执行 SOLIDWORKS 卸载时，安装目录下的文件将会被删除。如果焊接轮廓文件保存在安装目录之外，那么它们将不会被删除，并可以被重新使用。

步骤6　查看结果　激活的零件是"Sq and Rect Bar.sldlfp"。草图使用一个带绿色"L"的图标表示，以显示此特征将在库零件中重复使用，如图 17-27 所示。

> 技巧　如果"L"图标从草图图标上消失了，则右键单击草图并选择【添加到库】。

图 17-27　查看结果

步骤7　配置轮廓　右键单击"草图1"，选择【配置特征】。在对话框中，使用下拉菜单将草图尺寸添加到表格的列中，如图 17-28 所示。

步骤8　重命名尺寸和配置名称　右键单击尺寸行表头选择【重新命名】。更改尺寸名称分别为【LENGTH】和【WIDTH】。右键单击配置列表头选择【重新命名配置】。将其命名为"12×50mm"。

步骤9　创建新配置　单击最后一行的表头，输入"20×20mm"作为新配置的名称。在【LENGTH】和【WIDTH】尺寸中输入"20.000"。结果如图 17-29 所示。

配置名称	草图1	
	压缩	☑ D1 / ☑ D2
默认	☐	
《生成新配置。》		

图 17-28　配置轮廓

配置名称	草图1		
	压缩	LENGTH	WIDTH
12x50mm	☐	50.000mm	12.000mm
20x20mm	☐	20.000mm	20.000mm
《生成新配置。》			

图 17-29　创建新配置

步骤10　添加说明属性　结构构件从使用的库零件轮廓中继承了它们的说明。因为这是一个配置的文件，所以说明将作为一个配置的特定属性。单击对话框中的【隐藏/显示自定义属性】，在表格中显示配置的特定属性。右键单击【新属性】列表头，将其【重新命名】为"DESCRIPTION"。添加"12×50mm Bar"和"20×20mm Bar"的说明，单击【应用】。通过双击行表头来预览配置。

步骤11　保存表格视图　给表格命名并单击【保存表格视图】，这将在 ConfigurationManager 中保存表格，如图 17-30 所示。单击【确定】。

步骤12　保存并关闭轮廓库文件

图 17-30　保存表格视图

34

步骤 13　**为新结构构件使用轮廓文件**　单击【结构构件】，在结构构件的轮廓中选择如下：

【标准】：Bar Stock。

【Type】：Sq and Rect Bar。

【大小】：12×50mm。

在布局中选择 3 条水平线，使用设置旋转轮廓，如图 17-31 所示。单击【确定】。

提示　默认的穿透位置是轮廓草图的原点，即矩形的中心。

步骤 14　**添加其他的结构构件**　单击【结构构件】，在结构构件的轮廓中选择如下：

【标准】：Bar Stock。

【Type】：Sq and Rect Bar。

【大小】：20×20mm。

在布局中选择其他剩余的竖直线。单击【确定】。

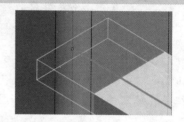

图 17-31　创建新结构构件

步骤 15　**剪裁水平杆**　使用【剪裁/延伸】工具剪裁水平杆实体到立柱上。

步骤 16　**剪裁竖直杆**　使用【剪裁/延伸】工具剪裁竖直杆的顶部和底部。此时应忽略中间的杆，如图 17-32 所示。

步骤 17　**阵列竖直杆**　使用竖直杆实体沿 X 轴方向创建一个【线性阵列】特征。单击【到参考】并选择右侧立柱的内侧面。【间距】为"114.3mm"。

步骤 18　**剪裁中间的水平杆**　使用【剪裁/延伸】工具将中间水平杆沿竖直杆剪裁，使用 1mm 的【焊接缝隙】添加缝隙，如图 17-33 所示。

图 17-32　剪裁竖直杆

图 17-33　剪裁中间的水平杆

步骤 19　**查看切割清单**　模型中的 20 个独立实体被分组到 4 个切割清单项目中去。使用切割清单属性对话框查看属性和预览切割清单表。关闭对话框，【保存】零件。

练习 17-1　焊接桌子切割清单

为焊接桌子添加材料和创建切割清单属性。

本练习将应用以下技术：

- 切割清单项目名称。 ● 定义材料。 ● 访问属性。
- 添加切割清单属性。 ● 焊件中的边界框。

 提示 　本练习是 SOLIDWORKS 使用中文菜单时的操作结果。由于软件在中文菜单和英文菜单状态下执行代码不同的原因，会使部分操作结果有些不同。若读者感兴趣，可以试着在软件为英文菜单状态下再练习一遍，以体会两者之间的差异。

操作步骤

步骤1　打开已有零件　打开"Lesson17 \ Exercises"文件夹中的"Weld Table_Cut List"零件，如图 17-34 所示。零件中的实体已经被自动分组到切割清单项目中。

步骤2　使用切割清单项目名称作为说明属性　单击【选项】◎/【文档属性】/【焊件】，勾选【根据说明属性值重新命名切割清单文件夹】复选框。如图 17-35 所示，切割清单项目随结构构件一同被创建，它从使用的轮廓中继承了相应的说明。其他项目需要创建说明属性，用来作为切割清单文件夹的名称。

步骤3　添加材料　焊接桌的大部分构件是【普通碳钢】，所以对整个零件应用该材料。槽钢构件为【ASTM A36 钢】，为槽钢实体添加该材料，如图 17-36 所示。

图 17-34　焊接桌　　　　　图 17-35　切割清单文件夹　　　　图 17-36　添加材料

技巧　材料与实体相关联，并且不能用于切割清单项目文件夹。切割清单项目属性将会识别应用到该文件夹内的实体材料。

步骤4　预览切割清单属性　右键单击一个切割清单文件夹，单击【属性】，使用对话框来预览该切割清单项目属性。对话框正确识别出每个项目的材料属性，如图 17-37 所示。脚垫和桌面顶部的切割清单项目目前只有默认的材料(MATERIAL)属性和数量(QUANITY)属性，如图 17-38 所示。单击【确定】关闭对话框。

步骤5　为所有项目添加重量属性　右键单击【焊件】◎特征并单击【属性】。使用下拉菜单添加【重量】属性，并链接到每个项目的【重量】，如图 17-39 所示。单击【确定】关闭。

343

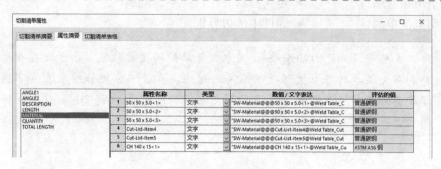

图 17-37　材料属性

图 17-38　脚垫和桌面顶部的属性

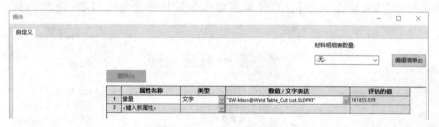

图 17-39　添加重量属性

步骤6　使用边界框添加属性　右键单击桌子顶部所在的切割清单项目文件夹。单击【创建边界框】，一幅 3D 草图和切割清单属性被创建，创建的【说明】属性使用了切割清单项目名称，如图 17-40 所示。为其余包括脚垫的切割清单项目添加边界框。

步骤7　切割清单属性　使用【切割清单属性】对话框来评估属性并预览切割清单表格，如图 17-41 所示。

图 17-40　创建边界框

图 17-41　切割清单属性

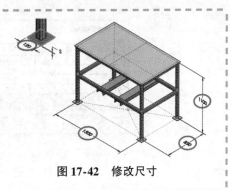

　　步骤8　修改尺寸并重建模型　修改脚垫和框架布局的尺寸，如图17-42所示，然后【重建模型】🔊。单击【是】更新边界框。

　　步骤9　更新属性　使用切割清单属性对话框来检查属性。切割清单项目中与尺寸相关的属性会自动更新。

　　步骤10　保存并关闭所有文件

图 17-42　修改尺寸

练习 17-2　野餐桌

创建一个带有配置的自定义轮廓，并使用它创建作为焊件模型的野餐桌，如图17-43所示。本练习将应用以下技术：

* 创建自定义轮廓。
* 配置轮廓。
* 另存为库特征零件。
* 添加切割清单属性。
* 焊件中的边界框。

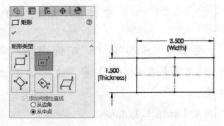

图 17-43　野餐桌模型

操作步骤

　　步骤1　打开已存在的零件　从"Lesson17 \ Exercises"文件夹中打开"Picnic Table"零件。尽管此模型实际上并不会焊接在一起，但很多木工项目均可以从焊件功能的灵活性中获益，并可以轻松地使用切割清单属性进行描述。

　　步骤2　修改配置选项　"Picnic Table"不需要自动派生配置，在【选项】⚙/【文档属性】/【焊件】中取消勾选【生成派生配置】复选框。

　　步骤3　所需的轮廓　野餐桌所需的木材尺寸如下(单位：in)：

* 2×4。
* 2×6。
* 2×8。

这些相似的轮廓尺寸可以在一个单一的配置库零件中轻松创建。

　　步骤4　新建零件　使用"Part_IN"模板创建一个新零件。

　　步骤5　创建2×4轮廓　在前视基准面上创建一个中心矩形，绘制如图17-44所示的轮廓。重命名尺寸，以便配置轮廓文件时可以轻松识别。单击【退出草图】📤。

图 17-44　绘制轮廓

　　步骤6　配置文件　在 FeatureManager 设计树中右键单击"草图1"，选择【配置特征】📝，将默认配置重命名为"2×4"。使用对话框添加其他配置，并输入对应的数值。在对话框中选择【隐藏/显示自定义属性】📇按钮，添加DESCRIPTION 属性，命名表格并【保存表格视图】📚，以使其随时可用，如图17-45所示。

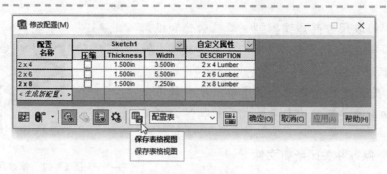

图 17-45　配置文件

步骤 7　预览配置　单击【应用】，双击配置的名称，在图形区域中查看每个配置的预览。单击【确定】。

技巧　表格储存在 ConfigurationManager 中，随时可以通过双击它来进行访问。

步骤 8　另存为库特征零件　为了将草图作为轮廓使用，必须将其保存为库特征。在 FeatureManager 设计树中高亮显示"草图 1"。单击【文件】/【另存为】，更改【保存类型】为 "Lib Feat Part（＊. sldlfp）"。浏览到"SOLIDWORKS Training Files\Weldments\Weldment Profiles"，创建一个名为"Lumber"的新文件夹。对于配置轮廓来说，此文件夹的名称将作为【标准】使用。将文件命名为"Softwood"，并保存到上述文件夹里。对于配置轮廓来说，此文件名代表了轮廓的类型，如图 17-46 所示。

确认草图显示了绿色的"L"标志，以表示其作为一个库特征已经被包括在内了，如图 17-47 所示。关闭 Softwood 库零件。

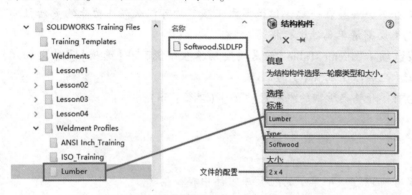

图 17-46　配置轮廓的文件结构

图 17-47　库零件草图

步骤 9　添加"2×8"结构构件　在"Picnic Table"零件中，单击【结构构件】。使用如下选择设定结构构件轮廓：

- 【标准】：Lumber。
- 【Type】：Sofewood。
- 【大小】：2×8。

创建 3 个组，并根据需要定位每个轮廓，如图 17-48 所示。

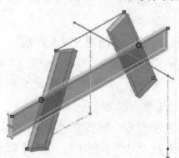

图 17-48　添加"2×8"结构构件

步骤10　添加"2×4"结构构件　单击【结构构件】🔲,使用如下选择设定结构构件轮廓:

- 【标准】:Lumber。
- 【Type】:Sofewood。
- 【大小】:2×4。

添加2个组,如图17-49所示。使用【找出轮廓】设置轮廓的位置,如图17-50所示。

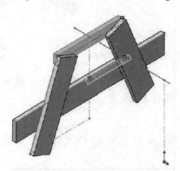

图17-49　添加2个组

图17-50　找出轮廓

步骤11　添加"2×6"结构构件　单击【结构构件】🔲,使用如下选择设定结构构件轮廓:

- 【标准】:Lumber。
- 【Type】:Sofewood。
- 【大小】:2×6。

按图17-51和图17-52所示定位轮廓。

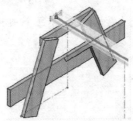

图17-51　添加"2×6"结构构件

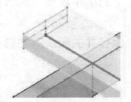

图17-52　定位轮廓

步骤12　剪裁/延伸构件　【隐藏】🖱布局草图,使用【剪裁/延伸】🖱工具处理A形框架的侧边构件。在【剪裁边界】中单击【面/平面】选项,使用上视基准面和图17-53所示的面。【剪裁/延伸】🖱角支撑结构构件到所选的面,如图17-54所示。

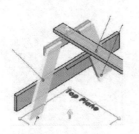

图17-53　剪裁/延伸结果

图17-54　选择面

步骤13 镜像实体 使用右视基准面来【镜像】A形框架和支撑梁。

步骤14 阵列实体 使用顶部的构件来创建两个方向的【线性阵列】。设置如下：

- 【间距】：5.5。
- 【实例数】：3。
- 【方向2】：只阵列源。

结果如图17-55所示。

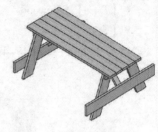

步骤15 创建长凳结构构件 使用已存在的面来绘制长凳结构构件布局草图。使用"2×6"轮廓并进行定位，如图17-56所示。

图17-55 镜像和阵列实体

步骤16 阵列镜像实体 使用阵列和镜像特征来完成长凳。

步骤17 倒角（可选步骤） 使用退回控制棒，在镜像结构件之前，对实体需要的部位进行倒角处理，如图17-57所示。

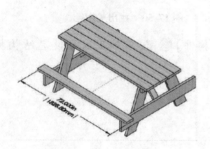

图17-56 创建长凳结构构件

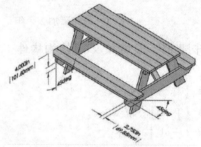

图17-57 倒角

步骤18 切割清单属性 使用【切割清单属性】对话框查看每个项目的属性并预览切割清单表格。

步骤19 保存并关闭所有文件